元素の周期表

元素記号の下の（ ）内の数字はもっとも長い半減期をもつ同位体の質量数。

元素記号の例
原子番号→11Na←元素記号
22.99←原子量
ナトリウム←元素名（日本語）

族 / 周期	1	2	3	4	5	6	7	8	9	10	11	12	13	14	15	16	17	18
1 (K)	1H 1.008 水素																	2He 4.003 ヘリウム
2 (L)	3Li 6.941 リチウム	4Be 9.012 ベリリウム											5B* 10.81 ホウ素	6C 12.01 炭素	7N 14.01 窒素	8O 16.00 酸素	9F 19.00 フッ素	10Ne 20.18 ネオン
3 (M)	11Na 22.99 ナトリウム	12Mg 24.31 マグネシウム											13Al 26.98 アルミニウム	14Si* 28.09 ケイ素	15P 30.97 リン	16S 32.07 硫黄	17Cl 35.45 塩素	18Ar 39.95 アルゴン
4 (N)	19K 39.10 カリウム	20Ca 40.08 カルシウム	21Sc 44.96 スカンジウム	22Ti 47.87 チタン	23V 50.94 バナジウム	24Cr 52.00 クロム	25Mn 54.94 マンガン	26Fe 55.85 鉄	27Co 58.93 コバルト	28Ni 58.69 ニッケル	29Cu 63.55 銅	30Zn 65.38 亜鉛	31Ga* 69.72 ガリウム	32Ge* 72.64 ゲルマニウム	33As* 74.92 ヒ素	34Se 78.96 セレン	35Br 79.90 臭素	36Kr 83.80 クリプトン
5 (O)	37Rb 85.47 ルビジウム	38Sr 87.62 ストロンチウム	39Y 88.91 イットリウム	40Zr 91.22 ジルコニウム	41Nb 92.91 ニオブ	42Mo 95.96 モリブデン	43Tc (99) テクネチウム	44Ru 101.1 ルテニウム	45Rh 102.9 ロジウム	46Pd 106.4 パラジウム	47Ag 107.9 銀	48Cd 112.4 カドミウム	49In 114.8 インジウム	50Sn 118.7 スズ	51Sb 121.8 アンチモン	52Te* 127.6 テルル	53I 126.9 ヨウ素	54Xe 131.1 キセノン
6 (P)	55Cs 132.9 セシウム	56Ba 137.3 バリウム	57〜71 ランタノイド	72Hf 178.5 ハフニウム	73Ta 180.9 タンタル	74W 183.8 タングステン	75Re 186.2 レニウム	76Os 190.2 オスミウム	77Ir 192.2 イリジウム	78Pt 195.1 白金	79Au 197.0 金	80Hg 200.6 水銀	81Tl 204.4 タリウム	82Pb* 207.2 鉛	83Bi* 209.0 ビスマス	84Po (210) ポロニウム	85At (210) アスタチン	86Rn (222) ラドン
7 (Q)	87Fr (223) フランシウム	88Ra (226) ラジウム	89〜103 アクチノイド	104Rf (267) ラザホージウム	105Db (268) ドブニウム	106Sg (271) シーボーギウム	107Bh (272) ボーリウム	108Hs (277) ハッシウム	109Mt (276) マイトネリウム	110Ds (281) ダームスタチウム	111Rg (280) レントゲニウム	112Cn (285) コペルニシウム	113Nh (284) ニホニウム	114Fl (289) フレロビウム	115Mc (289) モスコビウム	116Lv (293) リバモリウム	117Ts (293) テネシン	118?

ランタノイド

57La 138.9 ランタン	58Ce 140.1 セリウム	59Pr 140.9 プラセオジム	60Nd 144.2 ネオジム	61Pm (145) プロメチウム	62Sm 150.4 サマリウム	63Eu 152.0 ユウロピウム	64Gd 157.3 ガドリニウム	65Tb 158.9 テルビウム	66Dy 162.5 ジスプロシウム	67Ho 164.9 ホルミウム	68Er 167.3 エルビウム	69Tm 168.9 ツリウム	70Yb 173.1 イッテルビウム	71Lu 175.0 ルテチウム

アクチノイド

89Ac (227) アクチニウム	90Th 232.0 トリウム	91Pa 231.0 プロトアクチニウム	92U 238.0 ウラン	93Np (237) ネプツニウム	94Pu (239) プルトニウム	95Am (243) アメリシウム	96Cm (247) キュリウム	97Bk (247) バークリウム	98Cf (252) カリホルニウム	99Es (252) アインスタイニウム	100Fm (257) フェルミウム	101Md (258) メンデレビウム	102No (259) ノーベリウム	103Lr (262) ローレンシウム

凡例:
- 非金属の元素
- 金属の元素
- 金属の典型元素
- 金属の遷移元素
- ：両性元素
- ＊：単体が常温で固体の元素の元素記号をScのように黒の立体。液体はHgとBrのみで緑色に網掛け。気体はHeのように白ヌキ文字で示した。

貴（希）ガス

電子殻: N→M→N, O→N→O, P→N→O→P, Q→P→O

希土類金属

アルカリ金属, アルカリ土類金属

ハロゲン

† 原子番号の増加につれて電子が基本的に逐次充てんされていく電子殻

元素についての補足事項
1. 貴ガスは希ガスとも表記された。
2. 地殻における存在割合からすると希土類元素は必ずしも希ではない。
3. 原子番号93以上の元素を超ウラン元素という。

化学の視点

第 2 版

川泉文男 著

学術図書出版社

ま え が き

　著者はこれまでに大学生を対象として性格を異にする以下の 2 冊の化学分野の書籍を編者・著者として上梓している：

1. 『理工系学生のための化学基礎』学術図書出版社（初版　1999 年 10 月，第 4 版第 3 刷 2009 年 12 月）
2. 『図表から学ぶ化学』浜島書店（初版 2007 年 3 月，2 版 2008 年 3 月）

　上記の書籍 1 は現代化学の基礎をなす量子論，化学結合論，熱力学などの物理化学分野に重点を置いたものであり，書籍 2 は文系大学生も対象とした，21 世紀における市民の教養としての化学を学ぶためのものである．本書はこれら 2 つの既刊書籍の中間に位置するもので，大学 1・2 年生の化学の教科書ないし参考書としての役割を意図している．そして，本書は有機化学を含む基礎化学から出発し，高分子物質，生体関連物質，さらには環境科学などの分野をカバーしている．

　本書執筆の基本と記述スタイルは以下のようである：
・1 つの章が 1 回，長くても 1.5 回の講義で終わる．
・前半の 2 章〜15 章が基礎化学で，後半の 16 章〜20 章が現代化学の展開例
・通年 4 単位の講義で基礎化学 15 章までと展開例の 2〜3 章を想定したレベルと内容
・各章が独立すると同時に，クロスリファレンスにより学生が学習内容の関連を理解できるようにする．
・学生が講義後の自宅学習で講義内容の復習ができるためにと，"練習問題を講義中に活用したほうが授業としての効果があがる" という著者の近年の体験から，記述箇所に近いところに比較的多くの【例題】や【問題】を挿入した．
・【例題】では丁寧な説明，【問題】では原則として簡単な解答を与え，学生が本文内容をどれほど理解したかを自ら確認できるようにした．他方，【問題】や章末の演習問題の一部には，本書の中には解答が直接は見当たらない "課題探求的" なものも組み込んだ．

　本書の一部の図表の作成に当たっては，浜島書店発行の『ニューステージ　新訂　化学図表』を参考とした．参考として使用することを快諾された浜島書店に深く御礼申し上げる．終わりに，本書の企画を小生にお勧め下さり，かつ執筆においていろいろ有益な助言を下さった学術図書出版社の発田孝夫氏に感謝の意を表する．

2009 年 10 月

川 泉 文 男

第2版への「ま え が き」

初版の上梓から現在までに 12 年の時間が経過した．この間に増刷も重ねたが，その際にもわずかの修正を施しただけであった．しかし，2020 年の秋に私は初版第 3 刷を学部教科書として使用しておられる名城大学理工学部の教員の方々が気づかれた本書中の誤植や欠落，不適切な表現を取りまとめたもの，さらには同学部での演習などの具体的な授業情報を学術図書出版社を介して知ることができた．私は同大学の教員の方々の大学教育にかける強い熱意を痛感した．今春，学術図書出版社のご理解により，第 2 版という形で，示された熱意に幾分かでも対応できるチャンスが与えられた．その結果として，指摘された事項を検討して修正するとともに，内容もより充実させた教科書とすることができたようにも思う．

この第 2 版が教員，学生の方々にとってより有益な教科書となることを期待するとともに，本書を使用される教員・学生を問わず，記述での間違いや疑問点など，気づかれた点を率直に

info@gakujutu.co.jp

にご連絡下さるよう，お願いしたい．

名城大学理工学部の方々，また第 2 版の出版をご支援下さった学術図書出版社の発田孝夫氏にこころよりの謝意を表すものである．

2021 年 10 月

川 泉 文 男

も　く　じ

第Ⅰ部

現代化学の基礎

1 | 大学で化学を学ぶために

1.1 化学の視点

"21世紀に科学・技術を結集して立ち向かうべき問題にはどんなものがあるか",と問われれば,諸君はたとえば

* 温暖化などの地球環境問題
* エネルギー資源の問題
* 地球全体として,飢餓克服のための食料増産
* エイズやコロナなどの感染症,ガンなどを克服する新薬の開発
* いろいろな新素材の開発

などを挙げるかもしれない.一方,諸君に問いを発した教員が "化学は物質の性質や物質の変化過程を対象とする自然科学の分野で,これらの諸問題にも深く関わっている" といっても,多くの学生諸君には実感しにくいことと思われる.そこで,誰しもが耳にしている地球温暖化の原因とされる二酸化炭素 CO_2 に関わる諸事項から現代化学の状況と役割について考察してみよう.

二酸化炭素 CO_2 そのものの物理的・化学的性質は今日では完全に解明されている.ある高校化学教科書には

製法:炭酸カルシウム $CaCO_3$(岩石としては石灰岩,大理石)に塩酸(HCl の水溶液)を作用させる.

$$CaCO_3 + 2HCl \longrightarrow CaCl_2 + H_2O + CO_2\uparrow \text{上方置換で捕集}$$

検出法:気体を石灰水($Ca(OH)_2$ の水溶液)に通じる.CO_2 があれば溶液は白濁し $CaCO_3$ が沈殿する.

$$Ca(OH)_2 + CO_2 \longrightarrow CaCO_3\downarrow + H_2O$$

ということが記載されている.

図1.1(図19.8参照)はハワイのマウナロア(海抜 3,400 m)で観測された乾燥大気中の CO_2 濃度の経年変化であり,20世紀後半以後の CO_2 濃度の急増は紛れもない科学的事実である.

ではこの CO_2 濃度の測定は大気を捕集して,上記の石灰水を用いた方法でなされたのであろうか? 図1.1の縦軸の 380 ppm が $380 \times 10^{-6} = 0.038\%$ であることを考えると,石灰水の中に大気を送り込む方法ではとても測定できるとは考えられない.のこぎり状

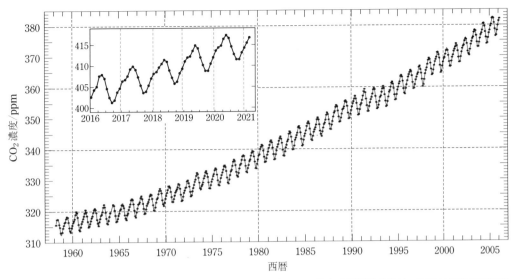

図 1.1 ハワイ，マウナロアでの大気中 CO_2 濃度の経年変化．CO_2 濃度の周期的変動は，夏には植物の活発な光合成により，大気中の CO_2 濃度が低下することを示している．

の変化までがわかるほど精度のよい CO_2 濃度の測定はどのような原理に基づいた方法でなされているのであろうか？　実は CO_2 濃度の測定は主として，CO_2 分子が赤外線（赤色の可視光より長い波長の光）を吸収する強さがその濃度に比例することに基づいてなされている*．どうして赤外線が CO_2 に吸収されるのか？

次に CO_2 分子の構造はどうなっているのかを考えてみよう．このことについても，高校化学教科書には O 原子−C 原子−O 原子が一直線に並んだ構造（図 1.2）が示されている．しかし，O−C−O が O 原子のところで折れ曲がっていないことはどうしてわかったのか？

上記のような疑問に対する直接的解答を現在の諸君にとって難解な用語を用いて説明するよりも，この場では解答にいたる背景について述べるのがふさわしいように思える．

大気中 CO_2 の濃度測定に用いられている非分散型赤外線吸収分析計とよばれる装置について考えてみよう．優れた性能の分析計のためには，優れたプリズムやレンズなどの光学部品，歯車などの精密機械工作品，データ処理のためのコンピュータなど様々な技術があって，化学者が目的とする測定が可能となる．CO_2 が赤外線を吸収する理由や CO_2 分子の形の解明についても，裏付けとなる理論は物理学を背景としている．分子の形を決めるための具体的な実験装置についても赤外線吸収装置の場合と同じことがいえる．そし

*この方法に加え，分子をイオン化して分離し，イオンによる電流量から存在量を測定する方法も，使われている．

直線形

図 1.2 二酸化炭素 CO_2 分子の構造

て，いま述べた裏付けとなる物理学の理論（本書の2章，3章はその一部である）は数学の助けを借りて発展することができた．

民間会社の機器開発エンジニアであった田中耕一は「生体高分子の同定および構造解析のための手法の開発」により2002年のノーベル化学賞を授与された．田中耕一は工学部電気工学科を卒業している．この事例が示すように，今日の化学は多くの学問分野の支援を得てはじめて成り立つ．同時に，化学は極めて広い領域で大きな貢献をしている*．

本書は将来技術に関わる分野に進む学生を念頭におき，物質の学問としての化学の視点から，現代化学の基礎となる部分と現代化学の展開部分からの重要項目を抽出して編成されている．

大学の基礎化学の講義で取り扱う内容はそのほとんどが完全に確立された事柄である．しかし，このことは大学基礎化学の学習において，文字で表現される事実・現象を暗記すれば事足りるということではない．現象を的確に表現するために数式が必要というより，数式こそが最も簡潔で雄弁に現象を物語り，数式を理解すれば現象を実感できる場合も多い．たとえば，"円とは何か"という問いに対する答として，「平面上で定まった一点（中心）から一定の距離にある点全体からなる図形」（三省堂　大辞林）というよりも

円とは (x, y) 平面において次の関係

$$x^2 + y^2 = r^2 \quad (r = \text{一定}) \tag{1.1}$$

を満足する x, y により描かれる点の軌跡（図1.3）である，というほうが，わかりやすい面もある．

先に述べた CO_2 を巡るいくつかのテーマでもそうであったが，現象の本質に触れるためには物理学の基礎知識も欠かせない．

本章では，次章以降の記述，特に数式が抵抗なく理解できるための必須項目と単位の取り扱いについて触れる．

＊固体物理学と材料工学の成果である青色LED素子の窒化ガリウム（GN）結晶誕生への道を拓いた赤﨑勇（2014年度ノーベル物理学賞を天野浩，中村修二と共同受賞）は京都大学理学部化学科を卒業している．

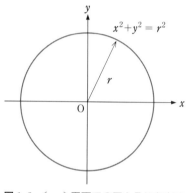

図1.3 (x, y) 平面での円とそれを表す数式

1.2 基礎数学

（1） 正比例関係と反比例関係

速度 a km/h という一定速度で走る自動車の経過時間 x h に対する移動距離 y km との関係は

$$y = ax \tag{1.2}$$

の1次式によって表される．式(1.2)をグラフに描くと図1.4のようになり，このような関係を**正比例**という．

図1.4での横軸，縦軸はそれぞれ x 軸，y 軸であるが，これは式(1.2)での変数が x と y であるということに過ぎない．式(1.2)の

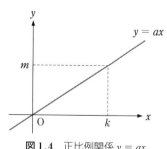

図1.4 正比例関係 $y = ax$

a は**比例定数**とよばれ，図 1.4 での直線の傾きに等しい．$x = 0$ のとき $y = 0$ だから，この直線は原点 $(0, 0)$ を通る．ある特定の時間 $x = k$ のときの y の値が m であるとすると，比例定数 a は $a = \dfrac{m}{k}$ で与えられ，a が大きいほど m の値も大きくなる．

正比例とは逆に，一定の距離 L km を進むのに必要な時間 t h と速度 z km/h との間には

$$z = \frac{L}{t}, \quad \text{すなわち } L = z \times t \tag{1.3}$$

の関係が成立する．式 (1.3) での z と t との関係を**反比例**という．

式 (1.3) の z を縦軸に，t を横軸にしたグラフを図 1.5 に示す．反比例関係により表される曲線を双曲線という．

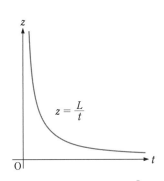

図 1.5　反比例関係 $z = \dfrac{L}{t}$

問題 1.1　480 km の距離を進むのに要する速度 (km/h) と時間 (h) に関する下記の表の A, B, C 欄を正しい数字で埋めよ．

速度 (km/h)	120	80	60	C	30
時間 (h)	4	A	B	12	D

（2）指　数

ある数 a に a を掛ける操作は $a \times a$ である．これは a を 2 回掛けたことだから a^2 と表記する．この a の上付き添え字の 2 を a の**指数**という．$a = 10$ の場合を考えてみると $10^2 = 10 \times 10 = 100$ である．一般化すれば，次のようになることは容易に理解される．

$$10^n = \underbrace{10 \times 10 \times 10 \times 10 \times 10 \cdots}_{10 \text{ を } n \text{ 回掛ける}}$$

指数をさらに拡張して，マイナスの指数を以下のように定義する．

$$a^{-n} = \frac{1}{a^n} \tag{1.4}$$

したがって，$10^{-2} = \dfrac{1}{10^2} = \dfrac{1}{100} = 0.01$ となる．

指数については次の式が成立する．

$$\left.\begin{array}{l} a^m \times a^n = a^{m+n}, \quad \dfrac{a^m}{a^n} = a^m \times a^{-n} = a^{m-n} \\[2mm] (a^m)^n = \underbrace{a^m \times a^m \times a^m \times \cdots}_{a^m \text{ を } n \text{ 回掛ける}} = a^{mn} \end{array}\right\} \tag{1.5}$$

式 (1.5) から，$a^0 = 1$，$a^1 = a$ の関係も容易に誘導できる．指数のついた数字は指数部分を別にして計算するのがよい．

例　$(3.13\times10^{-3})\times(3.13\times10^{-3}) = (3.13)^2\times(10^{-3})^2$
$$= 9.86\times10^{-6}$$

問題 1.2　次の指数で書かれた数字を指数のない数字で, 指数のない数字は指数を用いて表せ.

(1)　$\left(\dfrac{1}{2}\right)^3$　　　(2)　16　　　(3)　0.001　　　(4)　0.02

解答　(1)　$\dfrac{1}{8} = 0.125$　　　(2)　$4^2 = (2^2)^2 = 2^4$

(3)　$\left(\dfrac{1}{10}\right)^3 = 10^{-3}$　　　(4)　2×10^{-2}

（3）対　数

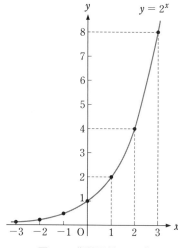

図 1.6　指数関係 $y = 2^x$

指数関数の例として $y = 2^x$ を考える. $x = \pm1, 0, \pm2, 3$ に対する y の値を求めると次のようになる.

$$x = -2,\ -1,\ 0,\ 1,\ 2,\ 3$$
$$y = \ \frac{1}{4},\ \ \frac{1}{2},\ 1,\ 2,\ 4,\ 8$$

上記の x と y の数値をプロットし, 各プロット点の間をなめらかな線で結ぶと図 1.6 が得られる. y の値は常に正であり, 1 つの y に対して 1 つの x が定まる.

上記の指数関数 $y = 2^x$ での y のある値 M に対する x の値 p を $\log_2 M$ で表す. すなわち $y = M$ のとき $x = p = \log_2 M$

$$M = 2^p \iff \log_2 M = p$$

である. たとえば $8 = 2^3$, $4 = 2^2$, $0.5 = \dfrac{1}{2} = 2^{-1}$, $0.25 = \left(\dfrac{1}{2}\right)^2$ $= 2^{-2}$ であるから次のようになる.

$\log_2 8 = 3,$　　$\log_2 4 = 2,$　　$\log_2 0.5 = -1,$　　$\log_2 0.25 = -2$

一般に, $M = a^x$ の関係では, a が正の数であれば, $M > 0$ である. 逆に, 正の数 M に対して $M = a^x$ を満たす x の値 p が必ず存在する. この p を $\log_a M$ と書き, これを **a を底とする M の対数**という. $1 = a^0$, $a = a^1$ であるから次の関係が成立する.

$$\log_a 1 = 0,\ \log_a a = 1 \tag{1.6}$$

$a \neq 1$ の正の数 a に対して $a^p = M$, $a^q = N$ で与えられる 2 つの数 M と N を考える. M と N はもちろん正の数である. また,

$$M\times N = a^p\times a^q = a^{p+q} \tag{1.7}$$

が成立する. 式 (1.7) を対数の形にすれば

$$\log_a (M\times N) = p + q \tag{1.8}$$

である. ところで $a^p = M$, $a^q = N$ を対数で書くと, それぞれ

$\log_a M = p$, $\log_a N = q$ である．この関係を式 (1.8) に代入する．

$$\log_a(M \times N) = \log_a M + \log_a N \qquad (1.9)$$

である．式 (1.9) で，$M = N$ の場合を一般化すれば次の関係が導かれる．

$$\log_a M^r = \log_a(M \times M \times \cdots) = r \log_a M \qquad (1.10)$$

10 を底とする対数を**常用対数**という．常用対数では，底の 10 を記述しないのが普通である．このときは $10^p = M$, $10^q = N$ であるから，p と q との間の 1 の差は 10 倍の違いを表す*．

*ある数 x に対する $\log_{10} x$ の数値は電卓でただちに求められる．

問題 1.3 次の値を求めよ．

(1) $\log_3 9$ (2) $\log_{10} 10$ (3) $\log_{10} 100$

(4) $\log_2 0.5$

解答 (1) 2 (2) 1 (3) 2

(4) $\log_2 0.5 = \log_2 \dfrac{1}{2} = \log_2 2^{-1} = -1$

問題 1.4 対数を用いて，体積が $22.4\,\mathrm{dm}^3$ および $2.24\,\mathrm{dm}^3$ となる立方体** の 1 辺の長さを求めよ．

**体積が $22.4\,\mathrm{dm}^3$ ということの意味については 3 章 4 節参照．
$\mathrm{dm}^3 = \mathrm{L} = 1000\,\mathrm{cm}^3$

解答 1 辺の長さを $x\,\mathrm{dm}$ とすると $x^3 = 22.4$ あるいは $x^3 = 2.24$ である．これらの式の対数をとる．$2.82\,\mathrm{dm} = 28.2\,\mathrm{cm}$ および $1.31\,\mathrm{dm} = 13.1\,\mathrm{cm}$．

（4）微分

$x = a$ の近くで定義された関数 $y = f(x)$ について，極限

$$\lim_{h \to 0} \frac{f(a+h) - f(a)}{h} \qquad (1.11)$$

が存在するならば，関数 $f(x)$ は $x = a$ で**微分可能**，この極限値を $y = f(x)$ の $x = a$ における**微係数**という．$y = f(x)$ が考えている区間の各点で微分可能である場合には，各点 x に，x における $f(x)$ の微係数を対応させることによって 1 つの関数が定義される．この関数を $y = f(x)$ の**導関数**といい，y', $f'(x)$, $\dfrac{\mathrm{d}y}{\mathrm{d}x}$ などの記号で表す．関数 $y = f(x)$ の導関数 $f'(x)$ を求めることを $f(x)$ を x で**微分**するという．

微分すること（微分操作）をグラフで考えてみる．図 1.7 の直線 PQ の傾きは $\dfrac{f(x+h) - f(x)}{h}$ である．$x = a$ において，この傾きの $h \to 0$ の値を求めることが式 (1.11) であり，これは関数 $f(x)$ の点 P ($x = a$) における接線の傾きを求めることにほかならない．

微分の考え方は本書においても，10 章 2 節での反応速度や 14 章 1 節での放射性元素の半減期を考える際に必要となる．

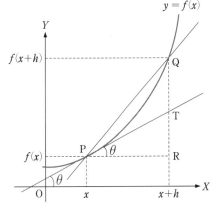

図 1.7 微分操作が関数 $f(x)$ の点 x における勾配を求める操作であることの説明

> **自然対数とその微分**
>
> $e = \lim\limits_{n \to \infty}\left(1+\dfrac{1}{n}\right)^n = 2.718\cdots$ で定義される e を底とする対数 $\log_e x$ を**自然対数**という．自然対数は常用対数との誤解を避けるため $\ln x$ のように表記されることも多い．しかし数学分野では，対数といえば自然対数を意味することが普通であり，特に断ることなく $\log x$ と書く．自然対数と 10 を底とする常用対数とは
>
> $$\ln x = \log_e x = 2.303 \log_{10} x$$
>
> の関係* にある．
>
> 対数の微分には自然対数を用いる．微分は増加量が 0 に漸近していったときの勾配であるから次のようになる．
>
> $$\dfrac{\mathrm{d}\ln x}{\mathrm{d}x} = \lim_{h \to 0}\dfrac{1}{h}\ln\{(x+h)-\ln x\} = \lim_{h \to 0}\dfrac{1}{h}\ln\dfrac{x+h}{x}$$
>
> $$= \lim_{h \to 0}\dfrac{1}{x}\cdot\dfrac{x}{h}\ln\left(1+\dfrac{h}{x}\right) = \dfrac{1}{x}\lim_{h \to 0}\ln\left(1+\dfrac{h}{x}\right)^{\frac{x}{h}}$$
>
> $$= \dfrac{1}{x}\lim_{k \to \infty}\ln\left(1+\dfrac{1}{k}\right)^{k} = \dfrac{1}{x}\ln e = \dfrac{1}{x} \qquad k = \dfrac{x}{h}$$

* $\log_e x = \dfrac{\log_{10} x}{\log_{10} e}$

$\quad = \dfrac{\log_{10} x}{\log_{10} 2.718}$

$\quad = \dfrac{\log_{10} x}{0.4329}$

$\quad = 2.303 \log_{10} x$

重要な微分公式を表 1.1 に示す．

表 1.1 重要な微分公式

y	$\dfrac{\mathrm{d}y}{\mathrm{d}x}$	y	$\dfrac{\mathrm{d}y}{\mathrm{d}x}$
ax	a	$\sin x$	$\cos x$
ax^n	anx^{n-1}	$\cos x$	$-\sin x$
$\ln x$	$\dfrac{1}{x}$	$\tan x$	$\sec^2 x$
e^x	e^x	$f(x)g(x)$	$f'(x)g(x)+f(x)g'(x)$

1.3 力とエネルギー

（1） 力とは？

力（force）という言葉は日常生活でいろいろな意味に用いられるが，物理学でいう力とは次のようなものをいう：

　物体を変形させたり物体の運動状態を変える原因となるもの

力は次のニュートン（1643〜1727 年）の**運動法則**で与えられる．

$$F = m\alpha \tag{1.12}$$

力　　質量　加速度

式 (1.12) の右辺にある加速度は次式で定義される．

$$\text{加速度} = \frac{\text{速度}}{\text{時間}} \Leftarrow \text{単位は } \frac{\text{m/s}}{\text{s}} = \frac{\text{m}}{\text{s}^2} = \text{m/s}^2 = \text{m}\cdot\text{s}^{-2}$$

加速度は速度が時間につれて変わるときのみ0でない値をとり，その間は力が働く（乗り物に乗ったときの加速時と減速時を考えるとわかりやすい）．静止あるいは定速状態では加速度も0で，この状態では力は働かない．

地球上で静止している物体は図1.8に示すように，上向きの力と下向きの力とが釣り合っている．もし物体の支えをはずすと，その物体は地球の引力により落下する．落下していく物体の速度は毎秒約9.81 m/sづつ増加（加速）していく．この地球の引力による加速度 α を g と書き，**重力加速度**という．その値は今日

$$g = 9.80665\,\text{m/s}^2 \tag{1.13}$$

と定義されている．

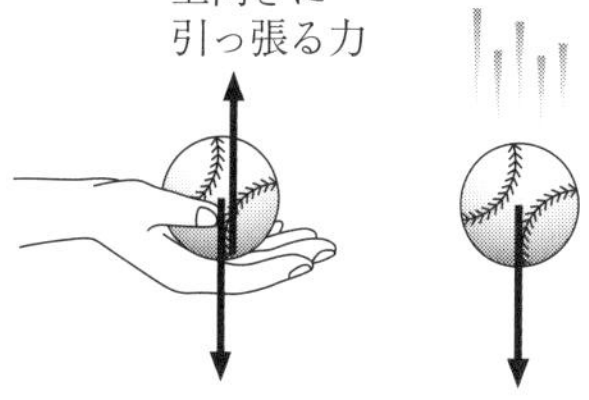

力を考えるとき，忘れてならないことは，それが大きさばかりでなく方向をもっている量（ベクトル量）ということである．地球の引力による落下では，力の方向は地球の重心に向かっている．

地球上で $m = 1\,\text{kg}$ の物体が落下せずに吊り下げられるために必要な上向きに引っ張る力は式(1.12)と式(1.13)より

$$F = (1\,\text{kg}) \times (9.80665\,\text{m/s}^2)$$
$$= 9.80665\,\text{kg}\cdot\text{m/s}^2$$
$$= 9.80665\,\text{N} \tag{1.14}$$

となる．$\text{kg}\cdot\text{m/s}^2$ という単位を**ニュートン**（単位記号はN）という．

地球の引力と遠心力がバランスしている宇宙船では見かけ上は無重力状態で，力 $F = 0$ である．しかし，無重力状態とは式(1.12)で加速度 $\alpha = 0$ の状態であり，質量 m は地上のときと変わらない．

(2) 仕事，エネルギーと仕事率

仕事（work）という言葉も日常的にはいろいろな意味に使われるが，物理学では以下の式によって仕事を定義している：

$$\text{仕事} = \text{力} \times \text{距離} \tag{1.15}$$
（力の向きと距離の向きは同じ）

ある物体に1Nの力が作用して，その物体が力の作用する方向に1m移動するのに必要な仕事を1**ジュール**[*]（J）という．動いている自動車のように，物体が仕事をする能力をもっているとき，その物体は**エネルギー**をもっているという．仕事とエネルギーは等価である．このことについては13章2節で取り扱う．

質量 m の物体が速度 v で運動しているとき，この物体は式

図1.8　物体に作用する力の釣り合い

[*]英国の学者のジュール（1818〜1889年）にちなむ．

(1.16) の**運動エネルギー** K に相当する仕事をすることができる.

$$K = \frac{1}{2} mv^2 \tag{1.16}^*$$

エネルギーにはいろいろな形があるが，熱エネルギーと原子核エネルギーについてはそれぞれ 13 章と 14 章で扱う.

単位時間あたりにどれだけの仕事ができるかを示す量が**仕事率**であって，その単位は**ワット**[**](W) である. ワットは電力の単位としても広く使用されている.

$$仕事率 = \frac{仕事}{時間} \qquad W = J/s$$

あるいは

$$仕事 = 仕事率×時間$$

問題 1.5　100 W 電球が 1 分間に発生する熱エネルギーを求めよ.

解答　100 W = 100 J/s. 熱エネルギー = (100 J/s)×(60 s) = 6000 J

問題 1.6　成人 1 人の 1 日必要エネルギーを 2000 kcal として，成人の仕事率を求めよ. ただし 1 cal = 4.18 J とせよ.

解答　2000 kcal = 8360 kJ. 1 日 = 86400 s. 仕事率 = $\dfrac{8360 \text{ kJ}}{86400 \text{ s}}$ = 96.8 J/s ≈ 100 W.

1.4　物理量と単位

長さや重さ，時間など状態を記述するための量をまとめて**物理量**という. 例外はあるが，物理量は数値と単位とが組み合わされている. たとえば "身長が 160 cm である" という場合，

$$長さという物理量 = (160 という数値)×(cm という単位)$$

である. 長さと重さを比較することが不可能なように，同じ物理量でなければ，加えたり引いたりすることはできない. しかし，異なる物理量の間で掛け算や割り算はできる. たとえば，ある時間 t の間に移動した距離 L から，平均速度 $\dfrac{L}{t}$ が算出される.

注意すべきことは次の 2 点である.

• 単位も数値と同じように掛け算，割り算ができる.
• 計算では，途中でも単位をつけて行う.

平均時速 $\dfrac{L}{t}$ を求める場合，距離の単位がメートル m であって時間 t の単位が時間 h であれば，平均速度の単位は m/h であり，時間の単位が秒 s であれば，単位は m/s となる.

パーセント（百分率）には % という単位記号があるが，分率などの割合や，同じ物理量どうしの相対比は単位をもたない. また，含まれている物質の割合が極めて低い場合には % では不便なので，

*式 (1.16) と式 (1.15) の単位の関係
質量×(速度)²

= 質量×(距離/時間)²

...

**英国の学者ワット (1736～1819 年) にちなむ.

Side notes:

*式 (1.16) と式 (1.15) の単位の関係
質量×(速度)²

= 質量×$\left(\dfrac{距離}{時間}\right)^2$

= 質量×$\dfrac{距離}{(時間)^2}$×距離

= 質量×加速度×距離

= 力×距離

**英国の学者ワット（1736～1819 年）にちなむ.

百万分率（parts per million, **ppm**），さらには 10 億分率（parts per billion, **ppb**）が用いられる．

問題 1.7 試薬のラベルなどには，98 vol % などと書かれていることがある．これはどんなことを示しているのか．

解答 vol は volume 体積を意味する．vol % は体積で表した % である．

1.5 国際単位系（SI）

各国において歴史的にもいろいろな単位系が使用されてきたが，現在の科学技術の分野で使用されているものは**国際単位系**（International System of Units あるいは **SI***）である．

*SI という表記はフランス語の Le système international d'unités に基づく．フランス語であるのはメートル法を含む歴史的経緯による．SI が「国際単位系」の略記であるので「SI 単位系」という表現は正しくない．ただし，「SI 単位」という用語は，SI での単位，という意味なので正しい用語である．

（1） SI 基本単位，SI 組立単位と SI 接頭語

SI は表 1.2 に示す 7 つの **SI 基本単位**からできている．単純化していえば，SI は "拡張された MKSA 単位系"（M は長さの単位のメートル m，K は質量の単位のキログラム kg，S は時間の単位の秒 s，A は電流の単位のアンペア A）である．SI は，単位ばかりでなく単位記号の使用法や数値の表示法も定めている．

SI 単位の数値のままでは大きすぎたり小さすぎたりして不都合な場合には SI 接頭語が使用される．接頭語とは，ある言葉の前に付け加える短い用語であって，長さでのキロメートルの「キロ」やミリメートルの「ミリ」のことであり，それぞれメートルの 1000 倍，$\frac{1}{1000}$ 倍を意味する．SI 接頭語の例をまとめて表 1.3 に示す．

SI 基本単位を組み合わせるといろいろな単位が誘導される．こ

表 1.2 SI 基本単位

物理量	単位の名称	単位記号
時間	秒	s
長さ	メートル	m
質量	キログラム	kg
熱力学温度	ケルビン	K
物質量	モル	mol
電流	アンペア	A
光度	カンデラ	cd

注 1：ケルビン温度 T [K] と通常使用しているセ氏温度
（セルシウス温度）t [℃] との間には

$$T/\mathrm{K} = t/℃ + 273.15$$

の関係がある．温度差を考えるときはケルビン温度でもセ氏温度でも同じ値になる．

2：物質量は昔は「モル数」とよばれていた．物質量の単位記号が mol である．

表 1.3 SI 接頭語（主なもの）

乗数	接頭語	記号
10^{12}	テラ	T
10^{9}	ギガ	G
10^{6}	メガ	M
10^{3}	キロ	k
10^{2}	ヘクト	h
10^{1}	デカ	da
1	―	―
10^{-1}	デシ	d
10^{-2}	センチ	c
10^{-3}	ミリ	m
10^{-6}	マイクロ	μ
10^{-9}	ナノ	n
10^{-12}	ピコ	p

質量や長さを 1 Kg，1 Km のように表示するのは誤りである．正しくは 1 kg，1 km である．

表 1.4　SI 組立単位の例

物理量	単位の名称	記号と SI 基本単位での表示
力	ニュートン	$N = m \cdot kg \cdot s^{-2}$
圧力	パスカル	$Pa = N/m^2 = m^{-1} \cdot kg \cdot s^{-2}$
エネルギー	ジュール	$J = N \cdot m = m^2 \cdot kg \cdot s^{-2}$
仕事率	ワット	$W = J/s = m^2 \cdot kg \cdot s^{-3}$
モル熱容量	——	$J/(mol \cdot K) = m^2 \cdot kg \cdot s^{-2} \cdot mol^{-1} \cdot K^{-1}$

れらの単位を **SI 組立単位** あるいは **SI 誘導単位** という．力，圧力，
エネルギー（仕事，熱量），仕事率の単位であるニュートン（N），
パスカル（Pa），ジュール（J），ワット（W），さらに物質 1 mol の
熱容量であるモル熱容量 ［J/(mol·K)］ なども組立単位である．こ
れら組立単位と基本単位との関係を表 1.4 に示す．

(2) SI 単位使用上の注意と使用例

　SI では，関係した物理量のすべてを SI 基本単位で表して計算す
れば，その結果として得られる数値の物理量は必ず SI 基本単位あ
るいは組立単位となる．

　SI 単位使用上の規則を以下に示す．本書のここまでの記述も，
これらの規則に従っている．

① 　単位記号はローマン活字（立体活字）で書く．物理量はイタ
リック（斜め）活字で表す．したがって，メートルの単位は m
で m（イタリック）ではない．接頭語もローマン活字である．

② 　人名に由来する物理量の記号（2 文字の場合は先頭の文字）
は大文字で書く．たとえば圧力の単位であるパスカルは Pa と
書き，pa とは書かない．

③ 　誘導単位を 2 つ以上の単位の積で表すときは，たとえば，
N·m（N と m の間に黒丸）あるいは N m（N と m の間に半字
スペース）のようにする．

④ 　カッコをつけないで同じ行に斜線を 2 つ以上重ねない．たと
えばモル熱容量の単位 J/(mol·K) を J/mol/K とは書かない．

⑤ 　接頭語がついたある単位を a としたとき，a^2 は常に（接頭語
＋基本単位）^{2} を意味する．

組立単位と SI 接頭語の例

例 1　長方形の面積 ＝ 横の長さ×縦の長さ

　長さの単位は m だから面積の単位は m×m で，これを m^2 と表
現する．もし長さを cm で表せば，面積の単位は cm×cm ＝（cm）
×（cm）＝ cm^2 となる．cm という表記の m の前にある c が "セン
チ" という接頭語で，c は 1/100 を意味する．

$$1\,\mathrm{cm} = \frac{1}{100}\,\mathrm{m} = 0.01\,\mathrm{m}$$

$$1\,\mathrm{cm}^2 = (1\,\mathrm{cm}) \times (1\,\mathrm{cm}) = \left(\frac{1}{100}\,\mathrm{m}\right) \times \left(\frac{1}{100}\,\mathrm{m}\right)$$

$$= \frac{1}{10000}\,\mathrm{m}^2 = 10^{-4}\,\mathrm{m}^2$$

例2　速度 $= \dfrac{距離}{時間}$

速度の単位は $\dfrac{\mathrm{m}}{\mathrm{s}}$ となる．$\dfrac{\mathrm{m}}{\mathrm{s}}$ という分数での表現は書きにくいので，通常 $\mathrm{m/s}$, $\mathrm{m\cdot s^{-1}}$, $\mathrm{m\,s^{-1}}$ のいずれかで表現される．

なお，SI と併用されるいくつかの慣用的な単位もある（裏見返し参照）．体積については SI 単位の m^3 や dm^3, cm^3 以外にリットル L の併用が認められている．

問題 1.8　次の（　）内の A, B, C に指数表示での数字，あるいは SI 接頭語を挿入せよ．

$$1.0\,\mathrm{MPa} = (\mathrm{A})\,\mathrm{kPa} = (\mathrm{B})\,\mathrm{Pa} = 1.0\times10^4\,(\mathrm{C})\mathrm{Pa}$$

解答　表 1.3 参照

問題 1.9　次の文字式の関係を SI 基本単位の関係として表せ．

力×距離 ＝ 圧力×体積 ＝ エネルギー

解答　$\mathrm{N}\times\mathrm{m} = \mathrm{Pa}\times\mathrm{m}^3 = \mathrm{J}$

問題 1.10　SI 組立単位と SI 基本単位との関係を確かめ，間違っている場合には訂正せよ（$\mathrm{C} = 1\,\mathrm{A\cdot s}$, $\mathrm{W} = \mathrm{J/s} = \mathrm{V\cdot A}$）．

(1)　$1\,\mathrm{N} = 1\,\mathrm{kg\cdot m\cdot s^{-1}}$

(2)　$1\,\mathrm{Pa} = 1\,\mathrm{kg\cdot m^{-1}\cdot s^{-2}}$

(3)　$1\,\mathrm{V} = 1\,\mathrm{J\cdot C^{-1}} = 1\,\mathrm{m^2\cdot kg\cdot s^{-2}\cdot A^{-1}}$

(4)　$1\,\mathrm{W} = 1\,\mathrm{m^2\cdot kg\cdot s^{-3}}$

解答　裏見返しの表参照

演習問題 1

1. 大気中の二酸化炭素 CO_2 の濃度は，主としてどのような原理に基づいた方法で観測されているのか．
2. 力とは何か．ニュートンの運動法則を用いて説明せよ．
3. SI 基本単位のすべてを述べよ．またエネルギーを例として SI 組立単位とは何か，を説明せよ．
4. 本章 3 節で用いられた以下の記述が本章 5 節の (2) の SI 単位使用上の規則に従っていることを確認・説明せよ．

$$F = m\alpha \tag{1.12}$$
$$g = 9.80665\,\mathrm{m/s^2} \tag{1.13}$$
$$F = 9.80665\,\mathrm{N} \tag{1.14}$$

2 ┃ 原子とその構造

2.1 物質の構成と分類

（1） 物質の分類

物質がどのような成分からできているかに基づいて物質を分類すると次の図2.1のようになる.

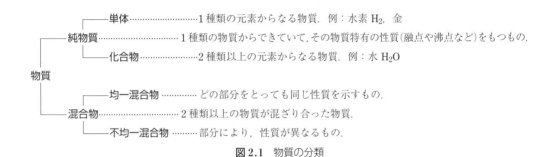

図2.1 物質の分類

「純物質」も，常に“幾分かの不純物”を含んでいる．たとえば，釘や鉄道レールなど日頃われわれが目にする鉄には1％以下ではあるが炭素が含まれている．それゆえ，純物質と混合物との区別は場合に応じて変わるが，ここでは常識的な意味で区別する.

問題2.1 次の物質を純物質と混合物とに区分せよ．また，混合物として区分されたもののうちの1つを選び，その成分にわける，あるいは成分を検出するにはどのような方法を用いればできるのかを述べよ.

（1） 石油　　　（2） アンモニア水　　　（3） ステンレス
（4） ドライアイス　　　（5） 砂糖　　　（6） ダイヤモンド

解答　純物質：(4)，(5)，(6)，　混合物：(1)，(2)，(3)

石油の成分への分離法については15章4節参照．アンモニア水中のアンモニウムイオン NH_4^+ の検出法やステンレスの分析法については分析化学の書籍を参照せよ．アンモニア水からは蒸留やイオン交換（16章5節参照）によりアンモニア成分を除去できる．ステンレスを成分（鉄，クロム，ニッケル）に分けることは原理的にはできるが，非現実的である.

問題2.2 ダイヤモンドが炭素の純物質であることをわかりやすく示す実験法を述べよ.

解答 ダイヤモンドを燃焼させると二酸化炭素 CO_2 のみが発生する.

問題 2.3 ウイスキーは基本的にはエチルアルコール C_2H_5OH と水との均一な混合物である. これが混合物であることはどんなことからわかるのか?

解答 たとえば沸騰させると, 沸点が時間的に変化していく. 液体としての性質(密度など)を測定してみると水の値とも純エチルアルコールの値とも異なる.

(2) 単体と化合物, 元素

物質を構成している基本的な成分を**元素**(element)という. たとえば, 純水を電気分解すると水素と酸素という 2 つの成分に分かれる. 水素や酸素はこれ以上成分に分けることはできないのでこれらは元素である. 現在, 120 ほどの元素が知られていて, 天然には 90 弱の元素が存在している. 1 種類の元素からのみつくられている物質は**単体**とよばれる. これに対して, 2 種類以上の元素からできている純物質は**化合物**(compound)である.

元素はアルファベットの大文字 1 文字, あるいは大文字 1 文字と小文字との 2 文字の記号(これを**元素記号**という)で表現される. いくつかの元素について, 日本語と英語での名称の表記, 元素記号を表 2.1 に示す.

元素名を用いる場合, それが元素を示す場合と, 元素の単体を示す場合とがある. たとえば, "牛乳にはカルシウムが含まれている"という文章では, カルシウムは元素を示し, 単体の状態でのカルシウムのことを意味していない.

後に述べるように, それぞれの元素について

原子番号 ＝ 陽子の数 ＝ 電子の数

の関係があり, **元素は原子番号で規定される**. それゆえ, "新元素の発見"とは, これまでには存在しなかった原子番号をもった原子で構成された物質が見つかったということである.

物質を元素記号を用いて表したものを**化学式**という. たとえば, 水の化学式が H_2O, 二酸化炭素の化学式が CO_2 である.

(3) 原子と分子

角砂糖を取り上げて図 2.2 に示された過程を考察してみる. 第一の過程として角砂糖を細かくつぶして粒子にする. しかし, この過程の後でも甘味のような砂糖としての性質は変化しない. 次の過程として, つぶした砂糖粒子を水の中に入れて溶かしてみる. 生じた溶液に砂糖の小さな粒子は認められなくても, 砂糖の甘さは溶液の

表 2.1 元素の名称とその英語表記, 元素記号

元素名とその英語表記		元素記号
水素	Hydrogen	H
ヘリウム	Helium	He
炭素	Carbon	C
窒素	Nitrogen	N
酸素	Oxygen	O
ナトリウム	Sodium	Na
硫黄	Sulfur	S
塩素	Chlorine	Cl
カリウム	Potassium	K
ウラン	Uranium	U

注:カナ書きの元素名は, 元素の英語名をローマ字読みしたものではない.

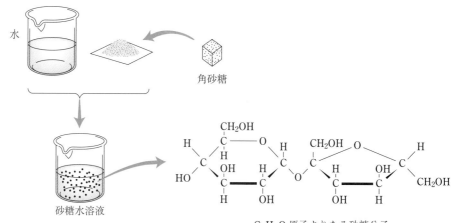

CH₂OH
C,H,O 原子よりなる砂糖分子

図2.2 角砂糖から砂糖分子に至る過程

中に残されている．この砂糖溶液中に存在している砂糖としての性質をもつ基本粒子が砂糖の**分子**（molecule）である．第三の過程として，砂糖分子1個を取り出して直接見ることができるとしよう．すると，砂糖分子が炭素 C，水素 H，酸素 O の**原子**（atom）からできているのを観察することになる*．炭素，水素，酸素は元素であり，砂糖は複数の元素から構成されているので化合物** である．

金属の金では，金をどんどん分割していくと，最終的に金の性質をもつ基本粒子にたどり着く．しかし，この場合は，基本粒子は分子ではなくて，金の原子である．

原子はきわめて小さい．最も小さな原子である水素では，その直径は約 10^{-10} m で，水素原子をピンポンボール（直径 $4×10^{-2}$ m）のモデルで表すと，ピンポンボールは地球（直径 $1.3×10^{7}$ m）程度の大きさとなる．

*現在では走査型プローブ顕微鏡といわれる装置で，ある種の化合物中の個々の原子の画像を見ることができる．

**化合物としての砂糖はスクロース（ショ糖）とよばれる（17章1節参照）．

元素と原子の違いは？

元素も原子もともに物質をつくる究極の要素という意味をもっている．両者の違いは「○○民族の人」という集団としてと各個人との違いに似ている．水素原子という実体のある究極の小粒子は宇宙に多数存在し，あるものは2個の原子が集まって水素分子 H_2 となり，また，あるものは酸素原子と結びついて水 H_2O，さらにあるものは生体を形作る物質，のようにさまざまな形で存在する．しかし，形は違っていても，水素原子としての共通性をもっている．そのような水素原子を全体としてとらえたとき，水素元素という概念ができあがる．

問題 2.4　次の元素記号で表される元素の名称（日本語）を書け.

(1) O　　(2) C　　(3) U　　(4) N　　(5) S

(6) P　　(7) He　　(8) Cl　　(9) Na　　(10) H

(11) Si　(12) Al　(13) Ag　(14) Cu　(15) Zn

解答　表 2.1 および表見返しの周期表を参照せよ.

2.2　原子の構造

(1)　原子の構造

原子の構造の例として，ヘリウム原子の場合を図 2.3 に示す. 原子の中心には**陽子**（proton）と**中性子**（neutron）とからなる**原子核**があり，原子核を取り巻く周囲に**電子**（electron）が存在している. 中性子は電荷をもたないが，陽子は＋の電荷を，電子は－の電荷をもっている. 1 個の陽子の電荷の絶対値と 1 個の電子の電荷の絶対値は 1.602×10^{-19} C（クーロン）で等しい. 1 個の電子のもつ電荷を e，電子そのものを e^- で表現することが多い. 1 つの原子について，陽子の数と電子の数は等しいから，原子は全体として電気的に中性である. 陽子の数（＝電子の数）を**原子番号**という.

電子の質量は陽子や中性子に比べてたいへん小さいので，原子の質量は実質的には原子核（陽子と中性子）の質量である.

質量 ≈ 原子核の質量
　　　　＝陽子の質量＋中性子の質量

$$\left. \begin{array}{l} 陽子の質量 = 1.673 \times 10^{-24}\,g \\ 中性子の質量 = 1.675 \times 10^{-24}\,g \end{array} \right\} 陽子の質量 ≈ 中性子の質量$$

電子の質量 $= 9.109 \times 10^{-28}\,g =$ 陽子の質量の $\dfrac{1}{1837}$

陽子と中性子を総称して**核子**という. 原子番号 Z の元素の原子核は Z 個の陽子，それゆえ Ze の正電荷をもっている. 中性子の数を N とすれば，原子核を構成する核子の総数 A は $A = Z + N$ となる. A を**質量数**という.

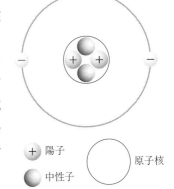

図 2.3　ヘリウム原子の構造
ヘリウムでは，陽子，中性子，電子がそれぞれ 2 個存在する. 実際の原子核は，電子殻の大きさの $\dfrac{1}{10^5} \sim \dfrac{1}{10^4}$ 程度で，たいへん小さい.

凡例:
⊕ 陽子　　○ 原子核
● 中性子
－ 電子　　— 電子殻

(2)　原子の表し方

図 2.3 で示したヘリウム原子を例として原子の表し方を右に示す. 元素記号がわかれば原子番号は自動的に決まるから，原子番号は省略されることも多い.

質量数 ＝ 陽子数＋中性子
$$^{4}_{2}\text{He}$$ ← 元素記号
原子番号 ＝ 陽子数（＝電子数）

問題 2.5　次の原子を元素記号と数字を用いて表せ. また，原子核中の中性子の数はいくつか.

(1) 質量数 23 のナトリウム　　(2) 質量数 235 のウラン

解答　(1) $^{23}_{11}\text{Na}$, 12 個　　(2) $^{235}_{92}\text{U}$, 143 個

(3) 同位体

多くの元素に対して，同じ元素の原子であっても原子核内に含まれる中性子の数が異なる，したがって質量数が異なる原子が存在する．これらの原子をお互いに**同位体（アイソトープ** isotope）という．水素では，図 2.4 に示す 3 種類の同位体がある．水素を除いて，同位体であっても元素記号は変わらない*.

＊水素では，質量数 2,3 の同位体にそれぞれ D, T の元素記号の使用が許されている.

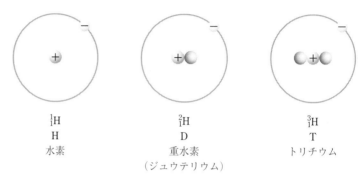

$${}_{1}^{1}\text{H}$$
H
水素

$${}_{1}^{2}\text{H}$$
D
重水素
（ジュウテリウム）

$${}_{1}^{3}\text{H}$$
T
トリチウム

図 2.4 水素の同位体の原子の構造

同位体のなかには放射線を出して別の元素の原子へと崩壊していく**放射性同位体（ラジオアイソトープ**，14 章 1 節参照）もある．水素の同位体ではトリチウムが放射性同位体である．

物質の化学的性質は電子により大きく支配される．それゆえ，同じ電子数をもつ同位体相互では，化学的性質の違いはほとんどの場合無視できる．

問題 2.6 H_2O の 25 ℃ における密度が $0.997\ \text{g/cm}^3$ であるのに対して，重水素からできる重水 D_2O の密度は $1.107\ \text{g/cm}^3$ である．この密度の違いを H と D の原子量の違いから説明せよ.

解答 H_2O と D_2O の分子量（3 章 3 節参照）を比較せよ.

2.3 ボーアの理論
(1) 水素のスペクトル

物質の基本粒子である原子の構造の解明は，まったく別分野の研究である水素が放つ光の研究により扉が開かれた.

水素分子を放電管に入れて放電を行うと水素分子は水素原子に解離（$H_2 \rightarrow 2H$）する．この水素原子が発する光を分光器により分光すると，図 2.5 に示すように，可視部（ほぼ波長が 380 ～ 770 nm）から紫外部にかけて何本かの線スペクトルが見られる**.これら線スペクトルの輝線の間隔は波長が短くなるほうに向かって次第に狭くなっていく.

＊＊光を波長により分けたものを**スペクトル**という．水素原子のスペクトルは可視部以外に，可視部より波長の短い紫外部，波長の長い赤外部にも出現する.

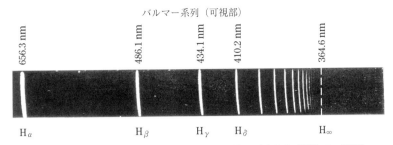

バルマー系列（可視部）

656.3 nm　486.1 nm　434.1 nm　410.2 nm　364.6 nm

H_α　H_β　H_γ　H_δ　H_∞

図2.5 水素原子の可視部から紫外部におけるスペクトル（バルマー系列）

バルマー（1825 ～ 1898 年）は 1885 年，図 2.5 に示す今日**バルマー系列**とよばれる線スペクトルの輝線の波長の間に次の関係が成立することに気付いた．

$$H_\alpha : H_\beta : H_\gamma : H_\delta = \frac{9}{5} : \frac{16}{12} : \frac{25}{21} : \frac{36}{32}$$

$$= \frac{3^2}{3^2-2^2} : \frac{4^2}{4^2-2^2} : \frac{5^2}{5^2-2^2} : \frac{6^2}{6^2-2^2} \qquad (2.1)$$

それゆえ，バルマー系列での輝線の波長 λ（ラムダ）は

$$\lambda = \frac{n^2}{n^2-2^2} a \qquad (2.2)$$

a は比例定数で 364.56 nm，$n = 3, 4, 5, \cdots$

で記述される．真空中の光速 c_0 と波長 λ，振動数 ν（ニュー）との関係

$$c_0 = \lambda \nu \qquad (2.3)$$

を用いて式 (2.2) を書き直すと

$$\nu = \frac{c_0}{\lambda} = \frac{4c_0}{a}\left(\frac{1}{2^2} - \frac{1}{n^2}\right) = R_H c_0 \left(\frac{1}{2^2} - \frac{1}{n^2}\right) \quad (n = 3, 4, 5, \cdots)$$

$$R_H : \textbf{リュードベリ定数} \qquad (2.4)$$

となる．式 (2.4) の右辺はスペクトル線の振動数 ν が 2 つの項の差により与えられることを示している．

問題2.7　式 (2.2) と式 (2.4) よりリュードベリ定数 R_H を求めよ．

解答　$R_H = \dfrac{4}{a} = \dfrac{4}{364.56 \times 10^{-9}\,\text{m}} = 1.0972 \times 10^7\,\text{m}^{-1}$. この値は裏見返しに記載されている値と 5 桁目で異なる．

（2）　ボーアの原子モデル

ボーア（1885 ～ 1962 年）が原子モデルを 1913 年に提案する前に，2 つの画期的な提唱がなされた．その 1 つはラザフォード（1871 ～ 1937 年）による原子の構造に関するもの（1911 年）である．それによれば

原子は正の電荷を帯びた重い原子核とそのまわりを回転運動している負の電荷を帯びた粒子である電子からできている.

これをラザフォードの原子モデルという．もう1つの提唱は，高温になった物質が放つ光のエネルギーが波長によってどのように変わるか（エネルギー分布）の問題に対してプランク（1858 〜 1947 年）により 1900 年になされた**エネルギー量子**という概念（**量子論**）である．それによれば

物質をいろいろな振動数をもつ粒子の集まりとしたとき，振動数 ν（ニュー）で振動している粒子のエネルギーは $h\nu$ の整数倍の不連続な値しかとれない．

このエネルギーの最小単位をエネルギー量子，比例定数 h を**プランク定数*** という．

* 2019 年 5 月 20 日以降，質量の基本単位のキログラムは，プランク定数を用いて定義される.

ボーアは電子を粒子として取り扱い，ラザフォードの原子モデルと量子論とを結びつけた理論を構築し，観測された水素原子の線スペクトルを定量的に説明することに成功した．ボーアが用いた仮定は次のようである.

1. 原子内の電子はいくつかの不連続なエネルギー状態だけをとることが許される．この状態では原子は光を放出しない．この状態を**定常状態**（stationary state）という.

2. 電子がエネルギー E_1 の定常状態からエネルギー E_2 の定常状態へ遷移するとき，そのエネルギー差 $|E_2-E_1|$ に相当する振動数 ν の光が吸収または放出される.

$$|E_2-E_1| = h\nu \tag{2.5}$$

この第 2 の仮定をボーアの**振動数条件**という．光を吸収すれば電子のエネルギー状態は高くなり，光を放出すればエネルギー状態は低くなる．ボーアの振動数条件を図 2.6 に示す.

式（2.4）と式（2.5）とを比較すると水素原子のスペクトル線は水素の電子が 2 つのエネルギー状態の間で遷移することに伴って放出されるものであることが推定できる.

3. 質量 m の電子が半径 r の円軌道を速度 v で運動する場合（図 2.7 参照）には，次の関係が成立する場合のみ定常状態となる.

$$mvr = n \frac{h}{2\pi} \quad (n = 1, 2, 3, \cdots) \tag{2.6}$$

これをボーアの**量子条件**，n を**量子数**という.

式（2.6）の左辺は古典力学において**角運動量**とよばれる量であ

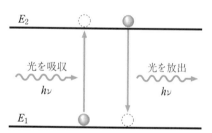

図 2.6 ボーアの振動数条件

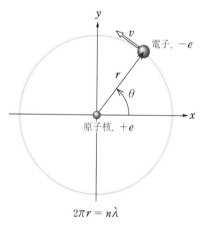

図 2.7 原子核のまわりを円運動する電子

る．したがって，式 (2.6) は円運動をしている電子の角運動量は $\dfrac{h}{2\pi}$ の整数倍の値しかとらないことを意味している．式 (2.6) を変形すると

$$2\pi r = n\,\frac{h}{mv} \tag{2.7}$$

となる．これは電子が許された軌道上で波長 $\lambda = \dfrac{h}{mv}$ の定常波としての性質をもつことを示している*．軌道の半径と定常波の波長との関係を図 2.8 に示す．定常波でない波は波相互が干渉して打ち消しあい，安定な状態を保持できない．波としての電子を**電子波**という．

＊演習問題 2 の 5 参照．

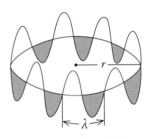

図 2.8 軌道半径と定常波の波長との関係

　ボーアの量子条件，式 (2.6) によると，n が異なると，それは電子が円運動をする円の半径 r が異なることになる．一方，振動数が ν の物質のエネルギーが $h\nu$ の整数値であるというエネルギー量子の考えからすれば，$n = 1$ のときが最低エネルギー状態（最低エネルギー状態を**基底状態**，それ以外の状態を**励起状態**という）で，$n = 1, 2, 3, \cdots$ となるにつれてエネルギーは高くなっていく．これをまとめると次の**ボーアの原子モデル**が得られる．

> 原子に含まれる電子は量子数 $n = 1, 2, 3, \cdots$ に対応した，原子核を取り巻く**電子殻**とよばれるいくつかの殻に分かれて存在し，原子核のまわりを軌道運動している．

　電子殻は原子核に近い方から，K, L, M, N, $\cdots$ のように名付けられ，それらは $n = 1, 2, 3, 4, \cdots$ に対応している．3 章 1 節で示すように，量子数 n の電子殻に入ることのできる最大電子数は理論により求められている（図 2.9 参照）．この理論については第 3 章で取り扱う．

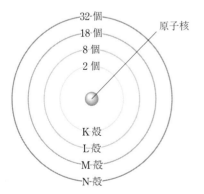

殻	n	最大電子収容数
K	1	2
L	2	8
M	3	18
N	4	32
$\vdots$	$\vdots$	$\vdots$

量子数 n の電子殻の最大収容電子数は $2n^2$ である．

図 2.9 原子核のまわりの電子殻とそこに配置される最大電子数

ここで，図2.7，図2.8と図2.9の関係についてそれらを振り返りながら若干の補足をしておこう．図2.7では電子は質量 m の粒子として取り扱われており，図2.8では電子が波長 $\lambda = \dfrac{h}{mv}$ の波動として表されている．しかし，電子という小さな粒子がサーフボードのように，図2.8の半径 r の円の円周を中心線として上下に振動している波に乗って原子核のまわりを回転しているのではない．電子そのものが粒子としての性質と波動としての性質の二重性を備えている，ということを理解しなければならない．そして，図2.9は波動としての電子の存在する位置が殻状構造を形成していることを示しているのである．巨視的な世界では電子を粒子として取り扱えばよいが，微視的な世界に近づくにつれて，電子の波動としての性質が強く現れてくる．電子の波動性を実感できるわかりやすい例は電子顕微鏡であろう．

演習問題2

1. 次の英語は元素の名称である．それぞれの元素の日本語の名称と元素記号を書け．
   (1) nitrogen (2) chlorine (3) phosphorus
   (4) sodium (5) uranium (6) sulfur
   (7) silicon (8) iron (9) mercury
   (10) lead

2. $^{1}_{1}$H，$^{2}_{1}$H，$^{4}_{2}$He 原子の構造を示せ．また，$^{4}_{2}$He の原子構造が図2.9とも合致するものであることを説明せよ．

3. 可視光線の短波長（紫色の側）端の波長はほぼ 380 nm である．この波長の光の振動数，次いで振動している粒子としてのエネルギーの最小値 $h\nu$ を計算せよ．

4. ボーアの理論の振動数条件と量子条件とはどのような条件でどのような式で表されるのか．

5. 図2.8を用い，式 (2.7) の $2\pi r = n\dfrac{h}{mv}$ という関係がどうして，"これは電子が許された軌道上で波長 $\lambda = \dfrac{h}{mv}$ の定常波としての性質をもつことを示している"のかについて説明せよ．

電子配置と物質量

3

3.1 電子配置

(1) 電子軌道

ボーアの理論は水素のスペクトルを説明するばかりでなく，電子が原子核を中心とする殻状に存在していることを明らかにするなど，物理学の新時代を切り開いた．しかし，研究が進むにつれてボーアの理論の不完全さも明らかとなった．そこに登場したのが**量子力学**（quantum mechanics）である．量子力学は原子や分子のような微視的世界を支配する法則をわれわれに提供する．

量子力学によれば，電子は粒子としての性質と波としての性質を備えている．そして，われわれが知ることのできるのは電子をある位置に見い出す確率のみである．電子（より一般的には粒子）の状態を，電子の位置を表す座標の関数として記述する関数を電子の**波動関数**（wave function）という．波動関数を ψ とする*と $|\psi|^2\,dxdydz$ は $x \sim x + dx$, $y \sim y + dy$, $z \sim z + dz$ の間の微小空間の体積 $dxdydz$ に電子を見出す確率を与える．原子核のまわりに電子が存在する確率を表すものを**電子軌道**という．空間での電子の存在確率を濃淡で示すと，雲のようになるので，電子軌道は**電子雲**を表しているともいわれる．

電子軌道を定めるためには式(2.6)に出てきた n だけでは不十分で，全部で4つの量子数が必要である．それらの量子数は以下の条件を満足するものでなければならない．

主量子数 n：$n = 1, 2, 3, \cdots$ （電子殻の K, L, M, … に対応）
方位量子数（副量子数） l：$l = 0, 1, 2, \cdots, n-1$
磁気量子数 m：$m = -l, -(l-1), \cdots, 0, \cdots, l-1, l$
スピン量子数 s：$s = +\dfrac{1}{2}, -\dfrac{1}{2}\ \left(\dfrac{h}{2\pi} \text{を単位として}\right)$

スピン量子数 s を除いて，n, l, m の量子数は粒子のエネルギー状態を波動関数で記述した**波動方程式**** の解として得られる．

主量子数を表すには数字をそのまま用い，方位量子数を表すには次の記号が用いられる．

* 波動関数は通常ギリシャ文字の ψ, Ψ, ϕ, Φ などで表される．

** 波動方程式については巻末の「付録」を参照せよ．

l	0	1	2	3
記号	s	p	d	f

それゆえ,

1s 軌道 $\Rightarrow n = 1$, $l = 0$ の軌道

2s 軌道 $\Rightarrow n = 2$, $l = 0$ の軌道

を意味している.

問題3.1　2p 軌道の意味する主量子数, 方位量子数, 磁気量子数はどのような数字となるのか.

解答　主量子数は 2, 方位量子数は 1, 磁気量子数は $-1, 0, 1$.

問題3.2　方位量子数が d のとき, 磁気量子数のとりうる値はどうなるか.

解答　$-2, -1, 0, 1, 2$

主量子数 n が $1, 2, 3$ である状態に対応した方位量子数, 磁気量子数を数え上げると次のようになる.

$$n = 1 \quad l = 0 \quad m = 0$$

$$n = 2 \begin{cases} l = 0 \quad m = 0 \\ l = 1 \begin{cases} m = -1 \\ m = 0 \\ m = +1 \end{cases} \end{cases}$$

全部で 4 状態

$$n = 3 \begin{cases} l = 0 \quad m = 0 \\ l = 1 \begin{cases} m = -1 \\ m = 0 \\ m = +1 \end{cases} \\ l = 2 \begin{cases} m = -2 \\ m = -1 \\ m = 0 \\ m = +1 \\ m = +2 \end{cases} \end{cases}$$

全部で 9 状態

*主量子数 n に対して方位量子数は 0 から $n-1$ まで, 各方位量子数 l に対して $-l$ から l までの $2l+1$ 個の磁気量子数があるから, スピン量子数も考えると
$$2\sum_{l=0}^{n-1}(2l+1)$$
$$= 2\left(2\sum_{l=0}^{n-1}l + n\right) = 2n^2$$

主量子数が n では n^2 の状態*, さらにこれらの状態のそれぞれにはスピン量子数が異なる 2 つの状態がある. それゆえ, すべての量子数を考慮にいれると

主量子数 n に対して $2n^2$ の状態

がある. すなわち, $n = 1$ の K 殻には 2 個, $n = 2$ の L 殻には 8 個, $n = 3$ の M 殻には 18 個の状態があることになる.

2s, 2p 電子軌道が示す存在確率の模式表現を図 3.1 に示す. s 軌道は球対称である. p 軌道は軸対称性をもち, p_x, p_y, p_z の 3 つの軌道に分かれる. p_x, p_y, p_z はそれぞれ x, y, z 軸を対称軸とする亜鈴型をしている.

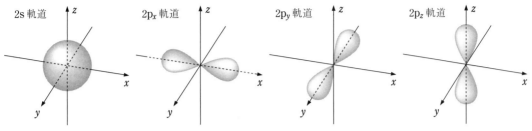

図 3.1 2s, 2p 電子軌道

（2）　パウリの排他原理と電子配置

パウリ（1900 〜 1958 年）は 1925 年に**パウリの排他原理（禁制原理）**とよばれる原理を提出した.

> 同一原子の中で，4 種の量子数で規定される状態にはただ 1 個の電子のみが存在できる.

パウリの排他原理にしたがうと n, l, m で規定される 1 つの電子軌道を占有できる電子の数はスピンを異にする 2 つである. 1 組の n, l に許される電子の数を表にしてみると表 3.1 のようになり，図 2.9 で示された各電子殻の最大収容電子数が導き出される.

各電子軌道のエネルギーの値を**エネルギー準位**という. これを図 3.2 に示す. 電子はエネルギー準位の低い軌道から詰まっていく. 3d よりも 4s の方がエネルギーが低いので，4s 軌道が 3d 軌道に先んじて電子を受け入れる. 量子数 l が同じ軌道（たとえば p 軌道）である場合には，電子は磁気量子数の異なる軌道にスピンが同じ向きである電子が 1 個ずつ入り，その後にスピンの向きが逆の電子が入る. これを**フントの規則**という.

元素の原子番号はその元素の原子に含まれる電子の数に等しい. 表 3.1 と図 3.2 とフントの規則とを組み合わせて得られる原子番号

表 3.1 n, l の値に対して許される電子の数

n	殻	l	記号	収容し得る電子の数
1	K	0	1s	2
2	L	0 1	2s 2p	2 6 } $8 = 2 \times 2^2$
3	M	0 1 2	3s 3p 3d	2 6 10 } $18 = 2 \times 3^2$
4	N	0 1 2 3	4s 4p 4d 4f	2 6 10 14 } $32 = 2 \times 4^2$

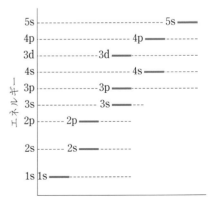

図 3.2 電子軌道のエネルギー準位の相互関係の一部

表 3.2 H より Zn までの元素の原子の電子配置

元素	K 1s	L 2s	L 2p	元素	K 1s	L 2s	L 2p	M 3s	M 3p	M 3d	N 4s	N 4p	N 4d	N 4f	電子配置
H	↑	□	□□□	1 H	1										$1s^1$
He	↑↓	□	□□□	2 He	2										$1s^2$
Li	↑↓	↑	□□□	3 Li	2	1									$1s^2\,2s^1$
Be	↑↓	↑↓	□□□	4 Be	2	2									$1s^2\,2s^2$
B	↑↓	↑↓	↑□□	5 B	2	2	1								$1s^2\,2s^2\,1p^1$
C	↑↓	↑↓	↑↑□	6 C	2	2	2								$1s^2\,2s^2\,2p^2$
N	↑↓	↑↓	↑↑↑	7 N	2	2	3								$1s^2\,2s^2\,2p^3$
O	↑↓	↑↓	↑↓↑↑	8 O	2	2	4								$1s^2\,2s^2\,2p^4$
F	↑↓	↑↓	↑↓↑↓↑	9 F	2	2	5								$1s^2\,2s^2\,2p^5$
Ne	↑↓	↑↓	↑↓↑↓↑↓	10 Ne	2	2	6								$1s^2\,2s^2\,2p^6$
				11 Na	2	2	6	1							$1s^2\,2s^2\,2p^6\,3s^1$
				12 Mg	2	2	6	2							
				13 Al	2	2	6	2	1						$1s^2\,2s^2\,2p^6\,3s^2\,3p^1$
				14 Si	2	2	6	2	2						
				15 P	2	2	6	2	3						
				16 S	2	2	6	2	4						
				17 Cl	2	2	6	2	5						
				18 Ar	2	2	6	2	6						
				19 K	2	2	6	2	6		1				$1s^2\,2s^2\,2p^6\,3s^2\,3p^6\,4s^1$
				20 Ca	2	2	6	2	6		2				
				21 Sc	2	2	6	2	6	1	2				$1s^2\,2s^2\,2p^6\,3s^2\,3p^6\,3d^1\,4s^2$
				22 Ti	2	2	6	2	6	2	2				
				23 V	2	2	6	2	6	3	2				
				24 Cr	2	2	6	2	6	5	1				
				25 Mn	2	2	6	2	6	5	2				
				26 Fe	2	2	6	2	6	6	2				
				27 Co	2	2	6	2	6	7	2				
				28 Ni	2	2	6	2	6	8	2				
				29 Cu	2	2	6	2	6	10	1				
				30 Zn	2	2	6	2	6	10	2				$1s^2\,2s^2\,2p^6\,3s^2\,3p^6\,3d^{10}\,4s^2$

（21 Sc ～ 29 Cu の 3d・4s 欄は「第一遷移元素」として括られている）

1 ～ 10 に対応した H から Ne までのスピン状態を含めた**電子配置**と原子番号 30 の亜鉛 Zn までの電子配置を合わせて表 3.2 に示す．表 3.2 の電子配置欄での s, p, d の右上添え字の数字は対応した状態にある電子の数を示している．

3.2 周 期 律

電子が軌道に入る順序と軌道が受け入れることのできる電子の数は決まっているから，元素をその原子の電子数の順に並べれば，電子配置のよく似た元素が周期的に出現することになる．これが**周期律**（periodic law）であり，表の形にしたものが**周期表**（periodic ta-

族 周期	1	2	3	4	5	6	7	8	9	10	11	12	13	14	15	16	17	18
1	H																	He
2	Li	Be				遷移元素							B	C	N	O	F	Ne
3	Na	Mg											Al	Si	P	S	Cl	Ar
4	K	Ca	Sc	Ti	V	Cr	Mn	Fe	Co	Ni	Cu	Zn	Ga	Ge	As	Se	Br	Kr
5	Rb	Sr	Y	Zr	Nb	Mo	Tc	Ru	Rh	Pd	Ag	Cd	In	Sn	Sb	Te	I	Xe
6	Cs	Ba	ランタノイド	Hf	Ta	W	Re	Os	Ir	Pt	Au	Hg	Tl	Pb	Bi	Po	At	Rn
7	Fr	Ra	アクチノイド															

希土類（アクチノイドを除く）
アルカリ土類金属（Be と Mg を除く）
アルカリ金属（H を除く）

ハロゲン
貴ガス

図3.3 周期表の概略

ble)である．周期表の概略を図3.3に示す（詳細な周期表については，表見返しを参照）．表3.2と図3.3とを比較すると，周期表が原子の電子配置をそのまま反映したものであることが理解できる．

今日の周期表の出発といえるものはメンデレーフ（1834～1907年）により提案（1869年と1871年）された．かれの時代には60余の元素しか知られていなかったが，メンデレーフは自分のつくった周期表によって当時未知の元素であったガリウム Ga やゲルマニウム Ge の性質を予想し，その予想の正しさが実証されて，周期表は広く受け入れられるようになった[*]．

周期表の縦の欄を**族**（group）とよび，1族から18族までがある．横の列を**周期**（period）といい，各周期はそれぞれの電子殻での充てん状態に対応している．1, 2, 12～18族の元素を**典型元素**，3～11族の元素を**遷移元素**という．第6周期第3族の位置には**ランタノイド**とよばれる15種の元素が，第7周期第3族の位置には**アクチノイド**とよばれる15種の元素が入る．

典型元素の性質は周期表の上から下へと規則的に変化することが多い．水素を除く1族元素は**アルカリ金属**，Be と Mg を除く2族元素は**アルカリ土類**，17族元素は**ハロゲン**，18族元素は**貴ガス**とよばれる．貴ガスはいずれも単原子気体であり，ほとんど他の物質と反応しない[**]．貴ガスの最外殻の電子配置を見てみると

$$He \quad Ne \quad Ar \quad Kr \quad Xe \quad Rn$$
$$1s^2 \quad 2s^2 2p^6 \quad 3s^2 3p^6 \quad 4s^2 4p^6 \quad 5s^2 5p^6 \quad 6s^2 6p^6$$

であり，この電子配置は s 軌道と p 軌道が収容できる最大電子数に対応している．貴ガスが化学的に安定であることは，貴ガス型の電子配置をとると安定となる，ということを示唆している．

上記の貴ガスの例からもわかるように，結合を主に支配する電子は最外殻の電子である．この電子を**価電子**（原子価電子）[***]という．

[*] メンデレーフは元素を原子量の順に並べたが，今日の周期表では元素は原子番号の順に並べられている．

[**] 貴ガスはこれらのガスが化学的に不活性であることを意味している．貴ガスは大気中に微量存在しているので**希ガス**ともよばれる．

[***] 貴ガスは化学的に安定なので，その価電子数は0とする．

問題 3.3 メンデレーフの周期表では，今日の周期表のある族が完全に欠けていた．それは何族か．また，メンデレーフの時代までにはその族の元素がどうして見つけられていなかったのか．

解答 18族元素．空気中に微量に存在する気体で，無色無臭で化学的にも不活性なのでその存在が認識されなかった．19世紀末にイギリスの物理学者のレイリー（1842〜1919年）は「乾燥空気から酸素，二酸化炭素を除去した気体」の密度が「アンモニアなど窒素化合物の分解により得られた窒素」より 0.5 % 程大きいこと，すなわち，大気中に酸素よりも大きな密度の気体が存在していることに気付いた．これをきっかけとして新たな手段である分光法の登場もあり，貴ガス元素が次々に発見された．

3.3 原子量と分子量，式量

原子や分子1個の質量は 10^{-24} g〜10^{-23} g のオーダーで扱いにくい．そこで，今日では6個の陽子と6個の中性子からなる原子核をもつ質量数12の炭素原子 ^{12}C を基準とした質量の比で各原子の質量を表現し，これを**原子量**という．原子量は相対質量であるから単位をもたない．このように定められた原子量に g をつけた値は原子 1 mol（本章4節参照）の質量にほぼ等しい．

表 2.1 と部分的に重複するが主要元素の原子量を表 3.3 に示す．原子量に小数部分の数値があるのは，同じ元素でも同位体［2章2節の(3)参照］が存在しているためである．たとえば自然界では塩素 Cl には質量数 34.969 の ^{35}Cl 原子と質量数 36.966 の ^{37}Cl 原子が 75.76 : 24.24 の割合で存在する．それゆえ，塩素 Cl の原子量は次のようになる．

$$塩素 Cl の原子量 = 34.969 \times 0.7576 + 36.966 \times 0.2424$$
$$= 35.45$$
$$\approx 35.5$$

表 3.3 主要元素の名称，元素記号，原子量

元素名とその英語表記		元素記号	原子量
水素	Hydrogen	H	1.01
ヘリウム	Helium	He	4.00
炭素	Carbon	C	12.01
窒素	Nitrogen	N	14.01
酸素	Oxygen	O	16.00
ナトリウム	Sodium	Na	22.99
硫黄	Sulfur	S	32.07
塩素	Chlorine	Cl	35.45

問題 3.4 ある元素 X の 6 個の原子の質量はホウ素（原子量 10.81）の 15 個の原子の質量に等しい．この元素 X の原子量と元素名を答えよ．

解答 原子量 27.0，アルミニウム

分子は原子により構成されるから，ある物質の化学式がわかればその物質の**分子量**は原子量から計算できる．

例 CO_2 の分子量 = 炭素1つの原子量 + 酸素2つの原子量
$$= 12.0 + 2 \times 16.0$$
$$= 44.0$$
$$C_3H_8 の分子量 = 12.0 \times 3 + 1.01 \times 8$$
$$= 44.1$$

いくつかの気体の化学式と分子量を表 3.4 に示す.

表 3.4　気体名とその化学式，分子量　注：H_2 などの下添え字は分子を構成する原子の数を表す.

気体名	化学式	分子量
水素	H_2	2.0
窒素	N_2	28.0
酸素	O_2	32.0
アルゴン	Ar	40.0
一酸化炭素	CO	28.0
二酸素炭素	CO_2	44.0
メタン	CH_4	16.0
エタン	C_2H_6	30.1
アンモニア	NH_3	17.0

アルゴン Ar

H−H
水素 H_2

H−N−H
|
H
アンモニア NH_3

H
|
H−C−H　メタン
|　　　　CH_4
H

例題 3.1　乾燥空気を体積組成で N_2 78 %，O_2 21 %，Ar 1 % からできているとみなして，乾燥空気の平均分子量を求めよ.

【解答】　混合気体を構成する気体成分の体積は物質量（次節の図 3.5 参照）に比例するから体積比は物質量の比に等しい.

空気の平均分子量 ＝（N_2 の分子量*）×（N_2 のモル分率*）
　　　　　　　　　＋（O_2 の分子量）×（O_2 のモル分率）
　　　　　　　　　＋（Arの原子量）×（Arのモル分率）
　　　　＝ 28.0×0.79 ＋ 32.0×0.21 ＋ 40.0×0.01
　　　　＝ 29.0

*モル分率 ＝ $\dfrac{\text{その成分の物質量}}{\text{全体の物質量}}$

注：空気の平均分子量 29 は記憶しておくのが望ましい．ある気体が洞穴の底のような部分に溜まるかどうかは，その気体の分子量が 29 より大きいかどうかによって判断できる.

　水素や酸素の最小構成単位は水素分子，酸素分子であるが，金属の銅や金では銅原子，金原子である．また，電気を帯びた粒子であるイオンから構成されている塩化ナトリウム（食塩）NaCl のようなイオン結晶では，最小構成単位は分子ではない．これらイオン結合性物質では，分子式の代わりに組成を表す**組成式**［4 章 1 節の（5）参照］を用いるので，分子量に対する量として組成式を構成する原子の原子量の総和である**式量**を用いる．たとえば，NaCl では

NaCl の式量 ＝ Na^+ イオンの原子量 ＋ Cl^- イオンの原子量
　　　　　　＝ Na の原子量** ＋ Cl の原子量**
　　　　　　＝ 23.0 ＋ 35.5
　　　　　　＝ 58.5

**原子全体の質量の中で電子の質量の割合は大変小さい（2 章 2 節）ので無視してよい.

問題 3.5　原子量表を用いて次の物質の分子量あるいは式量を求めよ.

(1)　塩化水素 HCl　　　　(2)　二酸化硫黄 SO_2

(3)　硫酸銅 $CuSO_4$　　　　(4)　炭酸カルシウム $CaCO_3$

(5)　グルコース $C_6H_{12}O_6$

解答　(1)　36.5,　(2)　64.1,　(3)　159.6 ≈ 160,　(4)　100,　(5)　180

問題 3.6　100 g の硫酸銅(II)五水和物 $CuSO_4 \cdot 5H_2O$ がある. これを加熱して脱水し, $CuSO_4$ とした. 得られた $CuSO_4$ は何 g か.

解答　63.9 g

3.4　物　質　量

化学においては, 物質の量を表すのに, **物質量**(その単位がモル)という物理量が使用される. 物質を構成する基本粒子である分子や原子はたいへん小さくて, 粒子 1 個の質量も極めて小さい. たとえば, 水の最小単位である水分子 H_2O の質量は 3.0×10^{-23} g にすぎなくて, 取り扱いに不便である. そこで, すべての物質について, それらの分子や原子, あるいはイオンのような粒子が 6.022×10^{23} 個集まった集団を物質の量の基準として考えることにする. この 6.022×10^{23} を**アボガドロ数**という.

アボガドロ数個が集まった原子, 分子, イオンなどの粒子の集団を **1 モル**(単位記号は mol)という*. イメージ的にいえば, お米の量を測るのに, 米粒 1 つずつを数えるのではなくて, 6.022×10^{23} 個の米粒が入ったパックの数でお米の量を計る場合のように, アボガドロ定数 N_A を基準として物質を構成する分子や原子の量を計測するのである.

N_A 個の粒子の集まりとモルとの関係の模式表現を ^{12}C 原子を例として図 3.4 に示す.

1 個の H_2O 分子の質量から 1 mol の水の質量を求めると

$$(3.0 \times 10^{-23} \text{ g}) \times (6.022 \times 10^{23} / \text{mol}) = 18.0 \text{ g/mol}$$

となる. ある物質 1 mol の質量をその物質の**モル質量**という. SI でモル質量は kg/mol の単位をもつが, 実用上は

モル質量 ＝ 原子量, 分子量あるいは式量の数値に

g/mol の単位をつけたもの

とするのがわかりやすい.

*1 mol あたりの粒子数を**アボガドロ定数**
6.022×10^{23}/mol
といい, N_A で表される. 今日ではアボガドロ定数は実験値ではなく数値(裏表紙の見返しの表を参照せよ)として定義されている.

$N_A = 6.022 \times 10^{23}$/mol

原子量 12(基準)

^{12}C

1.993×10^{-23}g

N_A 個の ^{12}C 原子の集り ＝ 12 g

図 3.4　^{12}C 原子の 6.022×10^{23} 個の集まり ＝ ^{12}C の 1 mol

いろいろな事実より，以下の**アボガドロ*の法則**が導かれた.

> 同温・同圧にある気体の同一体積には，気体の種類にかかわらず同じ数の分子が含まれている.

＊アボガドロ（1776〜1856年）　アボガドロの法則が提えられたのは1811年であるが，認められたのは1860年以後であり，信頼できるアボガドロ数が測定できるようになったのは20世紀に入ってからである.

今日では，0℃，1013 hPa の状態（これを**標準状態**という）で 1 mol の気体が 22.41 dm^3（22.41 L）を占めることがわかっている.

物質量と質量・粒子数・標準状態の気体の体積との関係を図にすると図 3.5 のようになる.

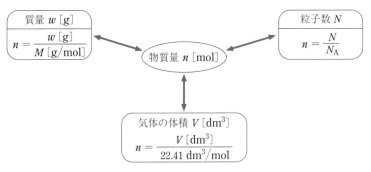

モル質量 M [g/mol]
気体のモル体積 22.41 dm^3/mol
　　　　　　（0℃，1.013×10^5 Pa）
アボガドロ定数 $N_A = 6.022 \times 10^{23}$/mol

図 3.5 物質量と質量・粒子数・体積の関係

例題 3.2　0℃，1013 hPa の状態にある 1.00 dm^3 の容器に含まれる酸素の分子数はどれだけか.

解答　アボガドロの法則によれば，容器に含まれる分子の数は気体の種類によらない．0℃，1013 hPa で 1 mol の気体が 22.41 dm^3 を占めるから，1 dm^3 は $\dfrac{1\,\text{dm}^3}{22.41\,\text{dm}^3/\text{mol}} = 0.0446$ mol である．したがって

酸素分子の数 $= (6.022 \times 10^{23}\,\text{個/mol}) \times (0.0446\,\text{mol})$
$\qquad\qquad\quad = 0.268 \times 10^{23}\,\text{個}$
$\qquad\qquad\quad = 2.68 \times 10^{22}\,\text{個}$

問題 3.7　ある温度で同体積の乾燥空気と水分を含む空気では，どちらの方により多数の分子数が含まれているか．また，どちらが軽い（密度が低い）か.

解答　アボガドロの法則により，分子数においては両者に差はない．しかし，水分を含む空気では，乾燥空気中の酸素分子や窒素分子の一部がより分子量の小さな水分子に置き換わっているので，その平均分子量は乾燥空気より小さい．すなわち，水分を含む空気の方が乾燥空気より軽い．"湿気を含んでどんよりとした重い空気" という表現は，科学的には正しくない.

演習問題3

1. 主量子数 n が2のときの方位量子数 l，磁気量子数 m との組合せを表にせよ．また，スピン量子数までを考慮すると，全部でいくつの状態が可能か．

2. 次の事項について説明せよ．
   (1) 電子雲　　　(2) 電子軌道を規定する4つの量子数
   (3) パウリの排他原理

3. 下記の周期表に対する問に答えよ．

周期＼族	1	2	3	4	5	6	7	8	9	10	11	12	13	14	15	16	17	18
1	H																	He
2	①	Be			(イ)元素								B	C	②	O	F	Ne
3	③	Mg											Al	④	P	⑤	⑥	Ar
4	K	⑦	Sc	Ti	V	Cr	Mn	Fe	Co	Ni	⑧	Zn	Ga	Ge	As	Se	Br	Kr
5	Rb	Sr	Y	Zr	Nb	Mo	Tc	Ru	Rh	Pd	Ag	Cd	In	Sn	Sb	Te	I	Xe
6	Cs	Ba	ランタノイド	Hf	Ta	W	Re	Os	Ir	Pt	Au	Hg	Tl	Pb	Bi	Po	At	Rn
7	Fr	Ra	アクチノイド															

— (ニ)(Be, Mg を除く)
— (ホ)(H を除く)
(ロ)
(ハ)

(1) 数字①〜⑧までの箇所に入る元素記号は何か．また，それぞれの元素の名称を書け．

(2) (イ)〜(ホ)に元素のグループを表す適切な用語を入れよ．

(3) (ハ)の元素について，その原子の最外殻の電子配置を含め，元素の特徴について述べよ．

(4) 元素②と水素とからできる最も簡単な化合物の名称，化学式，分子量を述べよ．この分子 20.0 g の標準状態での体積を求めよ．

(5) 元素④，⑤，⑥それぞれからなる単体物質の常温，常圧における状態について述べよ．

(6) 元素⑥ 1.0 g は，標準状態で，どれだけの体積を占めるか．

4. 部屋の中に CO_2 の固体である $-80\,℃$ のドライアイス 1.0 kg と $25\,℃$ の水 500 g がある．この両者の分子数の比を求めよ．

化学結合（1）
イオン結合と金属結合

4.1 イオン結合

（1）イオンの生成

電荷を帯びた原子あるいは原子のグループを**イオン**（ion）*という．原子は電気的に中性であるから電荷を帯びるためには原子が電子を失うか獲得するプロセスが必要となる．

正電荷を帯びた陽イオンと負電荷を帯びた陰イオンがどのようにして生じるかの例を図 4.1 に示す．ナトリウム原子 Na とマグネシウム原子 Mg の電子配置は次のようである：

	L 殻	M 殻
ネオン原子 Ne	$2s^2 2p^6$	
ナトリウム原子 Na	$2s^2 2p^6$	$3s^1$
マグネシウム原子 Mg	$2s^2 2p^6$	$3s^2$

Na 原子と Mg 原子はそれぞれ Ne 原子より余分に 1 個，2 個の電子を M 殻にもっている．この**最外殻電子（価電子）**を失い，それぞれ Na^+，Mg^{2+} イオンとなれば Ne 原子と同じ L 殻が満たされた電子配置となる．一方，塩素原子 Cl と硫黄原子 S の M 殻での電子配置はそれぞれ $2s^2 3p^5$，$3s^2 3p^4$ であり，1 個，2 個の電子を獲得して Cl^-，S^{2-} イオンとなればともにアルゴン Ar 原子と同じように M

* 英語としての ion の普通の発音は áiən, áiɑn であり，"イオン" ではない．

陽イオンの生成過程

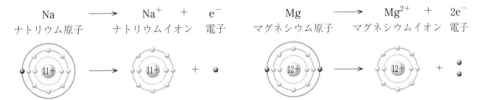

陰イオンの生成過程

図 4.1 陽イオン（Na^+，Mg^{2+}）の生成過程と陰イオン（Cl^-，S^{2-}）の生成過程

殻に 8 個の電子をもつ電子配置 $3s^2 3p^6$ となる.

(2) イオン化エネルギー

　真空中で，原子から電子を 1 つ取り除いて，+1 の電荷を帯びたイオンとするのに必要なエネルギーを第 1 **イオン化エネルギー** (ionization energy) という．+1 の電荷を帯びた陽イオンからさらにもう 1 つの電子を引き離して +2 の電荷を帯びた陽イオンとするためのエネルギーを第 2 イオン化エネルギーという．ナトリウム Na を例として第 1 イオン化エネルギーの説明を図 4.2 に示す．一般にイオン化エネルギーの小さい原子ほど陽イオンになりやすい.

　図 4.3 は原子の第 1 イオン化エネルギー I_p を原子番号順にプロットしたものである．図 4.3 より，貴ガス元素で極大，アルカリ金属で極小となる周期的な変化が読み取れる.

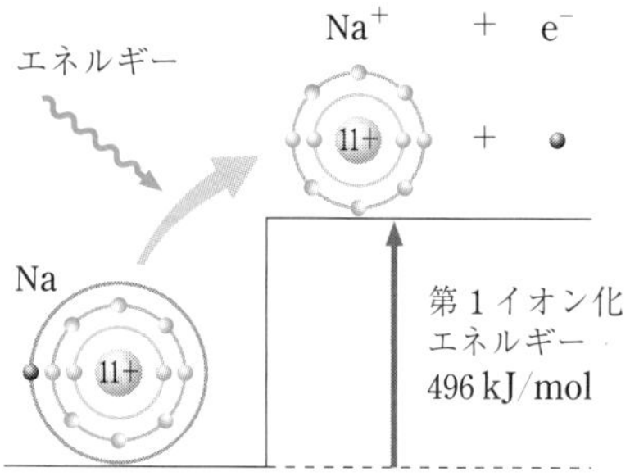

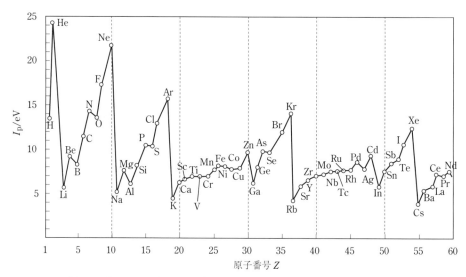

図 4.2　Na の第 1 イオン化エネルギー

図 4.3　第 1 イオン化エネルギーと原子番号の関係. $1\,\mathrm{eV} = 96.48\,\mathrm{kJ/mol}$

問題 4.1　図 4.3 で He，Ne，Ar などの 18 族元素（貴ガス）の第 1 イオン化エネルギー I_p が大きな値であることは何を示しているのか.

【解答】　He などの 18 族元素（貴ガス）の原子は He^+ や Ne^+ のようなイオンには極めてなりにくく，貴ガス原子は安定していること.

(3) 電子親和力

　原子より電子が取り除かれる過程とは逆に，真空中で原子が 1 個の電子を獲得して −1 の電荷を帯びたイオンとなる過程を考えてみる．この過程で放出されるエネルギーを**電子親和力** (electron

affinity）という．塩素原子 Cl が塩化物イオン Cl⁻ となる場合を図
4.4 に示す．一般に電子親和力の大きな原子ほど陰イオンになりや
すい．その代表例が F, Cl, Br, I などのハロゲン原子である．

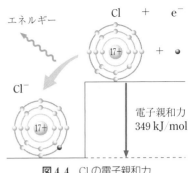

図4.4 Cl の電子親和力

（4） イオン結晶とイオン半径

イオンのような電荷を帯びた粒子の間にはクーロン力という静電
気的な力が働く．＋電荷と−電荷の間には，2 つの電荷が離れてい
れば引力が作用する．しかし，電荷間の距離が短くなるとイオンの
原子核の間の反発力が急速に増加し，クーロン力を上まわるように
なる．孤立した NaCl に対して，その様子を図4.5 に示す．

陽イオンと陰イオンとからなる結合は全体として電気的に中性で
あるから，陽イオンとなった原子から生じた電子が別の原子に移動
して陰イオンができたと考えてもよい．しかし，たとえば結晶の
NaCl は孤立したイオン結合 Na⁺−Cl⁻ が多数集まったものではな
く，Na⁺ と Cl⁻ とが交互に並んで結晶を作っている．それゆえ，
Na 原子と Cl 原子とから孤立した NaCl が生成される過程

$$Na \longrightarrow Na^+ + e^- ：Na のイオン化エネルギー$$

$$Cl + e^- \longrightarrow Cl^- ：Cl の電子親和力$$

を考えるだけでは正しくなく，金属中の Na 原子と気体の Cl₂ 分
子の Cl 原子から規則正しい構造が繰り返された巨視的結晶として
の NaCl ができる過程について考えることが必要である．

陽イオンと陰イオンとの間に働く静電気力による結合である**イオ
ン結合**により構成されている結晶を**イオン結晶**といい，多くの塩が

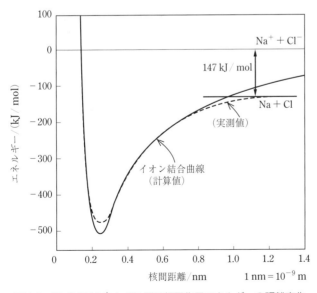

図4.5 NaCl の Na⁺ と Cl⁻ 間の相互作用エネルギーの距離変化

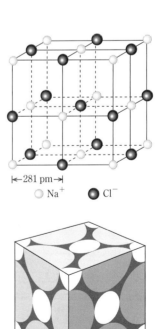

図4.6 イオン結晶 NaCl の構造

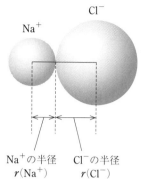

図 4.7 Na⁺−Cl⁻ のイオン距離とイオン半径

この種類に属する．代表的なイオン結晶である塩化ナトリウム NaCl の結晶構造を図 4.6 に示す．1 個の Cl⁻ と Na⁺ のまわりには，それぞれ 6 個の Na⁺ と Cl⁻ が接している．結晶構造については 9 章 1 節で再び論ずる．

図 4.6 の下図および図 4.7 に示したように，イオン結晶ではイオン間距離 d について

$$d(Na^+-Cl^-) = r(Na^+) + r(Cl^-)$$

すなわち

Na⁺ イオンと Cl⁻ イオン間の距離
　　= Na⁺ イオンの半径 ＋ Cl⁻ イオンの半径

とすることができる．言い換えると，各イオンは固有の半径（イオンの大きさ，**イオン半径**）をもっている．いくつかのイオン半径を図 4.8 に示す．

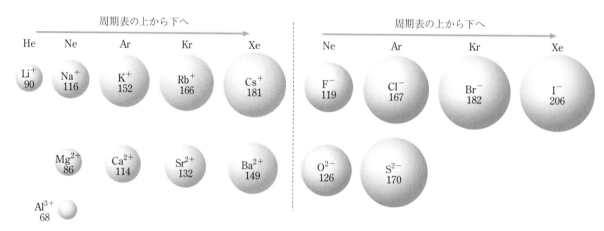

図 4.8 いくつかのイオンの半径．単位は pm（$1\,pm = 10^{-12}\,m$）．値は結晶の構造によって変動する．第 1 段はイオンの電子配置に対応した 18 族元素である．

同じ電子配置のイオン半径を比較すると次の関係が成立する．

陽イオンのイオン半径 ＜ 陰イオンのイオン半径
2 価陽イオンのイオン半径 ＜ 1 価陽イオンのイオン半径

問題 4.2　K⁺ イオンと Cl⁻ イオンはともに＿＿＿（この部分を補え）と同じ電子配置をしている．しかしイオン半径では $r(K^+)$＿＿＿（この部分を補え）$r(Cl^-)$ である．

解答　Ar 原子，＜；図 4.8 参照

（5）　イオン式と組成式

イオンを構成する元素，電荷の正負とその価数を表したものを**イオン式**という．基本的なイオンの名称とイオン式の表記例をそれぞれ表 4.1 と図 4.9 に示す．鉄や銅のようにイオンが異なる価数をも

価数 ┐ ┌ 符号

$$Fe^{2+} \qquad SO_4^{2-}$$

元素記号　　　構成元素
　　└ 電荷

Fe^{+2}，SO_4^{-2} のように書くのは誤り．価数は失った電子，獲得した電子の数に等しい．

図 4.9　イオン式の表記例

って存在する場合には，元素名の後に（ ）をつけ，その中にローマ数字Ⅰ，Ⅱ，Ⅲ，… でその価数を表す．

Na^+ や Cl^- はそれぞれ Na 原子，Cl 原子から生じた**単原子イオン**である．OH^-，SO_4^{2-} はそれぞれ 1 個の O 原子と 1 個の H 原子，1 個の S 原子と 4 個の O 原子の集りからできた**多原子イオン**である．多原子イオン SO_4^{2-} の構造を図 4.10 に示す．

イオンからなる物質の**組成式**（物質を構成する原子の数を最も簡

表 4.1　基本的なイオンの名称とイオン式

	陽イオン	イオン式	陰イオン	イオン式
1価	水素イオン	H^+	塩化物イオン	Cl^-
	リチウムイオン	Li^+	水酸化物イオン	OH^-
	ナトリウムイオン	Na^+	硝酸イオン	NO_3^-
	カリウムイオン	K^+	亜硝酸イオン	NO_2^-
	アンモニウムイオン	NH_4^+	炭酸水素イオン	HCO_3^-
2価	マグネシウムイオン	Mg^{2+}	酸化物イオン	O^{2-}
	カルシウムイオン	Ca^{2+}	硫化物イオン	S^{2-}
	銅（Ⅱ）イオン	Cu^{2+}	硫酸イオン	SO_4^{2-}
	亜鉛イオン	Zn^{2+}	亜硫酸イオン	SO_3^{2-}
	鉄（Ⅱ）イオン	Fe^{2+}	炭酸イオン	CO_3^{2-}
3価	アルミニウムイオン	Al^{3+}	リン酸イオン	PO_4^{3-}
	鉄（Ⅲ）イオン	Fe^{3+}		

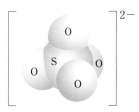

図 4.10　SO_4^{2-} イオンの構造

表 4.2　イオンからなる物質の組成式と名称

陽イオン ＼ 陰イオン	Cl^- 塩化物イオン	OH^- 水酸化物イオン	SO_4^{2-} 硫酸イオン	PO_4^{3-} リン酸イオン
Na^+ ナトリウムイオン	NaCl 塩化ナトリウム	NaOH 水酸化ナトリウム	Na_2SO_4 硫酸ナトリウム	Na_3PO_4 リン酸ナトリウム
NH_4^+ アンモニウムイオン	NH_4Cl 塩化アンモニウム	＿＿＿*	$(NH_4)_2SO_4$ 硫酸アンモニウム	$(NH_4)_3PO_4$ リン酸アンモニウム
Ca^{2+} カルシウムイオン	$CaCl_2$ 塩化カルシウム	$Ca(OH)_2$ 水酸化カルシウム	$CaSO_4$ 硫酸カルシウム	$Ca_3(PO_4)_2$ リン酸カルシウム
Al^{3+} アルミニウムイオン	$AlCl_3$ 塩化アルミニウム	$Al(OH)_3$ 水酸化アルミニウム	$Al_2(SO_4)_3$ 硫酸アルミニウム	$AlPO_4$ リン酸アルミニウム

* NH_4OH という物質（化合物）は存在しない．

組成式のつくり方
① 電荷をはぶいて，陽イオン，陰イオンの順に化学式を書く．
② 陽イオンと陰イオンの割合を，簡単な整数比で求める．
　（陽イオンの価数）×（陽イオンの数）＝（陰イオンの価数）×（陰イオンの数）
③ イオンの整数比をそれぞれの化学式の右下に書く．1 は省略する．多原子
　　イオンが複数である場合には，多原子イオンの部分を（ ）でくくる．
命名法　陰イオン，陽イオンの順に「（物）イオン」をつけないで読む．

単な整数比で表した化学式）と名称の例を表4.2に示す．イオンからなる物質は**塩**（salt）である．表4.2からわかるように，イオンの名称を理解すれば，塩の名称は容易に誘導できる．

問題4.3　次の化合物の名称を述べよ．

(1) KOH　　　(2) $NaHCO_3$　　　(3) $AlCl_3$

(4) CuS　　　(5) $CaSO_4$　　　(6) FeO

(7) $MgCO_3$　　　(8) $AgNO_3$

解答　(1) 水酸化カリウム，(2) 炭酸水素ナトリウム，(3) 塩化アルミニウム，(4) 硫化銅，(5) 硫酸カルシウム，(6) 酸化鉄（II），(7) 炭酸マグネシウム，(8) 硝酸銀

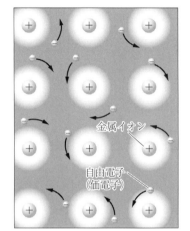

金属イオン

自由電子
（価電子）

図4.11　金属中を動き回る自由電子

4.2　金 属 結 合

金属（metal）の特徴的性質として金属光沢とか電気伝導性がよいとかがある．これらは**自由電子**によって統一的に説明される．金属や合金の原子の間の**金属結合**（metallic bond）とよばれる結合も自由電子によるものである．自由電子とはどのようなものであろうか？

金属結晶中で金属原子が価電子を放出してイオンとなるとき，放出された価電子はその原子の隣の原子との間で共有されるのではなくて，結晶全体を動き回る．この金属中を動き回る価電子が自由電子で，陽イオンを結びつけている．自由電子の動き回る様子を模式的に図4.11に示す．

金属の特徴的性質を自由電子により考察してみよう．

① 金属光沢をもつ．—— 表面の自由電子が光を反射することによる．

② 展性（薄く引き延ばすことができる性質）・延性（引っ張ると細い線となるまで伸びる性質）に優れている．—— 自由電子がいろいろな方向に移動できるので，結合に方向性がない．

③ 電気伝導性と熱伝導性が大きく，両者の間には半定量的な比例関係が成立する．—— 電気も熱も自由電子により運ばれる．

④ 金属結晶には最密充てん構造（9章1節参照）をとるものが多い．—— 自由電子による結合は方向性をもたない．

自由原子の本質は**バンド理論**により説明される．バンド理論をLiを例として見てみよう．Liの電子配置は$1s^2 2s^1$である．無数のLi原子が2個，3個，4個，…と集合して金属Liとなる過程を5章1節で論じる分子軌道法の立場から眺めると，図4.12に示すように2s軌道からなる分子軌道のエネルギー準位も2個，3個，4個，…と増えていく．その結果，ほとんどエネルギーが連続した

2s 軌道のエネルギー準位の帯ができる．この帯を**エネルギーバンド**とよぶ．1 個のエネルギー準位には 2 個の電子が入る．それゆえ，n 個原子からなるエネルギーバンド全体は $2n$ 個の電子を収容できる．それぞれの Li 原子の 2s 電子は 1 個であるから，n 個の Li 原子の 2s 電子の総数は n である．そして，基底状態ではエネルギーバンドの下半分の $n/2$ 個の分子軌道の準位が電子により占有され，上半分の $n/2$ 個の分子軌道は空のエネルギー準位となる．エネルギー準位の間隔は非常に狭くて実質的には連続しているので，下半分に収容されている電子は熱や電圧の作用により容易に励起されて原子から原子へと移動する．この非局在した原子が自由電子である．自由電子は電荷を運ぶので**伝導電子**ともよばれる．

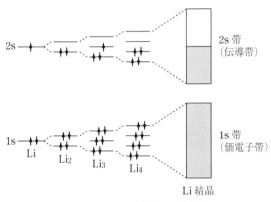

図 4.12 バンド構造の模式図

Li の 2s 帯のように．電気伝導に寄与するエネルギーバンドを伝導帯とよび，Li の 1s 帯のように電子で完全に充填されたバンドを価電子帯とよび，伝導帯と価電子帯との間にある電子が存在しないエネルギーの幅を**バンドギャップ**という．

バンド理論の立場から金属，半導体，絶縁体の伝導性の違いを表すと図 4.13 のようになる．金属では伝導帯と価電子帯とが重なっている．これに対して半導体は絶縁体と同様に基底状態では電子で満たされた価電子帯と空の伝導帯をもっている．しかし，そのエネルギーギャップが小さいので，外部からの熱や光のエネルギーが加えられると，価電子帯から伝導帯への電子の移動が起こって電気伝導性が大きく変わる．半導体については 9 章 2 節でもう一度取り扱う．絶縁体では価電子帯の上に空の状態の伝導帯があるが，両者を隔てるバンドギャップが広いので，価電子帯の電子はなかなか伝導帯に励起されない．したがって，絶縁体とは電気伝導を担う自由電子の数が乏しい状態にある物質といえる．

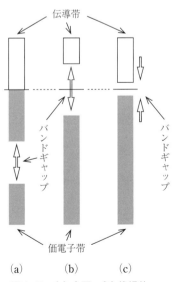

図 4.13 (a) 金属，(b) 絶縁体，(c) 半導体，のバンド構造．

問題 4.4　金属は，概して密度が高く，融点も高いが例外もある．次の問いに答えよ．

(1)　常圧で最も融点の低い金属元素

(2)　最も密度が低く，油にも浮く金属元素

(3)　最も密度の高い元素（ほぼ等しい密度の 2 つの元素）

解答　(1)　水銀　融点 -38.9℃

(2)　リチウム　密度は $0.53\,\mathrm{g/cm^3}$

(3)　オスミウムとイリジウム　密度は $22.6\,\mathrm{g/cm^3}$

演習問題 4

1. 原子のイオン化エネルギーとは何か．また，各原子の第 1 イオン化エネルギーの値を原子番号に対してプロットしたとき，どのような規則性が現れるか．

2. 次の化合物の組成式を書け．

(1)　水酸化ナトリウム　　　(2)　炭酸アンモニウム

(3)　硫酸銅（Ⅱ）　　　　　(4)　炭酸水素ナトリウム

(5)　塩化カルシウム　　　　(6)　硝酸カリウム

(7)　硝酸銀　　　　　　　　(8)　硫化銅（Ⅱ）

(9)　塩化マグネシウム　　　(10)　酸化鉄（Ⅲ）

3. 以下のイオンの組み合わせ表の欄において，欠けているイオンの名称と，イオンを組み合わせてできる物質の化学式と名称を書け．

	Cl^- 塩化物イオン	OH^-	NO_3^-	S^{2-}	SO_4^{2-}
H^+ 水素イオン	HCl				
Na^+ ナトリウムイオン					
Ca^{2+}					
NH_4^+		—			
K^+					

4. 次のイオンを大きいものから順に並べ，その順序づけの根拠について述べよ．

$$Cl^-,\ Br^-,\ K^+,\ Ca^{2+},\ Mg^{2+}$$

5. 金属結合の特徴を述べよ．また，金属と絶縁体の電気伝導性の違いをバンド理論に基づいて，簡単に説明せよ．

化学結合 (2) 共有結合

5

5.1 共有結合

　イオン結合では，一方の原子の電子が他方の原子に移動して，結合ができた．これに対して，2つの原子が何個かの価電子を出し合い，その出し合った電子を共有することにより2つの原子間に結合を形成することもおこる．この種の結合を**共有結合**（covalent bond）という．また，原子間で共有される電子対を**共有電子対**という．非金属元素の原子どうしの結合の多くは共有結合である．共有結合の形成の例を図5.1に示す．

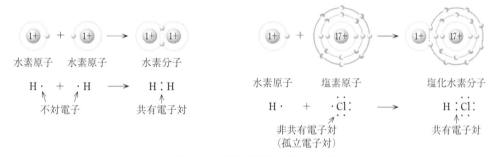

図5.1　共有結合の形成と電子式の例

　価電子のうちで，電子対を形成していない電子を**不対電子**，電子対のうちで結合に関係しない電子対を**非共有電子対**（あるいは**孤立電子対**）という．

　He 以外の貴ガスの最外殻の電子配置は $s^2 p^6$（p. 27 参照）で，8個の電子がある．共有結合をする原子には，電子対を共有することによって，8個の電子をとろうとするものが多い．これを**オクテット（八隅子）則**という．図5.1の HCl 分子の Cl 原子もこのオクテット則に従っている．しかし，オクテット則は常には成立しない．

　共有結合は最外殻電子（価電子）によりなされるので，最外殻電子1個を・で表し，電子対を：で表す．このように表された分子の結合の様子を**ルイス構造**（電子式）という．ルイス構造での表示にすると，図5.1で，水素分子 H_2 を形成する水素原子のそれぞれはヘリウム原子と同じ2個の電子をもつこと，塩化水素分子 HCl で

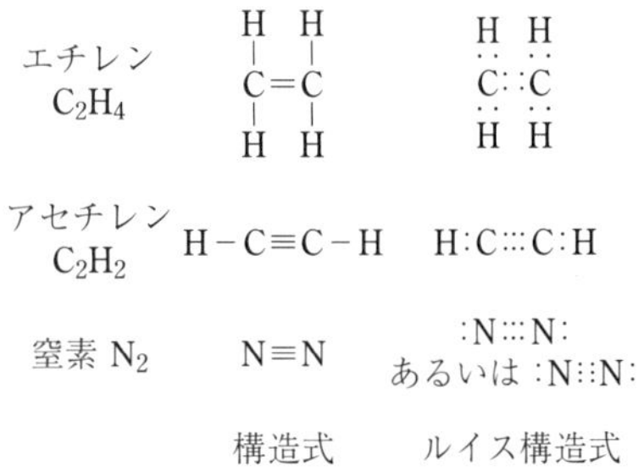

エチレン C₂H₄

$$\begin{array}{ccc} H & H \\ | & | \\ C {=} C \\ | & | \\ H & H \end{array} \qquad \begin{array}{cc} H & H \\ \vdots & \vdots \\ C \vdots C \\ \vdots & \vdots \\ H & H \end{array}$$

アセチレン C₂H₂

H－C≡C－H   H:C⫶C:H

窒素 N₂

N≡N   :N⫶N:
あるいは :N⫶N:

構造式   ルイス構造式

図 5.2 二重結合と三重結合の構造式とルイス構造

は，水素原子は 1 組の電子対，塩素原子は 4 個の電子対をもっていることが視覚的にも理解できる．1 組の共有電子対を線－で表すと，分子を平面上に表した構造式となる．図 5.1 でいえば，水素分子は H－H，塩化水素分子は H－Cl である．

また，二重結合，三重結合は図 5.2 に示すように，それぞれ 2 対，3 対の電子を共有することを意味している．

問題 5.1　次の分子をルイス構造で表せ．

(1)　H_2O　　　　(2)　CO_2　　　　(3)　Cl_2　　　　(4)　NH_3

解答　(1)　　　　　(2)　　　　　　(3)　　　　　　(4)

$$\begin{array}{l} \ddot{\text{O}}{:}H \\ H \end{array} \qquad :\ddot{\text{O}}{::}C{::}\ddot{\text{O}}: \qquad :\ddot{\text{Cl}}{:}\ddot{\text{Cl}}: \qquad \begin{array}{c} H{:}\ddot{\text{N}}{:}H \\ H \end{array}$$

では，2 個のそれぞれの原子が有する電子を共有することによりなぜ安定結合ができるのであろうか？　この問いに対する H_2 分子の場合の解答を原子の電子軌道を用いて記述すれば，

　　　2 個の安定な水素原子が接近してきたとき，それぞれの原子の 1s 電子軌道が重なり合って H_2 の単結合の軌道（σ 結合：結合軸のまわりに対称）ができる．

ということになる．これを図 5.3 に示す．

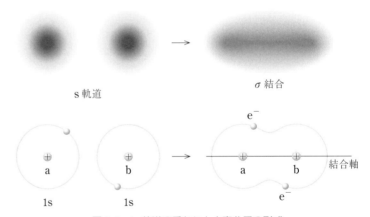

σ 結合

s 軌道

1s　　　1s　　　　結合軸

図 5.3　1s 軌道の重なりと水素分子の形成

共有結合に対するもう 1 つの考え方は，原子のまわりの電子に対する軌道があるように，分子全体に広がった**分子軌道**（molecular orbital）があると考えるものである．分子軌道法では，分子中の原子核が平衡位置にあるときの場のエネルギーが最小となるように分子軌道とパウリの排他原理に従って電子を逐次的に配置していく．4 章 2 節で取り扱った金属結合のバンド理論も分子軌道の考え方に

基づいている.

水素を例にとれば，2個の水素原子 H_A と H_B が接近してきたとき，それぞれの 1s 原子軌道 ψ_{1sA} と ψ_{1sB} から形成される H_2 分子の分子軌道の様子を図 5.4 に示す．孤立した 2 個の H 原子である状態よりエネルギーの低い軌道は σ_{1s} の**結合性軌道**であり，ここにはパウリの排他原理に従って 2 個の電子がスピンを反平行にして入る．エネルギーの高い軌道は $\sigma_{1s}{}^*$ の**反結合性軌道**である．水素分子のエネルギーは 2 個の水素原子のエネルギーより $2\Delta E_{\sigma_{1s}}$ だけ低下している.

共有結合では，結合に方向性がある．これは次節の炭素の sp^3 混成軌道などで顕著である.

5.2 混 成 軌 道

（1） sp^3 混成軌道

基底状態における炭素原子の価電子は $2s^2 2p^2$ である．しかし，このままでは CH_4 のような 4 つの等価な結合は生じない．この疑問は**混成軌道**（hybrid orbital）という概念を導入することにより解決された．すなわち，化合物が生じるような炭素原子のエネルギー状態では，炭素原子の 1 個の 2s 軌道が昇位して 3 個の 2p 軌道と混成して 4 個の等価な **sp^3 混成軌道**をつくる．その様子を図 5.5 に示す.

4 個の sp^3 混成軌道は等価であるので，sp^3 混成軌道の電子雲は中心から角度 109.5° で正四面体の頂点方向に向いており，この電子雲が水素原子の電子雲と重なる（図 5.6 参照）.

アンモニア NH_3 のルイス構造での表示は問題 5.1 の (4) の解答に示すように

$$H\overset{..}{:}\overset{..}{N}\!\!:\!H$$
$$H$$

である．ルイス構造の表示では，水素原子 H と窒素原子 N が同一平面にあるかのようにも見えるが，実際はアンモニア NH_3 の N−H 結合も sp^3 混成結合であって，結合に関与していない孤立電子対を含めた構造では，図 5.7 に示すようにほぼ正四面体構造（∠HNH は約 107°）をとっている.

（2） sp^2 混成軌道と sp 混成軌道

混成軌道には sp^3 混成軌道以外に，**sp^2 混成軌道，sp 混成軌道**がある．その様子を図 5.8 に示す.

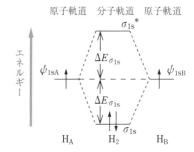

原子軌道　分子軌道　原子軌道

図 5.4 水素分子の分子軌道の
エネルギー

反結合性軌道は対応する結合性軌道の記号に * の上添字をつけて表されることが多い.

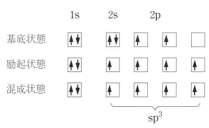

図 5.5 炭素原子の sp^3 混成軌道の形成

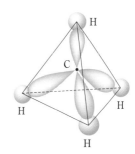

図 5.6 メタン CH_4 分子
の sp^3 混成軌道の電
子雲と水素原子の電
子雲の重なり

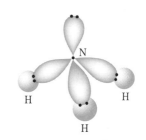

図 5.7 NH_3 分子の sp^3 混成軌道

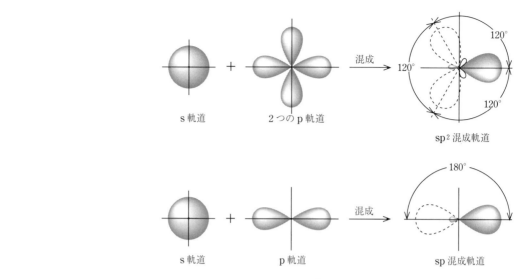

図 5.8　炭素原子の sp^2 混成軌道と sp 混成軌道の形成

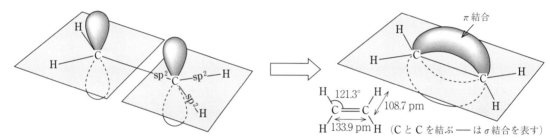

図 5.9　エチレン C$_2$H$_4$ の二重結合の形成

　エチレン CH$_2$＝CH$_2$ やベンゼン C$_6$H$_6$ などの二重結合をもつ不飽和炭素の結合は sp^2 混成軌道で説明される．エチレン CH$_2$＝CH$_2$ では 2s^{2}2p^2 の電子配置をもつ 2 個の炭素原子は励起状態（図 5.5 参照）において 1 個の 2s 軌道と 2 個の 2p 軌道とから 3 個の等価な sp^2 混成軌道をつくっている．混成軌道の 1 つはもう 1 個の炭素の混成軌道の 1 つと C−C 結合を形成する．残りの炭素原子の 2p 軌道の価電子は混成軌道がつくる平面に垂直方向に広がっている．この 2p 軌道どうしが結合して π 結合を生じる．言い換るとエチレンの二重結合は 1 個の σ 結合と 1 個の π 結合よりなる（図 5.9 参照）．二重結合では結合軸のまわりに回転できない．

　アセチレン CH≡CH では，炭素原子は 4 個の電子のうちの 2 個で sp 混成軌道をつくる．残りの 2 個の p 電子は sp 混成軌道と直交している．この 2 個の p 電子がそれぞれ π 軌道をつくる．結果的に 1 個の σ 結合と 2 個の π 結合が重なり合って三重結合ができあがる．π 軌道は σ 結合より外へひろがっているので，π 結合をもつ分子は σ 結合からできた分子より反応性に富む．

問題 5.2 エチレンの誘導体である 1, 2-ジクロロエチレン CHCl＝CHCl には 2 種類の化合物（異性体）が存在する．その構造を示せ．

解答 $\underset{Cl}{\overset{Cl}{>}}C=C\underset{Cl}{\overset{H}{<}}$ と $\underset{H}{\overset{Cl}{>}}C=C\underset{H}{\overset{Cl}{<}}$．2 つの Cl と 2 つの H は C と同一平面にある．

5.3 配位結合

前節で述べたように，NH_3 分子の窒素原子 N には，N−H 結合を形成している 3 個の電子対と 1 組の非共有電子対がある（図 5.7 参照）．この非共有電子対を H^+ イオンに提供すれば N と H との間で電子対が共有された形となり，アンモニウムイオン NH_4^+ ができる．この様子を図 5.10 に示す．

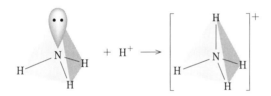

図 5.10　配位結合によるアンモニウムイオン NH_4^+ の形成

このように，一方の原子，あるいは分子が電子対を提供してできた共有結合を**配位結合**（coordination bond）という．NH_4^+ イオンでは，4 個の N−H 結合は等価で，もとからあった共有結合と後に生じた配位結合とを区別することはできない．配位結合ができるためには電子対を与える側と受け取る側とが必要である．与える側を**電子対供与体**，受け取る側を**電子対受容体**という．

問題 5.3 H_2O と H^+ との間，および BCl_3 と NH_3 との間にできる配位結合を図 5.10 にならってルイス構造で書き表せ．

解答

$$H\!:\!\ddot{O}\!:\ +\ H^+\ \longrightarrow\ \left[H\!:\!\ddot{O}\!:\!H\right]^+$$

水　　水素イオン　オキソニウムイオン

Cl H Cl H
Cl:B + :N:H ⟶ Cl:B:N:H
Cl H Cl H

配位結合が支配的役割を演じている化合物が錯体化合物である．錯体の形成では，中心金属イオン M^{n+} に対して非共有電子対を供給する分子やイオンを**配位子**とよぶ．代表的な配位子は，分子としては H_2O と NH_3，イオンとしては CN^-，Cl^-，OH^- などがある．配位子を L で表すと錯体は $[ML_m]$ で表される．この m を配位数という．配位数は 4，6 のものが多い．4 配位の錯体は正方形か四角錐，6 配位の錯体は通常，正八面体構造をしている．

水中の Cu^{2+} イオンや Ag^+ イオンの性質として，これらのイオンを含む溶液にアンモニア水を滴下すると沈殿が生じるが，さらに滴下を続けると生じた沈殿物が溶解する，という現象がある．この現象は錯体イオンの形成によるものである．

$$Ag^+ \xrightarrow{\text{少量のアンモニア水}} \underset{\text{褐色沈殿}}{Ag_2O} \xrightarrow{\text{アンモニア水}} \underset{\text{無色溶液}}{[Ag(NH_3)_2]^+}$$

$$Cu^{2+} \xrightarrow{\phantom{\text{少量のアンモニア水}}} \underset{\text{青白色沈殿}}{Cu(OH)_2} \xrightarrow{\phantom{\text{アンモニア水}}} \underset{\text{深青色溶液}}{[Cu(NH_3)_4]^{2+}}$$

5.4 共　鳴

分子やイオンの構造が 1 つの構造式では表せなくて，2 つ以上の構造式の重ね合わせによって表される場合，この分子あるいはイオンはそれらの構造の間で**共鳴**しているといわれる．

共鳴の最も代表的な例はベンゼン C_6H_6 である．ベンゼンでは，それぞれの炭素に水素が 1 個結合している．炭素が 4 個の価電子をもち，6 個の原子により六角形を形成するためには炭素と炭素の結合が単結合と二重結合とで交互の入れ替わりとならなければならない．しかし，いろいろな実験結果は，ベンゼン分子内の 6 個の炭素原子の性質の間に差異がないことと，6 個の C−C 間の距離が同一であり，その値 140 pm が典型的な単結合と二重結合との中間の値（表 6.3 参照）となっているというものである．これらのことは，図 5.11 に示すように，ベンゼンがケクレ構造とよばれる 2 つの構造の間で共鳴していることを示している．

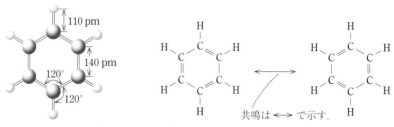

図 5.11 ベンゼンの分子構造とその共鳴構造

共鳴はいろいろな化合物にみられる．気体の塩化水素 HCl の H−Cl 間の結合も共有結合とイオン結合との共鳴状態である（共有結合性の寄与の方が優勢である）．

$$\text{H} \colon \ddot{\underset{..}{\text{Cl}}} \colon \longleftrightarrow + \text{H}^+ \left[\colon \ddot{\underset{..}{\text{Cl}}} \colon \right]^-$$

問題 5.4　HCl の H−Cl 間の結合について，"共有結合性の寄与の方が優勢"ということはどのようなことからわかるのか．

解答　完全な共有結合であれば結合に関与する電子対の電子雲が H 原子あるいは Cl 原子の方に偏るということはなく，Cl 原子は中性のままである．しかし，事実はそうではなく，電子の分布に偏り（結合のイオン性）が認められる．6 章 3 節の図 6.4 参照．

問題 5.5　炭酸イオン $CO_3{}^{2-}$ の共鳴構造を示せ．負電荷はどこにあるのか？

解答

2 の負電荷は 3 個の O 原子に $\dfrac{2}{3}$ づつ分配されている．

演習問題 5

1. 次の分子をルイス構造で表せ．
   (1)　重水 D_2O　　　(2)　過酸化水素 H_2O_2　　　(3)　臭化水素 HBr
   (4)　クロロエチレン $CH_2{=}CHCl$
2. "エチレン $CH_2{=}CH_2$ の二重結合は 1 個の σ 結合と 1 個の π 結合よりなる"とはどのようなことか．
3. アセチレン C_2H_2 の分子構造は，どうして H−C−C−H の直線型をしているのか．
4. アンモニウムイオン $NH_4{}^+$ の立体構造（図 5.10）を参考にして，オキソニウムイオン H_3O^+（問題 5.3 参照）の立体構造を推定せよ．
5. "ベンゼンは 2 つの構造の間で共鳴している"とはどのようなことか．

化学結合（3）
共有結合への考察

6.1 分子構造と分子模型

(1) 分子構造の表現法

　本書において，ここまで，目的に応じて分子をいろいろな形式で表してきた．アンモニア NH_3 を例として分子構造の表し方をまとめてみると図6.1のようになる．

H–N–H
　|
　H

I. （平面）構造式

H:N:H
　..
　H

II. ルイス構造

III. 玉と棒(ball and stick)の分子模型

IV. 空間を満たした(space filling)分子模型

図6.1 アンモニア分子 NH_3 の構造の表し方

　それぞれの分子構造の表記法には長所と短所がある．たとえば，比較的単純な分子では，IV の表現が分子の様子をイメージしやすいが，複雑な分子になると III のほうがはるかに分子構造を理解しやすい．通常，"分子模型" といえば，III または IV の形での表現を意味する．

　問題6.1　水 H_2O，二酸化炭素 CO_2，エチレン C_2H_4 のそれぞれの分子について，図6.1 の4つの形の表現(IV の形では球の相対的大きさ考慮して)での構造を表せ．

　解答　図5.2，問題5.1の解答，図8.6参照．二酸化炭素 CO_2 とエチレン C_2H_4 の IV での構造を下に示す．

CO_2　　　　　C_2H_4

(2) ファンデルワールス半径

　前項のタイプ IV の分子模型に使用される原子の大きさとしては，多くの場合**ファンデルワールス半径**が使用される．この半径は分子間に働く力がファンデルワールス力とよばれる弱い力である場

合（He や Ne のような貴ガスや N_2, H_2, CH_4, CO, ナフタレン $C_{10}H_8$（図15.6参照）など本章3節で言及される無極性分子とよばれるものなど）の原子の半径である．いくつかの原子のファンデルワールス半径を表6.1に示す．水素のファンデルワールス半径は酸素やフッ素のものより少し小さい程度であることに注意せよ*．

＊ファンデルワールス力により形成される結晶を**分子性結晶**という．分子性結晶には柔らかいものが多い．

表6.1 ファンデルワールス半径（$1\,\mathrm{pm} = 10^{-12}\,\mathrm{m}$）

原子	半径/pm	原子	半径/pm	原子	半径/pm
		H	120		
N	150	O	140	F	135
P	190	S	185	Cl	180
As	200	Se	200	Br	195
Sb	220	Te	220	I	215

これらの値は同じ原子の共有結合半径より約 80 pm ほど大きい（図6.2参照）．

ファンデルワールス半径をもった球が決められた結合角と結合距離で重なり合って分子ができるとして，つくられたアンモニアの分子模型が図6.1のIVである．これと同じようにして作られた塩素分子 Cl_2 についての分子模型は図6.2のようになる．

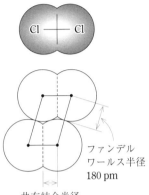

ファンデル
ワールス半径
180 pm

共有結合半径
99 pm

図6.2 ファンデルワールス半径を用いた塩素分子 Cl_2 の模型

6.2 結合エネルギーと原子間距離

（1） 結合エネルギー

分子あるいはイオンの中の特定の化学結合を切断するのに必要な最低エネルギーを**結合エネルギー**（bond energy, **結合エンタルピー**）という．結合エネルギーは燃焼の反応熱や分光学的測定から求められる．結合エネルギーを表6.2に示す．

ハロゲン化水素のような2原子分子 AB では1つの A−B 結合しかないから結合エネルギーは一義的に定まる．しかし，メタン

表6.2 平均結合エネルギー（結合エンタルピー）/（kJ/mol）

結合	結合エネルギー	結合	結合エネルギー	結合	結合エネルギー
H−H	436	O=O	499	C=O	724
H−F	568	H−C	414	C−N	305
H−Cl	431	H−O	460	C−F	490
H−Br	366	C−C	347	C−Cl	340
H−I	298	C=C	619	C−Br	276
F−F	151	C≡C	812	C−I	238
Cl−Cl	243	C−O	360	N≡N	945

CH_4 では 4 個の C−H 結合が存在し，次の 2 つの反応

$$C \; + \; H \longrightarrow CH$$

$$CH_3 \; + \; H \longrightarrow CH_4$$

の反応熱もかなり異なる．このような場合には，CH_4 に至る 4 段階の各反応熱の平均として C−H 結合エネルギーが算出される．

問題6.2 飽和炭化水素を加熱していったとき，C−H 結合と C−C 結合のどちらの結合部分がより低温で切れるか．

解答 結合エネルギーの低い C−C 結合が先に切れる．

（2） 原子間距離

いくつかの共有結合における原子間距離の値を表 6.3 に示す．炭素原子と炭素原子との間の距離は

$$C-C \; > \; C=C \; > \; C\equiv C$$

である．すなわち，単結合から二重結合，三重結合となるにつれて，2 つの炭素原子間の電子雲の重なりが密となり，それに対応して距離が減少する．表 6.2 で示した結合エネルギーも単結合から二重結合，三重結合となるにつれて順次増加している．

表 6.3 代表的な結合における原子間距離（$1\,\mathrm{pm} = 10^{-12}\,\mathrm{m}$）

結　合	原子間距離/pm	結　合	原子間距離/pm
C−C	154 *	C−Cl	177
C=C	134	O−H	96
C≡C	120	Si−Si	234
C−O	143	Cl−Cl	199

* これは脂肪族炭化水素やダイヤモンドに対する値．

イオン結晶では，図 4.7 に示したように，イオン間距離が陽イオンの半径と陰イオンの半径の和として表される．これと同様に，共有結合性化合物の原子間距離を各原子の共有結合半径の和として表せる．基本的には，同じ原子間の結合距離の 1/2 が共有結合半径となる（図 6.2 参照）．

6.3 電気陰性度と結合の分極
（1） 電気陰性度

電気陰性度（electronegativity）は結合中の原子が電子を引き付ける傾向を数値化したもので，ポーリング（1901 ～ 1994 年）により定義された．後に，マリケン（1896 ～ 1986 年）はポーリングとは別の考えにもとづいて電気陰性度を定義したが，2 つの電気陰性

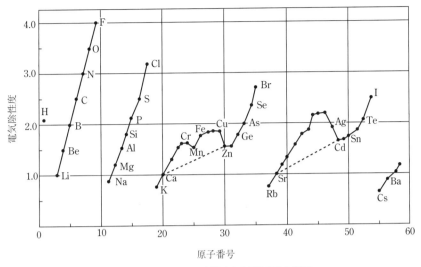

図 6.3 元素の電気陰性度と原子番号の関係

度の間にはよい比例関係が成立するので，多くの場合，ポーリング
の値が使用されている．

　各元素の電気陰性度の値と原子番号とのプロットを図 6.3 に示
す．図 6.3 は元素の周期性を反映して，アルカリ金属で極小，ハロ
ゲンで極大となっている．また，フッ素が全元素の中でもっとも強
く電子を引き付けていることがわかる．

問題 6.3　図 6.3 において，元素 F と Na，Cl と K，Br と Rb，I
と Cs とを直線で結ぶのは正しくない．どうしてか．

解答　これら 2 つの元素の間には，18 族元素の Ne，Ar，Kr，Xe がく
る．18 族元素はほとんど化合物をつくらないから，電気陰性度の考え
方は，あてはまらない．

(2)　結合の分極

　窒素 N_2 のように 2 個の同じ原子からなる等核二原子分子では，
結合に関与する電子は 2 つの原子の間で完全に平等に共有されてい
る．しかし，異なる 2 個の原子からつくられる異核二原子分子で
は，電気陰性度の差があれば，結合に関与する電子はいづれかの原
子のほうにより強く引き付けられる．たとえば HCl では，Cl 原子
のほうが電気陰性度が高いので Cl 原子のほうに電子雲が偏ってい
る．電子雲に偏りが生じることを**分極**という．HCl の分極の様子を
図 6.4 に示す．HCl のように分極している分子を**極性**（あるいは**有
極性**）**分子**という．水 H_2O の分極についても 8 章 3 節で取り扱う
（図 8.6 参照）．

図 6.4　HCl 分子の分極
$\delta+$ と $\delta-$ はわずかに
正電荷，負電荷を帯び
ていることを示す．

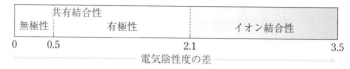

無極性	共有結合性 有極性	イオン結合性
0 0.5	2.1	3.5

電気陰性度の差

図 6.5 電気陰性度の差にともなう結合性質の変化

これに対して，H_2 や O_2 のような等核二原子分子や二酸化炭素 CO_2 やメタン CH_4 のように正電荷の中心と負電荷の中心とが一致している分子を**無極性分子**という．

2 原子間の結合では，原子の電気陰性度の差が大きければイオン結合の性質が強く，小さければ共有結合性となる．おおよその程度を示すと図 6.5 のようになる．

問題 6.4 二酸化炭素 CO_2 やメタン CH_4 はどうして無極性分子となるのか.

解答 二酸化炭素 CO_2 は $O＝C＝O$ の構造をしている．O と C との結合には電子の偏りがあるが，O を挟む両側 2 つの電子の偏りが相殺して無極性分子となる．メタン CH_4 の $C-H$ の結合についても同様．

問題 6.5 図 6.3 と図 6.5 を参考にして，ハロゲン化水素 HX の X が F，Cl，Br，I と変わるにつれて，$H-X$ 結合の性質はどのように変わるかを考えよ.

解答 HX の X が F，Cl，Br，I となるにつれてイオン結合性の寄与が減少して，共有結合性の寄与が強くなる．

6.4 水 素 結 合

N，O，F など電気陰性度の大きい原子が，これらに結合した水素を介在して，同一分子内あるいは他の分子の電気陰性度の大きい原子と結合する場合がある．これを**水素結合**という．

図 6.6 は水素化物の融点と沸点をまとめたものであるが，HF，H_2O，NH_3 は周期表の同族元素の水素化物のうちで異常に融点や沸点が高い．これらの現象は，HF，H_2O，NH_3 が水素結合しているため，融解あるいは気化の際に他の水素化物より余分のエネルギーを必要とする，ということにより説明される．水素結合の例を図 6.7 に示す．

問題 6.6 沸点の意味を考え，水素結合しているとどうして沸点が高くなるのかを説明せよ.

解答 沸点は標準大気圧において，集合状態にある分子がばらばらの状態となる温度である．結合があれば，ない場合より，結合を切断するだけ余分の熱エネルギーが必要で，沸点は結合のないときより，高くなる．

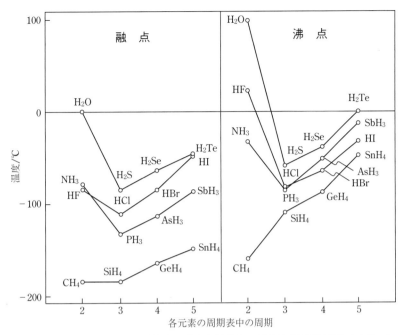

図 6.6 水素化物の融点および沸点. 沸点と比較して融点は分子間力ばかりでなく, 固体状態での分子の配列や形状などの影響を受けやすい.

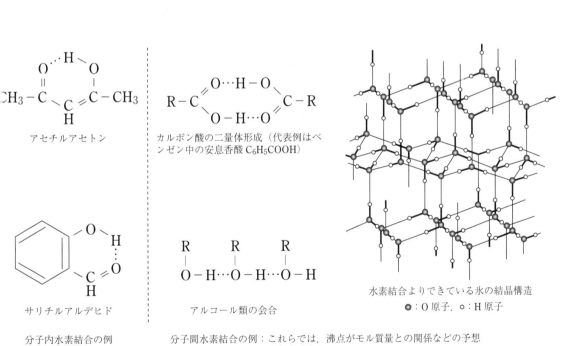

アセチルアセトン

カルボン酸の二量体形成（代表例はベンゼン中の安息香酸 C_6H_5COOH）

水素結合よりできている氷の結晶構造
●：O 原子, ○：H 原子

サリチルアルデヒド

アルコール類の会合

分子内水素結合の例

分子間水素結合の例：これらでは, 沸点がモル質量との関係などの予想より高くなる.

図 6.7 水素結合の例

> **例題 6.1** 水素結合エネルギーは 15〜40 kJ/mol で，この値は通常の結合エネルギーの値（表 6.2 参照）の 1/10 のオーダーである．溶液中で二量体化（図 6.7 参照）しているカルボン酸 $(RCOOH)_2$ は温度上昇につれてどのように変化していくか．

解答 結合エネルギーが低いということは，外部から供給される小さなエネルギーの影響を受けやすいということである．外部から供給されるエネルギーとして最も重要なものが熱エネルギーである．すなわち，水素結合している物質は温度が上昇すると水素結合により生じていた性質を次第に失う．二量体化しているカルボン酸 $(RCOOH)_2$ は温度上昇につれて，水素結合が失われて単量体 RCOOH に変わっていく．

問題 6.7 1-プロパノール C_3H_7OH とその構造異性体であるエチルメチルエーテル $C_2H_5OCH_3$ の蒸発エンタルピー（蒸発熱）はそれぞれ 41.8 kJ/mol，24.7 kJ/mol である．前者のすべての分子が相互に水素結合しており，後者では水素結合がまったくない，という仮定に基づいて，水素結合のエネルギーを推定せよ．

解答 両者の蒸発エンタルピーの差 17.1 kJ/mol ≒ 17 kJ/mol が水素結合エネルギーに相当する．

演 習 問 題 6

1. ファンデルワールス半径と共有結合半径はどう異なるのか．
2. 水素の電気陰性度は 2.2 であって，この値はアルカリ金属の Li や Na，さらには Ca の値よりも高い．水素 H とこれらの金属との結合はどうなるのか．
3. 水 H_2O が水素結合していないとしたら，沸点はどのくらいの温度と推定されるか．
4. 図 6.7 に示されたカルボン酸類 R–COOH の二量体形成はどのような実験結果から実証されるのか．

気体の性質

7.1 気体の圧力

圧力（pressure）は単位面積に働く力である.

$$圧力 = \frac{力}{面積} \quad \Longleftarrow \quad 圧力の定義$$

力については1章3節で述べた. 圧力の定義式の面積と力にそれぞれSI単位を代入すると圧力の単位はN/m^2となる. これを**パスカル**（単位記号はPa）という. ここで, 単位面積あたりの力とは何かを考えてみる. そのために, 図7.1に示す水銀圧力計の原理となっている水銀柱による空気の圧力（大気圧）測定を取り上げる.

図7.1において, 水銀柱の断面積が2倍になれば水銀柱の質量は2倍となるが, 断面積も2倍となるから, 単位面積あたりに作用する力である圧力は変わらない.

空気の圧力である大気圧は気象状況ばかりでなく, 場所によっても変わる. そこで海抜0mで, 0℃で760mmの水銀柱の高さによる圧力を標準大気圧とすることが規定された.

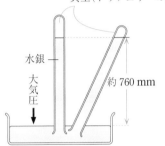

図7.1 水銀柱による空気の圧力測定

トリチェリー（1508～1547年） イタリアの物理学者. 地動説をとなえたガリレオの弟子. 図7.1に示す「トリチェリーの真空」の実験を1543年に行った. SI単位での圧力はパスカル（1522～1562年. 彼の"人間は考える葦である"という言葉はいろいろなところで引用される）の名にちなむ. パスカルもトリチェリーの実験を追試している.

$$標準大気圧 = （断面積1.0\,cm^2で760mm水銀柱の質量）$$
$$\times（重力加速度）/断面積$$
$$= （断面積1.0\,cm^2で760mm水銀柱の体積）$$
$$\times（水銀の密度）\times（重力加速度）/断面積$$
$$= \{(1.0\,cm^2)\times(76.0\,cm)\times(13.60\,g/cm^3)$$
$$\times(9.80665\,m/s^2)\}/cm^2$$
$$= \underline{(1.0336\,kg/cm^2)}\times(9.80665\,m/s^2)$$
$$= (1.013\times10^5\,kg\,m/s^2)/m^2$$
$$= 1.013\times10^5\,N/m^2$$
$$= 1.013\times10^5\,Pa$$
$$= 0.1013\times10^6\,Pa$$
$$= 0.1013\,MPa \quad （MPaはメガパスカル）$$
$$= 1013\times10^2\,Pa$$
$$= 1013\,hPa \quad （hPaはヘクトパスカル）$$

上記の計算の途中の＿＿＿を引いた部分に示されるように, 標準

大気圧とは，$1\,cm^2$ あたり約 $1\,kg$ の重さがかかった状態である．なお，今日では標準大気圧を $101325\,Pa$ と規定している．

問題7.1 図 7.1 において，水銀の代わりに水を用いとき，どの高さまで水柱はあがるか．

解答 水銀の密度が $13.6\,g/cm^3$ だから水は水銀の 13.6 倍上昇するので $10.3\,m$．

問題7.2 動脈が示す圧力である血圧の単位は水銀柱の高さ mmHg である．血圧 130 ということは，血液を水として，心臓がどの高さまで水を押し上げることになるのか．

解答 問題 7.1 の解答を用いて，$10.3\,m \times (130/760) = 1.8\,m$．

7.2 気体の体積の圧力・温度依存性

(1) ボイルの法則

ボイル（1627 ～ 1691 年）は 1662 年に，温度が一定（ボイルの時代には，温度は明確に定義されていなかった．また，温度計も未発達であった）のときの，気体の体積 V と圧力 p との関係に対して**ボイルの法則**を発見した．ボイルの法則を数式で表すと

$$pV = 一定 \tag{7.1}$$

である．p と V は式（1.3）に示された反比例の関係にある．式（7.1）を具体的な数値例で表すと図 7.2 のようになる．

体積 V を横軸，圧力 p を縦軸にとり図 7.2 の数値に対応した (V, p) 関係を図 7.3 に示す．

(2) シャルルの法則

シャルル（1746 ～ 1823 年）は 1787 年，圧力が一定のときの気体体積の温度変化を表す**シャルルの法則**を導いた．この法則を今日の形[*] として図 7.4 示す．すなわち V_0 を温度 0 ℃ での気体の体積とすると，温度 t ℃ での体積 V は

$$V = V_0\left(1 + \frac{t}{273.15}\right) \tag{7.2}$$

により与えられる．シャルルの法則を用いるためにセ氏温度の t ℃ を次の式により T に変換する．

$$T = t + 273.15$$
$$\approx t + 273（精度を求めないとき）$$

この T を**絶対温度**といい，その単位はケルビン（単位記号は K）である．絶対温度 T を用いると気体の体積 V の温度依存性を表すシャルルの法則は次式のようになる．

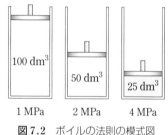

図7.2 ボイルの法則の模式図

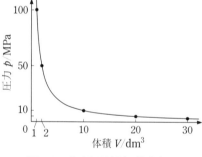

図7.3 ボイルの法則の模式表現

[*]シャルルの実験データからは図 7.4 で 273.15 という数値へは達しない．

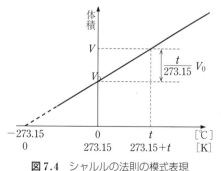

図7.4 シャルルの法則の模式表現

$$V = \frac{V_0}{273.15} \cdot T = cT \quad c\text{ は比例定数} \tag{7.3}$$

これは原点を通る1次式，式(1.2)の $y = ax$，と同じ形

もし，低温まで式(7.3)が成立するとすれば $T = 0$ で $V = 0$ となる．体積 V が負になることはありえないから，$T = 0$（すなわち $-273.15\,\text{℃}$）が温度の下限となる．言い換えると，絶対温度スケールではマイナスの温度はありえない．

問題 7.3 大気圧における水素，酸素，窒素の沸点はそれぞれ $-252.9\,\text{℃}$，$-183.0\,\text{℃}$，$-195.8\,\text{℃}$ である．これらの沸点を絶対温度で表せ．

解答 $20.3\,\text{K}$，$90.2\,\text{K}$，$77.4\,\text{K}$

問題 7.4 ボイルの法則（1662年）とシャルルの法則（1787年）の間には100年以上の時間差がある．この時間差の原因について実験的な観点から考察せよ．

解答 実験的にはボイルの法則の確認の方が体積変化量が大きいのではるかに容易である．シャルルの法則を確認するには前提として温度目盛が確立され，温度が正しく測定されなければならない．セ氏温度は1742年に提案されている．なお，13章1節の(2)参照．

7.3 理想気体の性質

実際の気体はボイルの法則やシャルルの法則に厳密には従わないばかりでなく，気体の種類ごとにその挙動も異なる．しかし，低圧，高温度になるにしたがって気体の種類によらず，温度や圧力の変化に対して同じように振る舞うようになる．そのような振る舞いの極限として**理想気体**（ideal gas）というものを考える．

理想気体は分子の間に働く引力と斥力（反発力）が無視できる（分子と分子が完全に孤立している）系である．現実の系との対比でいえば圧力 p を限りなく0に近づけた極限に相当する．理想気体では，ボイルの法則とシャルルの法則が成立する．

(1) ボイル-シャルルの法則

温度，体積，圧力がともに変化した場合

$$\text{状態}1\,(p_1, V_1, T_1) \Longrightarrow \text{状態}2\,(p_2, V_2, T_2)$$

の気体の挙動を図7.5に示すように，

① 温度 T_1 の一定温度における p_1 より p_2 への圧力変化に伴う体積変化

② 圧力 p_2 の一定圧力における T_1 より T_2 への温度変化に伴う体積変化

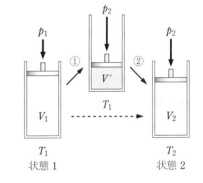

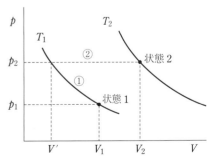

図7.5 状態1 (p_1, V_1, T_1) より状態2 (p_2, V_2, T_2) への変化

の 2 つの過程にわけて考えることにする．過程 ① を経た後の体積を V' とすれば

過程 ① では $p_1 V_1 = p_2 V'$ （ボイルの法則，図 7.3）

過程 ② では $\dfrac{V'}{T_1} = \dfrac{V_2}{T_2}$ （シャルルの法則，図 7.4）

である．上記の 2 つの式から，次式の**ボイル–シャルルの法則**が得られる．

$$\frac{p_1 V_1}{T_1} = \frac{p_2 V_2}{T_1} = \text{一定} \tag{7.4}$$

問題 7.5 圧力鍋では容器を閉じて気体を熱することにより加圧している．20℃ で圧力鍋に水を入れてきっちりふたをして，蒸気の逃がし口がない状態を保ち，100℃ にしたとする．このとき容器の内部の圧力は 20℃ のときの何倍となるか．また，100℃ で，水は沸騰しているか．

解答 1.27 倍．圧力が大気圧より高いので 100℃ では沸騰していない．通常の圧力鍋では，沸点が 115℃ 前後となるように圧力弁が調整されている．

（2） 理想気体の状態方程式

ボイル–シャルルの法則のみでは式 (7.4) の $\dfrac{pV}{T} = \text{一定}$ の一定という値がいくつになるかはわからない．この値を与えるものが 3 章 4 節で述べた**アボガドロの法則**

> 同温度，同圧では同じ体積の中には気体の種類によらず同じ数の分子が含まれる．

である．今日では，0℃ (273.15 K)，1013 hPa（**標準状態**）では気体 1 mol（6.022×10^{23} 個の分子）の体積は 22.41 $\mathrm{dm^3}$ = 0.02241 $\mathrm{m^3}$（10^5 Pa では 22.71 $\mathrm{dm^3}$）となることが知られている．標準状態における $\dfrac{pV}{T}$ の値を求めてみよう．

$$\frac{pV}{T} = \frac{(1013\,\mathrm{hPa}) \times (0.02241\,\mathrm{m^3/mol})}{273.15\,\mathrm{K}}$$

$$= 8.314\,\mathrm{Pa \cdot m^3/(mol \cdot K)} \qquad \mathrm{Pa \cdot m^3} = \frac{N}{m^2} \times m^3$$

$$= 8.314\,\mathrm{J/(mol \cdot K)}$$

この値 8.314 J/(mol·K) を R と書き，**気体定数**とよぶ．

1 mol の気体の体積を**モル体積**といい，V_m で表す[*]．このとき

$$pV_m = RT \tag{7.5}$$

[*] 下添字の m は molar（モルあたり）を意味している．

である．n mol の気体でそのときの体積が V ならば，1 mol の体積 $V_m = V/n$ だから

$$p\left(\frac{V}{n}\right) = RT \quad \text{すなわち} \quad pV = nRT \tag{7.6}$$

となる．式 (7.5) あるいは式 (7.6) を**理想気体の状態方程式**，あるいは**理想気体の法則**という．

例題 7.1　内容積 $0.060\,\mathrm{m}^3$ の容器* に 303 K，14.0 MPa で窒素を充てんした．充てんした窒素の物質量と質量を理想気体の法則を用いて求めよ．

---

*これは最もよく見かける高さ 150 cm の圧力容器（ボンベ）．

解答　理想気体の状態方程 $pV = nRT$ を用いて窒素の物質量を求める．

$$n = \frac{pV}{RT}$$
$$= \frac{(14.0\,\mathrm{MPa}) \times (0.060\,\mathrm{m}^3)}{\{8.314 \times 10^{-6}\,\mathrm{MPa \cdot m^3/(mol \cdot K)}\} \times (303\,\mathrm{K})}$$
$$= 333\,\mathrm{mol}$$

窒素分子は 2 個の窒素原子が結びついた N_2 である．N の原子量は 14.0 であるから窒素 N_2 の分子量は 28.0，したがって，質量は 28.0 g/mol である．充てんした窒素ガスの質量は

$$333\,\mathrm{mol} \times 28.0\,\mathrm{g/mol} = 9337\,\mathrm{g} \approx 9.3\,\mathrm{kg}$$

となる．

（3）　気体の密度

密度は単位体積あたりの質量である．それゆえ，SI での密度は $\mathrm{kg/m^3}$ の単位をもつ．気体の密度を d とすると

$$d = \frac{\text{気体の質量 [kg]}}{\text{気体の体積 [m}^3\text{]}} = \frac{\text{気体の質量 [g]}}{\text{気体の体積 [dm}^3\text{]}}$$

標準状態では

$$= \frac{\text{モル質量 [g/mol]}}{22.41\,\mathrm{dm^3/mol}}$$
$$= \frac{\text{原子量に g をつける}}{22.41\,\mathrm{dm^3}}$$

気体の密度の温度変化は，シャルルの法則で与えられる．

例題 7.2　乾燥空気を体積組成で N_2 78 %，O_2 21 %，Ar 1 % からできているとみなし，標準状態での乾燥空気の密度を求めよ．

解答　例題 3.1 の解答より，空気の平均分子量は 29.0，すなわち平均モル質量は 29.0 g/mol である．空気 1 mol の体積は標準状態で 22.41 $\mathrm{dm^3}$ である．よって

$$\text{乾燥空気の密度} = \frac{29.0\,\mathrm{g/mol}}{22.41\,\mathrm{dm^3/mol}} = 1.29\,\mathrm{g/dm^3}$$

問題 7.6 次の気体を室温における密度の小さいものから大きい
ものに並べよ.

空気，プロパン，窒素，ヘリウム，メタン，水素，塩素，二酸化
硫黄

解答 水素，ヘリウム，メタン，窒素，空気，プロパン，二酸化硫黄，
塩素

7.4 気体分子運動論

気体は多数の分子という微小粒子の集団であり，それが示す圧力
は粒子が壁に衝突して生じる衝撃の面積あたりの力である．気体分
子を力学における理想的な質点とみなし，質点粒子が空間を無秩序
に飛び回っているとする立場から，気体の圧力やエネルギーなどの
巨視的な性質を導く理論が**気体分子運動論**である．

単純化のために質量 m の 1 個の分子が x 方向だけに向かって動
いていくとする．すべての点が平行に移動する運動を並進運動とい
う．一辺が l の立方体容器の中で，分子が並進運動している様子
と，分子が x 軸に垂直な壁に衝突するときの前と後での速度，運
動量，運動量の変化をまとめて図示したものが図 7.6 である．

運動量の単位時間あたりの変化量を計算するには，分子衝突の頻
度が必要である．粒子は反対側の壁ではね返ったあと，もとの壁に
向かう．1 往復に要する時間は $2l/v_x$ である．したがって，

$$\text{注目している壁に単位時間あたりに衝突する頻度}$$

$$= \frac{1}{\text{衝突してから次の衝突までの時間}} = \frac{v_x}{2l}$$

である．粒子の運動量の変化量は，1 回の衝突で生じる運動量変化
と衝突頻度を掛けて求まる．すなわち

$$\text{運動量の変化量} = (2mv_x) \times \frac{v_x}{2l} = \frac{mv_x{}^2}{l}$$

となる．N 個の粒子の x 軸方向の成分を考え，それぞれの粒子の
もつ x 軸方向の速度を $v_x(1)$，$v_x(2)$，$\cdots$ のように表せば

$$\text{運動量の全変化量} = \frac{m}{l}\{v_x{}^2(1) + v_x{}^2(2) + \cdots + v_x{}^2(N)\}$$

である．同様にして平均 2 乗速度は次のように表せる．

$$\overline{v_x{}^2} = \frac{1}{N}\{v_x{}^2(1) + v_x{}^2(2) + \cdots + v_x{}^2(N)\}$$

ここで $v_x{}^2$ の上にある ‾ は平均値を表している．したがって，

$$\text{運動量の全変化量} = \frac{Nm}{l}\overline{v_x{}^2}$$

となる．もし，粒子どうしが壁から壁への移動の間で衝突したとし
ても，平均として考えれば，この平均速度自体は意味を失わない．

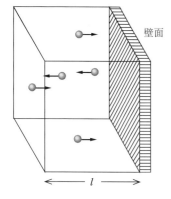

	衝突前	衝突後
速度	v_x	$-v_x$
運動量	mv_x	$-mv_x$

$$\text{運動量の変化} = mv_x - (-mv_x)$$
$$= 2mv_x$$

図 7.6 速度 v_x の分子の壁面との衝
突（v_x の向きは壁面と垂直）と
その運動量変化

運動量の単位時間あたりの全変化量は，粒子に対して働く力の合計に等しく，衝突が壁に及ぼす力の大きさに等しい．したがって，

$$\text{壁に働く平均の力} = \frac{Nm}{l}\overline{v_x^2}$$

$$\text{壁に働く平均の圧力}\left(=\frac{\text{力}}{\text{面積}}\right) = \frac{Nm}{l}\frac{\overline{v_x^2}}{l^2} = \frac{Nm}{l^3}\overline{v_x^2}$$

となる．気体分子は空間全体にわたって無秩序に運動している．それゆえ，同じ強さの力が y 軸や z 軸に垂直な壁にも働く．

$$p = \frac{Nm}{l^3}\overline{v_x^2} = \frac{Nm}{l^3}\overline{v_y^2} = \frac{Nm}{l^3}\overline{v_z^2} \tag{7.7}$$

ここで，次式で定義される分子の平均2乗速度を導入する．

$$\overline{c^2} \equiv \overline{v_x^2} + \overline{v_y^2} + \overline{v_z^2} \tag{7.8}$$

式 (7.7) によれば，3つの方向の平均2乗速度は互いに等しいから，$\overline{c^2} = 3\overline{v_x^2}$ である．その結果，どの壁に対しても圧力は等しく

$$p = \frac{1}{3}\frac{Nm}{l^3}\overline{c^2} \tag{7.9}$$

である．ところが，立方体の体積 $V = l^3$ であるから

$$pV = \frac{1}{3}Nm\overline{c^2} \tag{7.10}$$

が導かれる．さらに，$N = nN_A$，$mN_A = M_m$ [M_m は粒子（分子）のモル質量] に注目すれば，次の式が得られる．

$$pV = \frac{1}{3}nM_m\overline{c^2} \tag{7.11}$$

式 (7.11) の右辺の $M_m\overline{c^2}$ は粒子（分子）のもつ運動エネルギーの2倍であり，これは運動エネルギーが保存される衝突（弾性衝突）では不変であるから，式 (7.11) は $pV = $ 一定 となり，ボイルの法則に等しい．

式 (7.11) と $pV = nRT$ より次の関係が得られる．

$$\frac{1}{3}nM_m\overline{c^2} = nRT \quad \text{すなわち} \quad \overline{c^2} = \frac{3RT}{M_m} \tag{7.12}$$

並進運動[*]による1分子あたりの平均エネルギーを ε，気体1 mol の全平均エネルギーを E とすれば，式 (7.12) より

＊すべての分子の重心が平行移動する運動．

$$E = N_A\varepsilon = N_A \cdot \frac{1}{2}m\overline{c^2} = \frac{1}{2}M_m\overline{c^2} = \frac{3}{2}RT \tag{7.13}$$

$$\varepsilon = \frac{E}{N_A} = \frac{3}{2}kT \tag{7.14}$$

である．ここで $k = \dfrac{R}{N_A}$ は**ボルツマン定数**である．さらに，式 (7.7) と式 (7.8) を用いれば，

$$\frac{1}{2}m\overline{v_x^2} = \frac{1}{2}m\overline{v_y^2} = \frac{1}{2}m\overline{v_z^2} = \frac{1}{2}kT \tag{7.15}$$

となる. 式 (7.13)〜式 (7.15) は分子の平均運動エネルギーが分子の質量によらず，温度のみで決まることを示している. 逆にいえば，温度 T はエネルギーの尺度である.

7.5 実在気体の性質

(1) 実在気体の pVT 関係

理想気体の法則 $pV = nRT$ が成立するということは，いくら圧縮しても気体が液化することはない，ということになる. しかし，現実の気体（これを**実在気体**という）では低温では液化が生じるし，そうでない場合でも，低温や高圧の領域では理想気体の法則からはずれた挙動を示す. 実在気体の V–p 関係を図 7.7 に示す.

図 7.7 について考察するために，液体と気体の体積の違いを 1 mol，すなわち 18 g の水を例に考える.

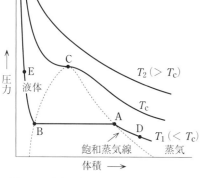

図 7.7 実在気体の V–p 関係の模式表現

液体では $18\,cm^3$ ⟺ 気体ではおよそ $22.4\,dm^3 = 22.4 \times 10^3\,cm^3$

すべて液化すれば体積は約 1190 分の 1 に減少する.

図 7.7 と上記のことを踏まえると，実在気体の挙動を以下のように述べることができる.

① 高温，低圧では理想気体の法則 $pV = nRT$ にほぼ従う.
　一定温度で圧力をかけると体積が減少するだけで液化は起こらない. これは分子が激しく飛び回っていたり（高温状態），隣の分子との距離がありすぎて（低圧状態），分子が強く引き合わないためである.

② 低温，高圧では理想気体の法則 $pV = nRT$ からはずれる. ある温度以下では，圧力をかけて点 A に達すると液化（体積の大きな減少）が起こる. 液化が起こる最も高い温度が**臨界温度** T_c，このときの圧力が臨界圧力 p_c で，図 7.7 の点 C が**臨界点**（critical point）である.

③ 図 7.7 で点 D からの定温での圧縮過程では，点 A に達するまでは体積減少のみであるが，点 A に達すると液化が起こる. AB 間は一定温度で気体と液体が共存していて，A から B に向かうにつれて，液化が進行し，点 B で液化が完了する. AB 間の気液共存状態での圧力はこの物質の飽和蒸気圧である.

④ B から E へは液体の圧縮であるから，体積はよほど圧力が

上昇しないと減少しない.

⑤ 温度が T_1 から T_c に向かって上昇するにつれて，気液共存状態である線分 AB は次第に短くなり，これが 0 となる温度が臨界温度 T_c である.

いくつかの気体の臨界温度と臨界圧力を表7.1に示す.

表7.1 気体の臨界温度と臨界圧力

気　　体	臨界温度 /K	臨界圧力 /MPa
ヘリウム　He	5.2	0.2
アルゴン　Ar	150.9	4.9
水素　H_2	33.3	1.3
窒素　N_2	126.2	3.4
酸素　O_2	154.6	5.0
メタン　CH_4	190.6	4.6
二酸化炭素　CO_2	304.1	7.4
アンモニア　NH_3	405.4	11.3

問題7.7　表7.1の数値から常温（室温）で圧縮しても液化されない気体を判断せよ．それらの気体に共通する性質は何かを読み取れ．また，これら常温で液化されない気体内部での分子の相互作用は強いのか弱いのか.

解答　液化されないのはヘリウム，アルゴン，水素，酸素，窒素，メタンである．分子間の引力が弱いほど液化されにくい．臨界温度の値より，ヘリウムが最も分子間相互作用が弱いことがわかる．これらの無極性分子を結びつけている力はファンデルワールス力とよばれる弱い力である.

気体を液化できれば，気体状態と比較して容器に著しく多量の物質を保管・輸送できる．ただし，臨界温度が常温よりはるかに低い窒素や酸素では，液体の気化を防ぐために貯蔵槽は外部よりの熱を伝えにくい断熱性に優れ，同時に低温に耐えれる構造・材質のものでできていなければならない.

(2)　圧縮因子を用いた実在気体の pVT 関係

実在気体で見られる理想気体挙動からのはずれを示す方法として $pV = znRT$，すなわち $z = \dfrac{pV}{nRT} = \dfrac{pV_m}{RT}$ とおき，この**圧縮因子（圧縮係数）**とよばれる係数 z を用いるものがある．z の圧力依存性を図7.8に示す．$z = 1$ が理想気体の挙動である．ある p で

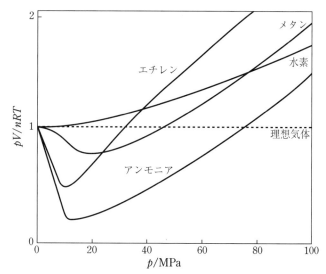

図 7.8 実在気体の pV/nRT の圧力依存性の例.
それぞれの分子に対する曲線の形は温度により異なる.

$z < 1$ ということは体積が理想気体としての V よりも小さいということで, 分子が引き合っていること (引力効果) を示す. 圧力が高くなると気体分子がもつ体積による分子間の反発力のが増加して, どの気体でも z は 1 より上方に外れていく.

(3) ファンデルワールス式

実在気体の pVT 関係を表した最も代表的な式として**ファンデルワールス式**

$$\left(p+\frac{n^2a}{V^2}\right)(V-nb) = nRT \qquad (7.16)$$

がある. ここで n は体積 V に含まれる物質量である. $n = 1\,\mathrm{mol}$ では, $V = V_\mathrm{m}$ であり, 式 (7.16) は

$$\left(p+\frac{a}{V_\mathrm{m}^2}\right)(V_\mathrm{m}-b) = RT \qquad (7.17)$$

となる. 式 (7.16), (7.17) を式 (7.6), (7.5) と比較すると, 圧力 p と体積 V あるいは V_m がそれぞれ係数 a, b により補正されていることがわかる. この係数 a, b の値は次の意味をもっている.

a：気体分子の引き合う効果, すなわち引力効果を表す. 液化されにくい気体の値は小さい. 気体によって値のオーダーが異なる.

b：気体の分子が占める体積の効果を表す. 気体分子はそれが入っている容器の体積から, それ自身の体積を差し引いた空間を動き回っている.

これらの a, b の意味を図7.9で補足し，いくつかの気体に対する値を表7.2に示す．係数の値より，酸素や窒素と比較して水素が，さらにヘリウムは水素より，分子間の引力が弱いことがわかる．

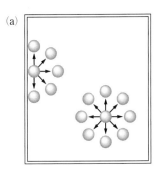

表7.2　ファンデルワールス係数 a, b

気　体	$a/(\mathrm{Pa \cdot m^6/mol^2})$	$b/(\mathrm{dm^3/mol})$
ヘリウム　He	0.0034	0.0238
水素　H$_2$	0.0248	0.0267
窒素　N$_2$	0.141	0.0392
酸素　O$_2$	0.138	0.0319
二酸化炭素　CO$_2$	0.365	0.0428
メタン　CH$_4$	0.229	0.0430
水　H$_2$O	0.553	0.0330

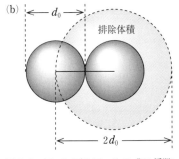

ファンデルワールス式の与える $V_\mathrm{m}-p$ 関係では，図7.7で示される実在気体の挙動，特に臨界温度以下で生じる気体の液化現象，がどのように表現されているのか，については本章の演習問題3および4を参照せよ．さらに，演習問題7の4（2）の結果を用いると，ファンデルワール式にしたがう気体では，臨界点の圧縮因子を z_c とすれば，各物質により異なる定数 a, b の値によらずに

$$z_\mathrm{c} = \frac{p_\mathrm{c} V_\mathrm{c}}{RT_\mathrm{c}} = \frac{3}{8} = 0.375 \tag{7.18}$$

となることがわかる．

図7.9 ファンデルワールス式の係数 a, b の説明

（a）壁から離れた位置にある分子ではあらゆる方向の分子から引っぱられているが，壁のごく近くの分子は他の分子により全体として容器の内側に引っ張られて，圧力が小さくなっている．
（b）分子を直径 d_0 の剛体球とすれば，1つの分子は他の分子の中心から d_0 の球の空間には入れない．

7.6　混合気体の分圧

2種類以上の気体が混じりあった場合，気体の間に化学反応が起こったり，特別な相互作用がなければ，混合気体に対して理想気体の状態方程式　$pV = nRT$　を適応することができる．

図7.10に示すように，温度 T と圧力 p にあり，物質量が $n_\mathrm{A}, n_\mathrm{B},$ $n_\mathrm{C}, \cdots$ 成分 A, B, C, $\cdots$ の気体からなる多成分系で，成分を分ける仕切りが取り外されて全体として体積 V を占める混合気体ができる過程を考える．

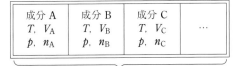

全体として体積 V，圧力 p，物質量 n

図7.10　同温同圧にある気体の混合によりできる混合気体

このとき，**ドルトン**[*]**の分圧の法則**

> 混合気体全体の圧力 p はそれぞれの成分 A, B, C, … が単独で混合気体と同じ温度で全体積 V を占めたときの圧力（**分圧**）$p_A, p_B, p_C, \cdots$ の和に等しい.

が成立する．この法則は以下のようにして証明できる.

物質量 n は各成分の物質量 $n_A, n_B, n_C, \cdots$ の和であるから

$$
\left.
\begin{aligned}
p &= \frac{n}{V} RT = \frac{n_A + n_B + n_C + \cdots}{V} RT \\
&= \frac{n_A}{V} RT + \frac{n_B}{V} RT + \frac{n_C}{V} RT + \cdots \\
&= p_A + p_B + p_C + \cdots
\end{aligned}
\right\} \quad (7.19)
$$

となる．式 (7.19) がドルトンの分圧の法則の数式表現である.

分圧は次のようにして求まる.

$$
\begin{aligned}
p_A &= \frac{n_A}{V} RT = \frac{n_A}{\dfrac{n}{p} RT} RT \\
&= \frac{n_A}{n} p = \frac{n_A}{n_A + n_B + n_C + \cdots} p \\
&= x_A p
\end{aligned} \quad (7.20)
$$

ここで $x_A = \dfrac{n_A}{n_A + n_B + n_C + \cdots}$ は成分 A の**モル分率**（純状態でモル分率は 1）である.

図 7.10 のように，同じ温度と同じ圧力にある気体が混合された場合を考える．すると，成分 A の物質量 n_A は $n_A = \dfrac{p}{RT} V_A$ で体積 V_A に比例するから，混合による体積変化が起こらない限り

A 成分のモル分率 x_A ＝ A 成分の体積での分率 ＝ $\dfrac{p_A}{p}$ （7.21）

となる.

例題 7.3 0.10 mol % の二酸化炭素を含む混合ガスを 40 dm^3 の容器に充てんし，303 K, 10.1 MPa の状態[**] としたい．理想気体法則を用い，必要な二酸化炭素の質量を計算せよ.

解答 充てんされた混合ガス中の二酸化炭素の分圧 $p(CO_2)$ を求める．混合ガス中の二酸化炭素分圧 $p(CO_2)$ は式 (7.20) と式 (7.21) より

$$
p(CO_2) = 10.1\,\text{MPa} \times \frac{0.10}{100} = 1.01 \times 10^4\,\text{Pa}
$$

理想気体として，二酸化炭素の 303 K, 1.01×10^4 Pa, 40 dm^3 での物質量 n を求める.

$$n = \frac{p(\mathrm{CO_2})V}{RT}$$

$$= \frac{(1.01 \times 10^4\,\mathrm{Pa}) \times (0.040\,\mathrm{m^3})}{\{8.314\,\mathrm{Pa \cdot m^3/(mol \cdot K)}\} \times (303\,\mathrm{K})}$$

$$= 0.160\,\mathrm{mol}$$

二酸化炭素 CO_2 の分子量は 44.0, すなわち 44 g/mol. 0.16 mol では

$$(0.16\,\mathrm{mol}) \times (44\,\mathrm{g/mol}) = 7.1\,\mathrm{g}$$

別解 容器に含まれている混合ガス全体の物質量を求める. このときは $pV = nRT$ で $p = 10.1\,\mathrm{MPa}$, $V = 0.040\,\mathrm{m^3}$ を用いる. すると $n = 160\,\mathrm{mol}$ となる. 二酸化炭素はこの 0.10 % であるから

$$\text{二酸化炭素の物質量} = (160\,\mathrm{mol}) \times 0.0010 = 0.160\,\mathrm{mol}$$

となる. これより, 上記と同じようにして 7.1 g が得られる.

演習問題 7

1. 図 7.1 に示す「トリチェリーの真空」の部分はまったく物質が存在しない空間なのか.

2. 理想気体の法則を用いて, 次の表現の正しさを証明せよ.
   理想気体とは, そのエネルギーが物質量と絶対温度に比例する気体のことである.

3. ファンデルワールス式を T_c を臨界温度として, $T > T_c$, $T = T_c$, $T < T_c$ の 3 温度について, 縦軸が p, 横軸が V_m のグラフに書き図 7.7 と比較せよ.

4. 上記 3 に基づき, 以下の 2 点について述べよ.
   (1) ファンデルワールス式では実在気体の挙動のどの部分がうまく記述できないのか,
   (2) 臨界温度 T_c, 臨界圧力 p_c, 臨界モル体積 V_c をファンデルワールス式の係数 a, b で表すと次のようになること示せ.
   $$T_c = \frac{8a}{27bR}, \quad V_c = 3b, \quad p_c = \frac{a}{27b^2}$$

5. 酸素, 窒素, 水素が以下の図のように仕切られて入っている. 仕切りが取り外された後の混合体積の圧力と酸素の分圧を求めよ.

酸素 2 mol 25 ℃ 20 dm³	窒素 3 mol 25 ℃ 20 dm³	水素 1 mol 25 ℃ 20 dm³	仕切りを取る	混合気体 p, V, T

相変化と溶液

8.1　相変化と状態図

　通常の固体を熱していった場合に時間の経過につれて起こる変化は図 8.1 に示すように　固体 ⟶ 液体 ⟶ 気体　の変化であり，逆にこのような過程を経て気体となった物質を冷却すれば液体，ついで固体へと戻る．物質は熱の出入りばかりでなく圧力などの要因の変化によっても固体（固相），液体（液相），気体（気相），あるいはこれらの相の共存状態へと変化する．

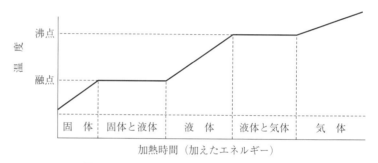

図 8.1　固体を加熱したときの通常の状態変化

　固体，液体，気体の三態間の相変化のそれぞれの過程，その過程に伴い出入りする熱エネルギー，三態での分子の詰まり方の模式表現，をまとめて図 8.2 に示す．気体では，分子（原子）の詰まり方は固体や液体と比較してたいへんまばらな状態となっている．

　問題 8.1　水（氷）の融解熱 6.01 kJ/mol と 100℃ での蒸発熱 40.7 kJ/mol という値からわかるように，一般に　融解熱 ≪ 蒸発熱　である．この事実を図 8.2 に示された各状態での分子の詰まり方を参考にして，説明せよ．

　解答　固体から液体への変化より，液体から気体となるほうが分子のエネルギー状態（詰まり方はこれを反映している）の変化がはるかに大きいとうことによる．

　温度，圧力，系の組成を座標軸として，物質の状態を表した図を**状態図**あるいは**相図**という．純物質の状態図の例を図 8.3 に示す．

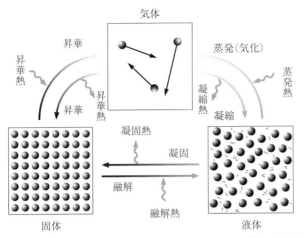

図 8.2 三態間の相変化に伴う熱と三態での分子の詰まり方の模式表現

図 8.3 における OA，OB，OC それぞれの曲線は各相が存在する境界を意味している．すなわち

OA 曲線：固体と気体との境界線．固体から気体への変化は**昇華**であり，OA 曲線は昇華圧曲線である．日常生活での昇華はドライアイスやナフタリンでみられる．

OB 曲線：固体と液体との境界線．固体から液体への変化は**融解**である．

OC 曲線：液体と気体との境界線．液体から気体への変化を**蒸発**あるいは**気化**という．OC 曲線は飽和蒸気圧の温度変化を示す**蒸気圧曲線**である．OC 曲線には右端があり，**右端となる点 C が臨界点**である．

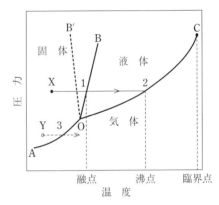

図 8.3 純物質の状態図．左に傾いている直線 OB′ は水の場合．

また，点 O では固体，液体，気体の 3 相が共存している．この点 O を**三重点**という．三重点はそれだけで温度と圧力を規定している．

いま，点 X から圧力一定の条件における温度上昇を考えてみよう．出発の点 X では物質は固体であり，定圧条件での温度上昇は点 X から横軸に平行な右向きの変化である．この X を始点とする直線が OB 曲線と交わる点 1 に達したとき，固体から液体への変化である融解が起こる．言い換えると，この点 1 の温度が**融点**である．さらに温度が上昇して OC 曲線との交点である点 2 に達したとき，液内部での液体から気体への変化，すなわち**沸騰**が起こる．この点 2 の温度が**沸点**である．

7 章 5 節でも述べたが，臨界温度以下で気体を圧縮していくと（図 8.3 で縦軸に平行な上向きの変化の場合），気体から液体への相変化，すなわち液化が起こる．点 C の温度が液化の生じる最も高い温度，臨界温度，である．

三重点圧力よりも低い圧力の点 Y から圧力一定で温度が上昇した場合には，Y を始点とする直線は点 3 で OA 曲線と交わる．この点 3 では固体から気体への変化である昇華が起こっている．二酸化炭素は三重点圧力が 0.51 MPa で大気圧 0.1013 MPa より高いので，大気圧下では液体としては存在できず，固体は昇華する．Y の状態から圧力をさらに下げても昇華が起こる．この昇華過程が食品中の水を凍らせてから乾燥させる**フリーズドドライ**の処理過程である．

8.2 純物質の蒸気圧

前節で図 8.3 の OC 曲線を蒸気圧曲線と表現した．**蒸気圧**は飽和蒸気圧とも表現されるが蒸気圧とはどのようなことであろうか？図 8.4 はこれを理解するためのものである．

図 8.4 の左図で，栓をしていないフラスコ内の水は時間の経過とともに蒸発していくが，右図のように栓をしたフラスコでは，ある程度時間が経過するとフラスコ内の液体の水の量がそれ以上変わらない平衡状態となる．平衡状態では，液体から気体への変化（蒸発）速度と気体から液体への変化（凝縮）速度が釣り合っている．栓をしたフラスコの水面上部の空間の中で，水分子がどれだけの割合を占めることができるかは蒸気圧により規定される．あるいは，液体状態から気体状態へ液体分子が脱出する傾向を圧力で表現したものが蒸気圧（この液体の蒸気分子による分圧）といえる．

気体と液体とがある温度で平衡にあるときには

　　液体分子の脱出しようとする圧力（蒸気圧）
　　　= 気体分子を押さえつけて液体に戻そうとする単位
　　　　面積あたりの力（外部からの圧力）

である．温度が高くなるにつれて，分子はより激しく動き回るようになるから蒸気圧は温度上昇につれて増加する．液体の蒸気圧が外圧と等しくなった平衡状態が**沸騰**である．したがって，気体分子を押さえつける外圧（大気圧）が変わればそれに応じて気液平衡温度である沸点も変わる．

　　エベレスト山頂：大気圧は約 0.032 MPa（0.32 気圧）
　　　　　　　　　　──→ 水は 71 ℃で沸騰
　　圧力鍋：体積一定という制約のため，温度上昇により容器内の
　　　　　　圧力が増加する．
　　　　　　──→ 鍋の内部の圧力は大気圧より高い（問題 7.5 参照）．
　　　　　　──→ 水は 100 ℃以上で沸騰．

標準大気圧（0.1013 MPa = 101.3 kPa = 1013 hPa）における沸点を**標準沸点**という．"水の沸点は 100 ℃である"といったときは

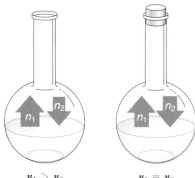

$n_1 > n_2$
水が蒸発して減っていく．

$n_1 = n_2$
水が減らず，みかけ上蒸発しなくなる．

n_1：単位時間に水面から飛び出す（蒸発する）水分子の数．
n_2：単位時間に水にもどる（凝縮する）水分子の数．

図 8.4 液体（水）の蒸発と蒸気圧の模式的説明図

標準沸点を意味している．それゆえ，蒸気圧曲線とは，沸騰が起こる温度と外部圧力との関係を示すグラフであると考えるとわかりやすい．水とエチルアルコールの蒸気圧曲線を図 8.5 に示す．

ある物質が液体と気体との状態で共存しているとき，気相中のその物質の分圧である（飽和）蒸気圧は温度のみによって決まり，存在する液体の量にも，気体全体の圧力にもよらない．

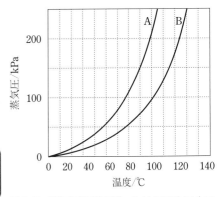

図 8.5 蒸気圧曲線の例　A はエチルアルコール，B は水

例題 8.1　図 8.5 に示された物質 A, B はある温度でどちらの方が蒸発しやすいか．また標準沸点はそれぞれ何度か．

解答　同じ温度において　A の蒸気圧＞B の蒸気圧　である．蒸気圧の高いものほど蒸発しやすいから A のほうが蒸発しやすい．標準沸点とは蒸気圧が標準大気圧 101.3 kPa に達する温度である．図 8.5 の縦軸の 101.3 kPa に対応する温度を読み取る．物質 A と B の標準沸点はそれぞれ約 78 ℃ と 100 ℃ である．

例題 8.2　水蒸気で飽和された 20 ℃，大気圧（0.10 MPa）の空気がある．この空気中の水蒸気の濃度を体積 % で表せ．ただし，20 ℃ における水の飽和蒸気圧を 2.34 kPa とする．

解答　水の飽和水蒸気圧を $p(\mathrm{H_2O})$ と表す．題意より
$$p(\mathrm{H_2O}) = 2.34\,\mathrm{kPa} = 2.34\times10^{-3}\,\mathrm{MPa}$$
この飽和水蒸気圧の寄与を除いた大気の圧力を $p(\mathrm{dry\ air})$ とすればドルトンの分圧の法則 [式 (7.19)] により
$$p(\mathrm{H_2O}) + p(\mathrm{dry\ air}) = 0.10\,\mathrm{MPa}$$
である．式 (7.21) で与えられるように，混合気体中のある成分 A の体積分率はモル分率 x_A に等しい．したがって
$$\text{水蒸気の体積\%} = \frac{p(\mathrm{H_2O})\times100}{p(\mathrm{H_2O})+p(\mathrm{dry\ air})} = \frac{2.34\times10^{-3}\,\mathrm{MPa}}{0.1\,\mathrm{MPa}}\times100$$
$$= 2.3\,\mathrm{vol\%}$$
となる．

図 8.5 に示される物質の蒸気圧 p の温度依存性は蒸気を理想気体とすれば
$$\frac{\mathrm{d}p}{\mathrm{d}T} = \frac{\Delta_\mathrm{v}H}{RT^2}\,p \tag{8.1}$$
により表せることがわかっている．ここで $\Delta_\mathrm{v}H$ はその物質の 1 mol あたりの蒸発熱（蒸発エンタルピー）である．温度 T_1 から T_2 の範囲で $\Delta_\mathrm{v}H$ の変化が小さくて一定として取り扱えるという条件のもとで式 (8.1) を積分すれば
$$\int_{T_1}^{T_2} \frac{\mathrm{d}p}{p}\,\mathrm{d}p = \frac{\Delta_\mathrm{v}H}{R}\int_{T_1}^{T_2} \frac{1}{T^2}\,\mathrm{d}T$$

$$\ln \frac{p_2}{p_1} = 2.303 \log \frac{p_2}{p_1} = -\frac{\Delta_v H}{R}\left(\frac{1}{T_2}-\frac{1}{T_1}\right) \qquad (8.2)$$

であり，任意の温度 T に対しては

$$\ln p = -\left(\frac{\Delta_v H}{R}\right)\frac{1}{T}+C \quad （C は定数） \qquad (8.3)$$

が導かれる．

8.3 分子としての水と液体としての水

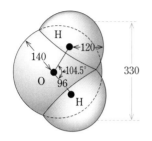

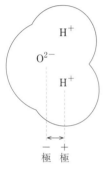

図 8.6 水分子の構造（長さの単位は pm）と分極の定性的表現

　宇宙には無数の星が存在しているが，その中で地球を特徴づけるものは水であり，地表の 71 % は水で覆われているので，地球は水の惑星といえる．地球上の生命は水によって整えられた環境の中で進化してきた．

　日常生活で使う言葉の "水" は液体状態を示すのが通例であるが，科学で "水" という場合は H_2O 分子を示し，気体，液体ばかりでなく，その結晶である氷も含む．

　H_2O 分子の構造と分子中の電荷分布の様子を図 8.6 に示す．水は折れ線型の分子で，∠HOH は 104.5° である．酸素と同じ 16 族元素の水素化物を比較してみると，H_2S では ∠HSH = 92.2°，H_2Se では ∠HSeH = 91° である．水分子は小さいうえに O には負電荷，H には正電荷が偏っていて，強く分極（6 章 3 節参照）している．定性的にいえば，水は $H^+ - O^{2-} - H^+$ のような性質をもっている．このことにより水の水素結合（6 章 4 節参照）が生じる．

　液体としての水の性質のいくつかを列記する．

① 　水は水素結合しているので，図 6.6 に示したように，18 という小さな分子量に対して，融点や沸点が異常に高い．

② 　上記の ① に対応して，融解熱や蒸発熱，熱容量が大きい．また，小さい分子であるのに蒸気圧は低い．

③ 　固体である氷の密度が液体の水より小さくて，氷が水に浮く．氷の密度が小さいのは，氷の構造（図 6.7 参照）が酸素の正四面体構造で，固体としてはたいへん隙間の多いこと（9 章 1 節参照）による．

④ 　最大密度温度（3.98 ℃）がある．

⑤ 　水の誘電率（次頁の囲み事項参照）は非常に大きい．このことによりイオンや極性物質をよく溶かす．

⑥ 　水の表面張力は大きい．

問題 8.2 　水が最大密度温度をもつことはどのようなモデルを考えれば説明できるか．氷から水となることによって図 6.7 に示す氷の構造が壊れることを考慮せよ．

解答 図6.7の氷の構造はたいへん隙間の多い構造である（9章1節参照）．融解により，その隙間の多い構造を支えてきた水素結合が壊れ，全体としては氷のときより密な状態となる．一方，温度が上昇すれば，分子間の距離は広くなって体積が膨張する．この2つの効果が競合する．最大密度温度より高い温度では通常の熱膨張の効果が勝っている．

誘電率（比誘電率）

距離 r だけ離れた2つの電荷 q_1 と q_2 に働く静電気力 f はクーロンの法則により与えられる．

$$f = \frac{q_1 q_2}{4\pi\varepsilon_0 r^2}$$

ここで ε_0 は**誘電率**とよばれる物理量で，電荷が置かれた媒体に依存し，真空では1である．真空中の誘電率とある物質の誘電率の比を比誘電率という．しかし，真空中の誘電率が1であるので誘電率も比誘電率も数字的には変わらない．

常温における水の誘電率は80程度である．すなわち，水の中では＋イオンと－イオンとの間に働く静電気力は真空中のときの約1/80である．水の誘電率が大きいことにより，イオン性物質（電解質）は水に溶けやすい．

8.4 溶　　液

（1）溶液と濃度

物質 A が液体 B に溶解して均一な混合物ができたとき，この混合物を**溶液**（solution），溶けた物質 A を**溶質**，溶かした液体 B を**溶媒**という．溶媒が水である場合は**水溶液**という．水に食塩が溶けるような場合には溶質と溶媒の区別ははっきりしているが，水—エチルアルコール系のような場合には，どちらを溶媒とするかは任意である．通常，量の多いものを溶媒とする．

溶液中に含まれる溶質の割合を**濃度**（concentration）という．実験操作では質量百分率などが用いられることもあるが，理論との観点からはモル分率，容量モル濃度，質量モル濃度が重要である．

（a）**モル分率**（mole fraction）：成分 i のモル分率 x_i は

$$x_i = \frac{n_i}{\sum n_i} \tag{8.4}$$

$$0 \le x_i \le 1, \ \sum x_i = 1$$

で与えられる．ここで n_i は成分 i の物質量である．

（b）**容量モル濃度**（モル濃度）：溶液 $1\,dm^3$ 中に溶解している溶質の物質量．容量分析で用いられる．SI 単位では mol/m^3 とすべきであるが，慣例的に mol/dm^3 で表示される．

$$容量モル濃度\,(\mathrm{mol/dm^3}) = \frac{溶質の物質量}{溶液の体積} \frac{\mathrm{mol}}{\mathrm{dm^3}} \tag{8.5}$$

（c）**質量モル濃度**：溶媒 1 kg に溶解している溶質の物質量．凝固点降下や沸点上昇を取り扱うときの溶質の濃度としても使用される．単位は mol/kg である．

$$質量モル濃度\,(\mathrm{mol/kg}) = \frac{溶質の物質量}{溶媒の質量} \frac{\mathrm{mol}}{\mathrm{kg}} \tag{8.6}$$

（d）**質量 % と体積 %**

$$質量\% = \frac{溶質の質量}{溶液の質量} \times 100 \tag{8.7}$$

$$体積\% = \frac{溶質の体積}{溶液の体積} \times 100 \tag{8.8}$$

conc. HCl, dil. HCl という表示

実験室の試薬ビン，あるいは反応式などでは，しばしば *conc*. HCl や *dil*. HCl という表示がなされている．これらは濃塩酸 concentrated hydrochloric acid，希塩酸 dilute hydrochloric acid を示す．

問題 8.3 海水中には塩類が質量 % で 3.5 % 含まれている．塩類をすべて NaCl，海水の密度を 1.02 g/cm³ として，海水中の NaCl の容量モル濃度とモル分率を以下の手順で計算せよ．

NaCl の式量 = _____

1 dm³ の海水の質量 = _____ g

1 dm³ の海水中の NaCl の質量 = _____ g

∴ 容量モル濃度 _____ mol/dm³

海水 1000 g の中の NaCl の質量と物質量 _____ g,

_____ mol

海水 1000 g の中の水の質量と物質量 _____ g,

_____ mol

∴ NaCl のモル分率 _____

問題 8.4 30.0 wt% の硫酸水溶液（密度は 1.22 g/cm³）の濃度を容量モル濃度と質量モル濃度で表せ．

解答の手順：

1) 計算

硫酸の分子式 _____，硫酸の分子量 _____

硫酸水溶液 1 dm³ の質量 _____ g

硫酸水溶液 1 dm³ 中の純硫酸の質量 _____ g

硫酸水溶液 1 dm³ 中の水の質量 _____ g

2) 結果

容量モル濃度 _____ mol/dm³

質量モル濃度 _____ mol/kg

注：この問題の結果が示すように，濃度が高い場合には，容量モル濃度と質量モル濃度の値には，かなりの違いが生じる．

(2) 電解質溶液と非電解質溶液，溶質の溶けている状態

　溶解して溶媒中にイオンを生じる溶質を**電解質**，生じた溶液を電解質溶液といい，そうでない溶質を**非電解質**，その溶液を非電解質溶液という．基本的には電解質はイオン性化合物であり，非電解質は共有結合性化合物である．溶質が陽イオンと陰イオンに分かれることを**電離（解離）**という．

　電離により生じる現象としては以下のものがある：

(i) 溶液が酸性あるいは塩基性とよばれる性質を示す．これに関わる事項は 11 章で取り扱う．

(ii) イオンは ＋ または － の電荷を帯びた粒子なので，それが移動したり，橋渡しすることにより，電荷の移動，すなわち溶液中を電気が流れる．電池の作用や電気分解はイオンの移動に基づく現象である．

(iii) 溶質が電離すれば溶液中に存在している粒子数は増加する．それゆえ，本章 5 節で取り扱う粒子数（物質量）が関与する蒸気圧降下，沸点上昇，凝固点降下，浸透圧などの効果は溶解前の物質量に基づいて予想されるものよりも増加している（例題 8.4 参照）．

　電解質 NaCl が水に溶ける場合を考えよう．NaCl は溶けて電離する．

$$NaCl \longrightarrow Na^+ + Cl^-$$

このときのナトリウムイオン Na^+ や塩化物イオン Cl^- は図 4.2 や図 4.3 で考えた真空中にあるのではなく，水の中にある．本章 3 節で述べたように，水分子は強く分極しているので，水中の陽イオンは H_2O の O 原子と，一方，陰イオンは H 原子と，強く引き合って，水分子とイオンが一体となった**水和イオン**の形で存在している．水和した Na^+ イオンの様子を図 8.7 に示す．水和している H_2O の数はいろいろな手段により求められている．水溶液中の水素イオン H^+ も実態は水和したオキソニウムイオン H_3O^+（問題 5.3 参照）である．

　分子内に OH をもつエタノール C_2H_5OH や砂糖（ショ糖）は非電解質で電離しない．ショ糖が水へ溶解するとき（図 2.2 参照），溶質のショ糖分子は孤立した分子の形ではなくて Na^+ イオンとおなじように水和した形で存在している．溶質と溶媒との親和性は溶解現象に大きく影響している．水に溶けにくい有機化合物を水に溶けやすくするためには，解離能力のある，あるいは親水性の官能基を導入することが行われる．

図 8.7 水和した Na^+ イオン

8.5 溶液の性質

(1) 気体の溶解度 — ヘンリーの法則 —

あまり溶けない気体の溶解度(一定量の液体に溶ける気体の物質量)が圧力により,どのように変わるかは**ヘンリー**[*]**の法則**

> 一定温度において,液体に対する気体の溶解度はその液体と接している気相中のその気体の分圧に比例する

[*]ヘンリー(1774〜1836年)
イギリスの化学者.

により記述される[**]. 溶け込む気体を B として,ヘンリーの法則を定量的な形で表すと

$$p_B = K x_B \qquad (8.9)$$

である. ここで p_B は気体 B の圧力(分圧),x_B は溶け込んだ溶液中での B のモル分率である. 前述の青掛けした文章は式(8.9)を $x_B = \dfrac{1}{K} p_B$ とした形を定性的に記述したものに他ならない.

[**]ヘンリーの法則は水によく溶ける塩化水素 HCl やアンモニア NH_3 などの水への溶解については成立しない.

ヘンリーの法則の模式表現を図8.8に示す. ビールや炭酸飲料の栓をとると泡が吹き出すのは,圧力を作用させて溶解させた二酸化炭素 CO_2 が大気圧にまで戻されてその溶解度が減少し,溶解しきれなくなって CO_2 が放出される現象である.

ヘンリーの法則を

> 気体の液体への溶解度は圧力が高くなると増える.

という定性的な表現にすれば,ヘンリーの法則は10章6節で取り扱う平衡移動に関するルシャトリエの法則と本質的には同一である.

1×10⁵ Pa

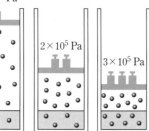

図8.8 ヘンリーの法則の模式表現 溶解した分子の数はそれぞれ $a, 2a, 3a$ である.

例題8.3 酸素および窒素は 20℃,0.1013 MPa の状態で水 1 m^3 にそれぞれ 1.4 mol,0.70 mol 溶ける. この状態の大気と接している水に溶けている酸素と窒素の物質量の比を求めよ. 大気の組成は体積で酸素が21%,窒素が78%である.

解答 大気中の酸素と窒素のそれぞれの分圧を求める. 混合気体中の体積での分率はモル分率に等しい. 大気中の酸素と窒素の分圧はドルトンの分圧の法則,式(7.19),式(7.20)より次のようになる.

酸素分圧:(0.101 MPa)×0.21 = 0.0212 MPa

窒素分圧:(0.101 MPa)×0.78 = 0.0788 MPa

次に,水 1 m^3 への溶解量をヘンリーの法則にしたがって算出する.

酸素の溶解量 　　$(1.4 \text{ mol}) \times \dfrac{0.0212 \text{ MPa}}{0.101 \text{ MPa}} = 0.294 \text{ mol}$

窒素の溶解量 　　$(0.70 \text{ mol}) \times \dfrac{0.0788 \text{ MPa}}{0.101 \text{ MPa}} = 0.546 \text{ mol}$

よって,水に溶けている酸素と窒素の溶解量の比は $\dfrac{0.294 \text{ mol}}{0.546 \text{ mol}} = 0.538 \approx 0.54$ となる.

（2） 溶液系の気液平衡とラウールの法則

　ある溶媒に1種類のみの溶質が溶けた溶液（二成分系）での気液平衡を考える．2つの成分を成分Aと成分Bとする．ある温度と圧力で，成分Aと成分Bとが共に液体であるような状態では，成分A，Bのどちらを溶媒（溶質）としても構わない．この二成分系は本章2節の図8.4で，蒸発・凝縮するものがそれぞれ成分Aと成分Bの2種の物質からできている場合に相当する．

　一定温度において，液体の成分Aと成分Bが等物質量で混合して均一な二成分溶液を形成するとした過程の模式的表現が図8.9である．$p_A{}^0$ と $p_B{}^0$ は液体AとBそれぞれが純状態であるときの蒸気圧であり，溶液の蒸気圧が p である．蒸気は成分Aと成分Bの混合気体であるから，その圧力 p はドルトンの分圧の法則［式（7.19）］により成分AとBの分圧の和として与えられる．

$$p = p_A + p_B \tag{8.10}$$

　成分Aと成分Bの物質量が等しい二成分系ならば，成分Aと成分Bの蒸気圧 p_A と p_B の値の大小関係において，純状態の蒸気圧 $p_A{}^0$ と $p_B{}^0$ が $p_A{}^0 > p_B{}^0$ であれば $p_A > x_B$ となることは容易に理解できるであろう．溶液中におけるAのモル分率が x_A であるとき，蒸気中における成分Aの分圧 p_A は式（8.11）の**ラウールの法則**により定量的に記述される．

$$p_A = x_A p_A{}^0 \tag{8.11}$$

同様に，成分Bの分圧 p_B は次式のようになる．

$$p_B = x_B p_B{}^0 = (1 - x_A)p_B{}^0 \tag{8.12}$$

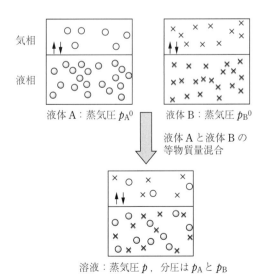

気相

液相

液体A：蒸気圧 $p_A{}^0$　　液体B：蒸気圧 $p_B{}^0$

液体Aと液体Bの
等物質量混合

溶液：蒸気圧 p，分圧は p_A と p_B

図8.9　等物質量の混合で形成される二成分溶液

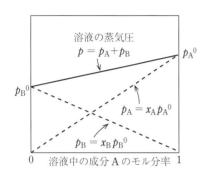

溶液の蒸気圧
$$p = p_A + p_B$$
p_A^0
p_B^0
$$p_A = x_A p_A^0$$
$$p_B = x_B p_B^0$$
0　溶液中の成分 A のモル分率　1

図 8.10　二成分理想溶液での分圧と全圧

ラウールの法則のように，溶液のある性質が成分のモル分率に比例する溶液を**理想溶液**という．ラウールの法則が溶液の全組成にわたって成立する理想溶液での分圧と全圧を表すと図 8.10 のようになる．ラウールの法則は，溶質が不揮発性である系の溶媒の蒸気圧について考える場合が多い．

(3)　蒸気圧降下と沸点上昇

式 (8.10)～(8.12) の意味するものについて考えてみよう．図 8.9 に示した $x_A = x_B = 0.5$ の状態で成分 A がエタノール C_2H_5OH で成分 B が H_2O とすれば，図 8.5 に示されるように $p_A^0 > p_B^0$ であるから $p_A > p_B$ である．分圧は気相中のモル分率に比例する（式 (7.20)）から，気液平衡が成立している水-エタノール系の気相では，より蒸気圧の高いエタノールの割合が溶液中よりも高くなる．これが蒸留酒製造の原理である．

式 (8.11) を変形すれば

$$\Delta p = p_A^0 - p_A = x_B p_A^0 \tag{8.13}$$

となる．成分 A を溶媒とすれば，式 (8.13) は，

> 溶質 B が溶けた溶液の蒸気は純溶媒の蒸気圧より降下し，（**蒸気圧降下**），その降下の程度は溶液中の溶質 B のモル分率に比例する．

ことを示している．

蒸気圧降下により溶液は溶媒 A の沸点では沸騰しない．沸騰が起こるためには Δp の蒸気圧低下を補償する分だけ溶液の温度が沸点 T_b を越えて上昇しなければならない．この現象が**沸点上昇**である．沸点近傍の小さな温度範囲では，沸点上昇度と蒸気圧降下度とは比例するとしてよいので，沸点上昇度 ΔT_b も溶質の濃度 x_B に比例する．希薄な溶液では溶質のモル分率 x_B は質量モル濃度 m に比例する（各自で確かめてみよ[*]）ので次の関係

*ヒント：$n_A \gg n_B$ のとき
$$x_B = \frac{n_B}{n_A + n_B} \fallingdotseq \frac{n_B}{n_A}$$

$$\Delta T_b = K_b m \quad (K_b \text{ は比例定数}) \tag{8.14}$$

が得られる，比例定数 K_b は**モル沸点上昇定数**とよばれる．

凝固点降下についても沸点上昇と類似した機構により，それが質量モル濃度 m に比例することを導くことができる．すなわち，純溶媒の凝固点を T_f，質量モル濃度 m の溶液の凝固点を T_f' としたとき，凝固点降下度 $\Delta T_f = T_f - T_f'$ に対して式 (8.14) と同じ形をした

$$\Delta T_f = K_f m \tag{8.15}$$

が成立する．比例定数は**モル凝固点降下定数**とよばれる．

(4) 浸透圧

　溶媒分子を自由に通すが，溶質分子を通さない膜を**半透膜**（semi-permeable membrane）という．動植物の薄膜，たとえば膀胱膜や細胞膜，あるいは，セロファン膜などは半透膜の例である．半透膜を隔てて溶液と溶媒を接触させると，溶媒は半透膜を通過して溶液内に拡散していく．この現象を**浸透**（osmosis）という．腎臓がうまく機能しない人のための医療用器具として使用される人工腎臓の本質的部分は，血液中の尿素（H_2NCONH_2）や尿酸などの低分子量物質を通す半透膜からなる透析器である．

　浸透現象を図8.11に示す．図8.11では半透膜の左側には溶媒が，右側には溶液が入っている．もし水面の高さが等しいと溶媒が溶液の中に浸透していき，やがて浸透平衡が成立する．浸透平衡のとき純溶媒と溶液へ作用している圧力をそれぞれ p_0, p とすれば $p-p_0$ が**浸透圧**（osmotic pressure）Π である．すなわち

$$p = p_0 + \Pi \qquad (8.16)$$

の関係が成立する．希薄な溶液では，Π は容量モル濃度 c_2 と

$$\Pi = \frac{n_2}{V} RT = c_2 RT \qquad (8.17)$$

の**ファントホッフ**[*]**の式**で結びつけられている．式(8.17)の R は気体定数であり，式(8.17)は理想気体の状態式と同じ形をしている．

　浸透圧平衡にある状態で溶液側に浸透圧以上の圧力を加えると，溶液側にある溶媒の一部が溶媒側に移動する．この現象が**逆浸透**である．逆浸透により溶液から溶媒を絞り出すことができる．膜技術の進歩により海水にその浸透圧以上の圧力をかけて海水より淡水を得るための実用的な逆浸透膜，およびそれを組み合わせた大規模なプラントが国の内外で運転されている[**]．

[*] オランダの化学者（1852〜1911年）．第1回ノーベル化学賞受賞．炭素化合物の四面体構造を提唱した．

[**] 逆浸透による海水の淡水化が大規模となるにつれて，排出される濃塩水による環境への負荷も懸念されるようになっている．

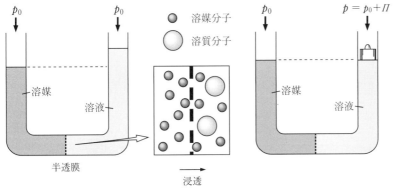

図8.11　浸透現象の模式図．時間につれて，溶媒分子のみが半透膜の左側から右側へ膜を通過していき，やがて平衡となる．

浸透現象は生物学的，医学的見地からも極めて重要である．細胞膜は半透膜であるから，細胞を細胞内よりも高い浸透圧の液体に入れると細胞内の水分が外部の液体に流れだして縮んでしまう．これがナメクジに塩をかけたときや「青菜に塩」という日常的に見かける出来事の科学的説明である．生物の体液の浸透圧に等しい食塩水を生理的食塩水という．生理的食塩水は 100 mL の蒸留水に 0.8〜0.9 g の NaCl を溶解させた溶液である．

例題 8.4　生理的食塩水を質量 ％ が 0.90 の NaCl 水溶液として，37℃における浸透圧を求めよ．

解答　この生理的食塩水中の NaCl のモル濃度は $0.154 \, mol/dm^3$．NaCl は水中で完全解離しているから，式 (8.17) の c_2 としては上記の値の 2 倍となる．また，気体定数 $R = 8.314 \, Pa \cdot m^3 = 8.314 \times 10^3 \, Pa \cdot dm^3$ に注意して計算する．$8.19 \times 10^5 \, Pa \fallingdotseq 8.2 \times 10^5 \, Pa$．

沸点上昇，凝固点効果，浸透圧などの性質は主として溶質の物質量のみに依存して物質の性質にはよらない．このような性質を**束一的性質**という．

演習問題 8

1. 現行の温度の基準点は水の三重点である（13 章 1 節参照）．どうして凝固点や沸点を基準でなく，三重点を基準とするほうがよいのか．
2. 二酸化炭素の状態図は図 8.3 の形をしており，三重点は 216 K，0.51 MPa で臨界点は 304 K，7.38 MPa，融点は 195 K である．
   (1)　三重点，臨界点，融点の数値を書き込んだ状態図を描け．
   (2)　室温で，ドライアイスから液体二酸化炭素をえる方法を述べよ．
3. 液体としての水のもついくつかの特徴について述べよ．
4. 39.1 wt％ の塩酸水溶液（密度は $1.20 \, g/cm^3$）の濃度を容量モル濃度と質量モル濃度で表せ．
5. 二成分系におけるラウールの法則について式を用いて説明せよ．また，ラウールの法則を用いて溶液の沸点上昇の現象を説明せよ．

固体の性質・分散系

9.1 結晶と結晶構造

(1) 最密充てん構造

金属など，結合に方向性のない場合には，原子を同じ大きさの球に見立てて，球を充てんしていくことで純物質の理想的な固体状態としての結晶をモデル化できる．

同じ大きさの剛い球を空間に最も密に込んだ構造を**最密充てん構造**という．最も密に詰める方法には図 9.1 と図 9.2 に示す 2 つの方法がある．

図 9.1 の**立方最密構造**では第 1 層目，第 2 層目と積み上げたのち，第 3 層を第 1 層と同じ位置ではなくて，第 1 層の球の間のすき

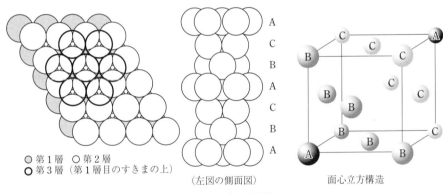

○ 第1層　○ 第2層
○ 第3層（第1層目のすきまの上）

（左図の側面図）

面心立方構造

図 9.1　立方最密構造

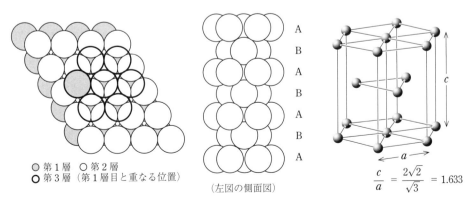

○ 第1層　○ 第2層
○ 第3層（第1層目と重なる位置）

（左図の側面図）

$$\frac{c}{a} = \frac{2\sqrt{2}}{\sqrt{3}} = 1.633$$

図 9.2　六方最密構造

まの上に並べていく．こうすると第4層目は第1層目と重なる．すなわち A，B，C，A，… という重なりである．立方最密構造は，見る角度を変えると**面心立方構造**とよばれるものと同一となる．

図9.2の**六方最密構造**では，第1層，第2層までは立方最密構造の場合と同じであるが，第3層は第1層と重なる位置にくる．最密充てん構造では，1個の球は同じ平面の6個の球と上下の層の各3個の球と隣り合わせているので最隣接の球の数は12である．

氷（図6.7）やダイヤモンド（図9.4）の構造では，最隣接の分子・原子の数は4で，空隙の割合がたいへん高い．

例題 9.1 最密充てん構造で球の体積の占める割合を求めよ．

解答 2つの最密充てん構造は最隣接する球の数が同じであるから球の体積の占める割合は同じである．面心立方構造を考えるのがわかりやすい．面心立方構造に含まれる球を数える．面心立方構造の単位格子の各面は右のようになっている．

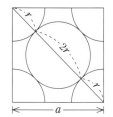

単位格子内の球の数 $= 8 \times \dfrac{1}{8} + 6 \times \dfrac{1}{2} = 4$

単位格子内の球の体積 $= 4 \times \dfrac{4}{3} \pi r^3$

単位格子の一辺の長さ $a = 2\sqrt{2}\,r$　　$4r = \sqrt{2}\,a$
単位格子の体積 $= 16\sqrt{2}\,r^3$

$\therefore$　充てん率 $= \dfrac{\text{単位格子内の球の体積}}{\text{単位格子の体積}} = \dfrac{\sqrt{2}}{6}\pi = 0.740$

（2）イオン結晶の構造

陽イオン C と陰イオン A よりなるイオン結晶 CA の代表例である NaCl（図4.6），塩化セシウム CsCl，セン亜鉛鉱 ZnS の構造をまとめて図9.3に示す．

NaCl 型構造では最隣接原子数は6であり，Na^+ イオンと Cs^- イ

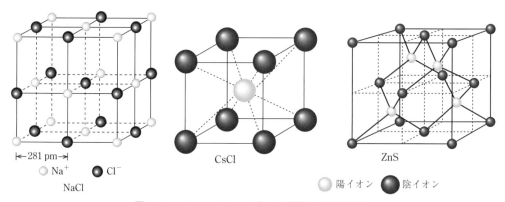

図9.3　NaCl，CsCl，ZnS（セン亜鉛鉱）の結晶構造

オンのいずれか一方のみに注目すると，面心立方構造となっている．CsCl 型構造では，Cs^+ は Cl^- のつくる立方体の体心に位置していて，最隣接原子数は 8 個である．同一の原子から CsCl 型構造ができている場合，この構造を**体心立方構造**という．セン亜鉛鉱 ZnS 型構造では，小さな Zn^{2+} イオンを中心として大きな S^{2-} イオンがそれを取り囲んだ正四面体構造をしている．S^{2-} イオンのみに注目すると面心立方構造となっている．

問題9.1 図 9.3 に示す NaCl の結晶構造を説明するのに，白丸を Cl^-，黒丸を Na^+ としても正しいか．

解答 イオン半径は $r(Na^+) < r(Cl^-)$ である（図 4.8 参照）．イオンの大きさまでを考慮すれば正しくない．

（3） 共有結合結晶の構造

共有結合の結晶ではその中のすべての原子が共有結合で結ばれているので，共有結合の結晶は 1 つの巨大分子とみなされる．共有結合結晶の代表として，炭素からなるダイヤモンド，グラファイト，**フラーレン**の構造を図 9.4 に示す．図 9.4 には合わせてフラーレンを筒状に伸ばしたものである**カーボンナノチューブ**も示す．

ダイヤモンドでは，C-C 結合は sp^3 混成軌道（5 章 2 節）による σ 結合であり，1 つの炭素を中心に正四面体構造が 3 次元的に広がっている．この構造はどちらの方向からの力にも強く，ダイヤモンドは極めて固い．グラファイトでは，C-C 結合は平面的に広がっ

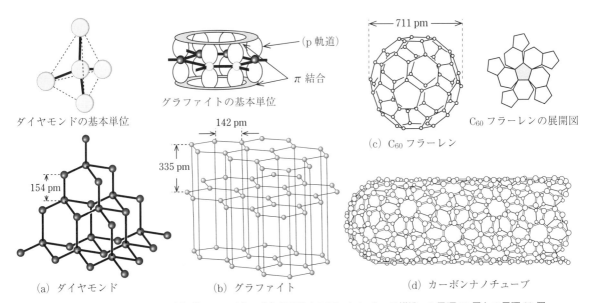

ダイヤモンドの基本単位

グラファイトの基本単位

（p 軌道）

π 結合

711 pm

C_{60} フラーレンの展開図

(c) C_{60} フラーレン

154 pm

142 pm

335 pm

(a) ダイヤモンド　　(b) グラファイト　　(d) カーボンナノチューブ

図9.4 (a) ダイヤモンド，(b) グラファイト，(c) 代表的なフラーレン C_{60} の構造．5 員環 12 個と 6 員環 20 個によりつくられている．(d) カーボンナノチューブ

た層を構成している．ダイヤモンド型構造は ZnS 型構造（図 9.3 の右端）の Zn と S の両者を C で置換した構造に等しい．Si や SiC もダイヤモンド型構造である．

9.2 半導体

いろいろな物質を電気抵抗率の順にならべると図 9.5 のようになる．金属は電気抵抗率が小さくて電気をよく通す**導体**（conductor）である．これに対してポリエチレンや石英ガラスは電気を極めて通しにくく，**不導体（絶縁体）**である．導体が電気を伝えるのはその中に 4 章 2 節で述べた自由電子があるからである．導体と不導体の中間にある物質が**半導体**（semiconductor）である．一般に金属のような導体では，温度が上昇すると電気抵抗は増加するが，半導体では温度が上昇すると電気抵抗は減少する．

バンド理論から見た半導体の特性については 4 章 2 節で述べた．ここでは別の面から考えてみる．代表的半導体であるケイ素 Si やゲルマニウム Ge は周期表で炭素 C と同じ 14 族に属する．炭素の結晶であるダイヤモンドが不導体であるのに，ケイ素やゲルマニウムはどうして半導体となるのであろうか？　その理由は表 9.1 から読み取ることができる．すなわち C－C 結合が強固であるのに対して，Si－Si 結合，Ge－Ge 結合は弱いので外部の光や熱エネルギーによって一部の結合が切れる．結合が切れると負の電荷をもって動き回ることができる電子が生じる．そして電子が飛び出したあとには正常状態よりも 1 つ電子が足りない状態が残され，正の電荷をもった穴，**正孔（ホール** hole**）**，ができる．正孔は正の電荷をもつ自由電子として振る舞う．電気伝導を担うものをキャリア（carrier）というが，半導体中のキャリアは結合から離れた電子とそれにより生じた正孔である．不純物を含まない純粋結晶による半導体を**真性半導体**という．

15 族のリン P，ヒ素 As，アンチモン Sb は Si より 1 個多い 5 個の価電子をもつ．それゆえ，Si に P や As を添加すると，これら不純物原子が Si の格子点に入って周囲の Si 原子と共有結合をつくると 1 個の価電子があまる．この 1 個の余分の電子が自由電子として振る舞う．この型の半導体を n 型半導体* という．また，13 族元素

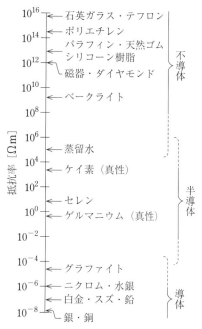

図 9.5 種々の物質の温室における抵抗率．ケイ素やゲルマニウムの抵抗率は文献によりかなり幅がある．

*n は負 negative，p は正 positive を意味し，それぞれ負の電荷をもつ電子と正の電荷をもつ正孔が電流の担い手（キャリア）であることを示す．

表 9.1 14 族元素の水素化物の比較

炭素	CH_4，C_2H_6，C_3H_8… 長い C－C 鎖も可能
ケイ素	SiH_4，Si_2H_6………… Si－Si 結合は数個が限度
ゲルマニウム	GeH_4，Ge_2H_6……… Ge－Ge 結合は数個が限度

のホウ素 B，インジウム In などを添加すれば，Si よりホウ素は価電子が 1 つ少ないから，ホウ素が取り込まれた場所は正孔が生じたことになる．この型の半導体を p 型半導体* という．不純物元素を添加した半導体を**不純物半導体**という．Si の n 型半導体と p 型半導体の 2 次元模式表現を図 9.6 に示す．

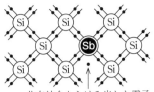

共有結合からはみ出した電子

（a） n 型半導体

問題 9.2　真性半導体で正孔と結合から離れた電子とではどちらの数が多いか．

解答　結合に関与すべき電子が離れることにより，正孔は生じる．両者の数は等しい．

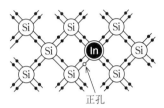

正孔

（b） p 型半導体

図 9.6　Si の n 型半導体（アンチモン Sb 添加）と p 型半導体（インジウム In 添加）の模式表現

9.3　アモルファス固体と液晶

8 章 1 節で物質の　固体－液体－気体　の状態変化について述べた．固体と液体はともに凝縮相といわれるが，固体と液体とがどのように違うのかについて再度考察してみる．

　　固体：力が加わらない限り一定の形を保っている．小さな力であれば，力によって変形しても，その力を取り除けばもとの形に戻る．

　　液体：形は液体が入る容器により決まる．外力を作用させると変形し（流れる），この変形は外力を取り除いてももとに戻らない．

しかし，固体と液体の区別は常にできるのではない．たとえば，ネリ飴のような粘性の高い液体は，液体とも固体とも考えることができる．本節では，液体と固体の中間状態にある物質の 2 つを取り上げる．

問題 9.3　水面に平らな石を投げたとき，石が何回か飛び跳ねていく．この現象を水の固体としての性質の点から説明せよ．

解答　物質が変形するにはある程度の時間が必要である．平らな石で押されて，それに対応した流れが生じる時間と比べて短い時間では，固体として力学の作用反作用の法則に従った石の作用に対する反発力が生ずる．この反発力により平らな石がはじかれる．

（1）　アモルファス固体（ガラス状態）

　温度変化に伴う固体から液体への転移点は融点であり，融点はまた液体から固体への転移点である凝固点に等しい．固体の結晶では，原子がきちんと配列されている．しかし，融解状態にある金属を急冷すると凝固の際に原子（分子）が固体本来の配列となるまでの時間的余裕がなくて，液体状態での分子運動が凍結された状態となる．このようにしてつくられた金属は結晶としての方向性をもたないので**アモルファス**（非晶質，無定形，あるいは**ガラス状態**）と

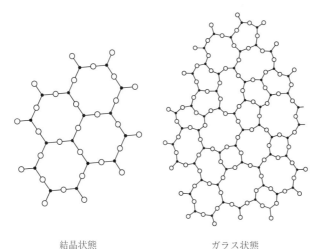

結晶状態 　　　　　　　　　 ガラス状態

図 9.7 石英ガラスの構造の 2 次元モデル. ガラス状態では, 結晶構造が, かなり乱れている.

（a） ネマチック構造

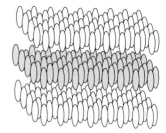

（b） スメクチック構造

図 9.8 液晶の分子配列

*15 章 p. 148 の囲み事項を参照せよ.

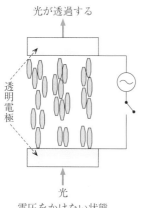

光が透過する

透明電極

光
電圧をかけない状態

光が透過しない

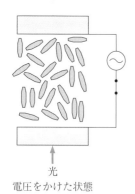

光
電圧をかけた状態

図 9.9 液晶表示の作動原理の一例

いわれる. アモルファス金属は普通の金属より強く, 腐食しにくく, 磁性材料としても均質で等方的な素材となる.

　通常のガラスもその内部の分子運動が凍結されたものであり, 構造としても, 長距離にわたって秩序が繰り返される結晶のようなものは認められない. 通常のガラスの主成分をなす石英 SiO_2 の結晶状態とガラス状態のモデル図を図 9.7 に示す. ガラス状態では, 結晶状態よりも構造が乱れている. 通常のガラスの融点も結晶でのような正確さでは定まらない.

（2） 液　晶

　液晶は文字通り液体と結晶の中間状態で, 液体の特性である流動性はもつが, 分子の配列に方向性のある構造をとっている. 液晶となるのは長い棒状の, あるいは円盤状の分子構造をもった有機化合物である. 液晶の基本的な分子配列を図 9.8 に示す.

　ネマチック構造では, 分子の方向は縦向きにそろっているが横向きには乱れている. スメクチック構造では分子が長軸方向に頭をそろえて配列して層を形成している.

　液晶の分子配列は磁場, 電場, 温度, 圧力などの影響を受けやすい. 液晶の光学的性質（光の吸収, 散乱, 旋光性* など）と外部刺激要因を組み合わせると表示デバイスができる.

　液晶表示の作動原理の一例を図 9.9 に示す. たとえば長軸方向にのみ光を通す液晶分子を透明電極がついた薄いガラス板の間に挟む. この液晶にはガラス板に垂直に配列する性質があるとする. すると, 電圧をかけない状態では光が透過して明るく見えるが, 電圧

をかけた状態にすると液晶分子の配列が乱れて光が透過せず，すなわち，電圧がかかった箇所のみが黒くなる．さらに液晶の中に適切な色素を溶かし込むことでカラー表示をすることができる．

9.4 分　散　系

前節では，物質の状態が常に，固体-液体-気体，のいずれかともいえない形としてアモルファス状態と液晶を取り扱った．アモルファス状態や液晶だけでなく，固体-液体-気体物質の三状態に分けにくい系として**分散系**がある．分散系とはサイズが 1 nm から 1000 nm (1 μm) 程度の粒子が，気体，液体あるいは固体に浮遊している系である．分散している粒子をコロイドという．分散系を分散させている物質（分散媒）と分散している物質との組み合わせた表としてまとめたものを表 9.2 に示す．

表 9.2　分散系の名称と例

分散している相 / 分散媒	粒子			分子・分子集合体
	固　体	液　体	気　体	
固　体	例：色ガラス，オパール	例：ゼリー①	例：スポンジ，発砲スチロール	
液　体	サスペンション（懸濁液） 例：ペイント，墨汁，泥水	エマルジョン（乳濁液） 例：牛乳，マヨネーズ，血液	気泡 例：ホイップクリーム	ミセルコロイド② 例：界面活性剤溶液 高分子の溶液
気　体	エーロゾル 例：煙	エーロゾル 例：霧，雲	（存在しない）	

① 寒天や乾燥剤のシリカゲルはゼリー中の液体成分が失われて固化したものである．
② $CH_3CH_2\cdots CH_2COO^-Na^+$ のように，長い炭化水素鎖と末端の親水基から構成される界面活性剤は，ある濃度以上になると**ミセル**とよばれる分子集合体を形成する．ミセルの形状には，球形，板状，層状など（図 18.8 参照）がある．

演習問題 9

1. NaCl の構造と CsCl の構造の違いについて図を描いて説明せよ．
2. ダイヤモンドはどうして硬いのか．
3. 炭素の場合と比較するとケイ素やゲルマニウムの抵抗率の値には文献によりかなり幅がある．その原因はどこにあるのか．
4. 不純物半導体とはどのようなものか．例をあげて説明せよ．
5. 液晶は液晶という物質なのか，それとも液晶という状態なのかについて述べよ．

10 | 反応速度と化学平衡

10.1 化学反応式

化学変化をそれに関与する物質の化学式を用いて表したものが**化学反応式**である．化学反応式を書くときの手順を水素と酸素が反応して水ができる場合を例として以下に示す．

① 反応の出発物質（反応物質）を左辺，反応の生成物質を右辺に書き，左辺と右辺を ⟶ で結ぶ．出発物質や生成物質が複数存在するときは，物質を＋記号を用いた足し算の形で書く．

$$水素 ＋ 酸素 \longrightarrow 水$$

② 各物質を化学式で表す．

$$H_2 ＋ O_2 \longrightarrow H_2O$$

③ 反応の前後で（左辺と右辺で）原子の種類と数が一致するように反応に関係する物質ごとに物質量を示す数値をつける．数値は最も簡単になるようにする．

$$2H_2 ＋ O_2 \longrightarrow 2H_2O \qquad (10.1)$$

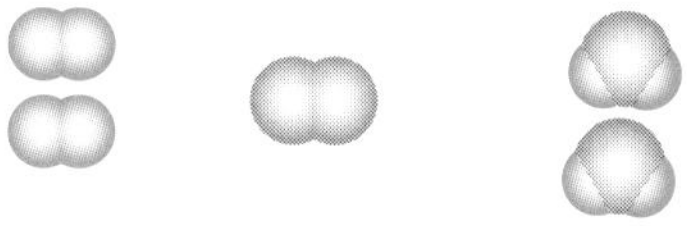

水素分子 2 個と酸素分子 1 個が反応して水分子 2 個ができる．

上記の 3 段階のうちで③がわかりにくい．この係数が必要なのは，化学反応は原子の組み換えであり，それぞれの原子の数は反応の前と後で変わらないからである．式 (10.1) の反応では

水素原子 H　　左辺では $2×2 = 4$,　　右辺では $2×2 = 4$
酸素原子 O　　左辺では $1×2 = 2$,　　右辺では $2×1 = 2$

となっていて原子の数は反応の前後で不変である．

化学反応式は次の情報を与えている．

① 反応の出発物質と反応が与える生成物質
② 反応に関与する物質の物質量

ある物質の物質量がわかれば，図 3.5 に示したように，それに対応した分子の数，質量，さらには物質が気体であるならば，その物質の体積の情報も自動的に引き出される．

問題 10.1 次の文章の化学反応を化学反応式で表せ.

(1) 亜鉛に硫酸を作用させて水素を発生させる.

(2) 乾燥酸素に無声放電を行い,オゾンを発生させる.

(3) 酸化マンガン(IV)を触媒として過酸化水素を分解して酸素を発生させる.

(4) メタンが燃えて二酸化炭素と水が生じる.

(5) 食塩が水に溶けて Na^+ イオンと Cl^- イオンが生じる.

解答

(1) $Zn + H_2SO_4 \longrightarrow ZnSO_4 + H_2$

(2) $3O_2 \longrightarrow 2O_3$

(3) $2H_2O_2 \xrightarrow{MnO_2} 2H_2O + O_2$

(4) $CH_4 + 2O_2 \longrightarrow CO_2 + 2H_2O$

(5) $NaCl \longrightarrow Na^+ + Cl^-$

例題 10.1 下に示すプロパン C_3H_8 の完全燃焼式[*]で,a, b, c の数値を求めよ.

$$C_3H_8 + aO_2 \longrightarrow bCO_2 + cH_2O$$

[*]必要な酸素が十分にあり,燃焼が完結する場合を完全燃焼という.

解答 a, b, c を係数として各原子ごとに方程式を立てる.

原 子	左辺の原子数 = 右辺の原子数
炭素 C	$3 = b$
水素 H	$8 = 2c$
酸素 O	$2a = 2b+c$

$b = 3$, $c = 4$ より,$a = 5$ となる.

化学変化では,条件によっては,変化の方向が逆となることも起こる.化学反応式 (10.1) の逆向きの変化

$$2H_2O \longrightarrow 2H_2 + O_2 \qquad\qquad (10.2)$$

は 2 mol の水が分解されて 2 mol の水素と 1 mol の酸素が生ずる反応である.この反応は,たとえば水を電気分解したり,水に高温の金属を作用させたときに生じる.

例題 10.2 貝殻はほとんど炭酸カルシウム $CaCO_3$ からできている.炭酸カルシウムに塩酸 HCl[**] を作用させると二酸化炭素 CO_2 が発生する.5 g の貝殻からは常温常圧ではおよそどのくらいの量の CO_2 が発生するか.

[**] HCl と塩酸
化学式 HCl は「塩化水素」を意味しており,塩化水素は常温常圧では気体の物質である.その HCl の水溶液が「塩酸」である.塩酸の中で反応に関与する成分が HCl であるので塩酸の試薬のラベルなどでも HCl と記されることが多い.

解答 まず題意にしたがった化学反応式をつくり上げる.

$$CaCO_3 + 2HCl \longrightarrow CaCl_2 + CO_2 + H_2O$$

すなわち $CaCO_3$ 1 mol より 1 mol の CO_2 が発生する.

     $CaCO_3$ の式量 _____

     5 g の貝殻の $CaCO_3$ としての物質量 x mol, $x =$ _____

     CO_2 x mol の体積 = _____ dm^3

10.2　反応速度と反応速度定数

（1）　反応速度の表し方と測定例

反応には酸化反応という種類に限定しても，水素と酸素の燃焼 $2H_2 + O_2 \longrightarrow 2H_2O$ のように爆発的な速さで進行するものから，鉄が錆びて鉄の酸化物となるゆっくりとした反応，さらには現実的には反応していないと思われるような緩慢な速度のものまでいろいろある．反応の速度を**反応速度**という．反応速度の具体的な表し方については，このあと述べる．

以下の反応を例として取り上げる．

$$Zn + 2HCl \longrightarrow ZnCl_2 + H_2 \tag{10.3}$$

反応式 (10.3) での生成物である水素の量を"刻々"測定して記録したものの例が図 10.1 である．図 10.1 で単位時間あたりの水素発生量を見れば，反応の初期では反応速度は大きいが，時間の経過につれて，反応速度が低下していることがわかる．

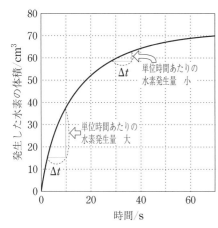

図10.1　反応 $Zn + 2HCl \longrightarrow ZnCl_2 + H_2$ で発生した H_2 の体積の時間変化例

問題10.2　溶液内での反応で，日常生活の時間感覚でみて，速い反応と遅い反応の例をあげよ．また，その反応を反応式で示せ．

解答

速い反応例　　イオンとイオンの反応

        $Ag^+ + Cl^- \longrightarrow AgCl\downarrow$（$AgCl$ の沈殿反応）

        $H^+ + OH^- \longrightarrow H_2O$（中和反応）

遅い反応例　　触媒のない状態での過酸化水素 H_2O_2 の分解

        $2H_2O_2 \longrightarrow 2H_2O + O_2$

        多くの有機化学の反応，たとえば

        $C_6H_{12}O_6 \longrightarrow 2C_2H_5OH + 2CO_2$（アルコール発酵）

一般に反応速度は単位時間あたりの反応物（生成物）の濃度の減少量（増加量）で表される．物質 A が B となる反応 $A \longrightarrow B$ の場合，A の 1 mol から B の 1 mol が生じるから，物質 A の減少量に対応した物質量の物質 B が生じる．このときの反応速度 v は

$$v = -\frac{\text{反応物 A の時間 } \Delta t \text{ の間の減少量}}{\text{時間 } \Delta t}$$

$$= \frac{\text{生成物 B の時間 } \Delta t \text{ の間の増加量}}{\text{時間 } \Delta t}$$

すなわち

$$v = -\frac{\Delta[A]}{\Delta t} = \frac{\Delta[B]}{\Delta t} \tag{10.4}$$

となる．ここで [X] という記号は物質 X の濃度あるいは物質量を意味している（一定体積での反応であれば，濃度は物質量に比例する）．$-\Delta[\mathrm{A}]$ は物質 A の時間 Δt の間に減少した物質量であり，$\Delta[\mathrm{B}]$ は物質 B の時間 Δt の間に増加した物質量である．Δt が小さくなっていった極限では式 (10.4) の微分式である

$$v = -\frac{\mathrm{d}[\mathrm{A}]}{\mathrm{d}t} = \frac{\mathrm{d}[\mathrm{B}]}{\mathrm{d}t} \tag{10.5}$$

となる．

一般化した反応式

$$a\,\mathrm{A} \;+\; b\,\mathrm{B} \longrightarrow c\,\mathrm{C} \;+\; d\,\mathrm{D} \tag{10.6}$$

の反応速度 v は多くの場合，反応物質の濃度 [A]，[B] を用いて

$$v = k[\mathrm{A}]^m[\mathrm{B}]^n \tag{10.7}$$

で表され，これを速度式とよぶ．指数の m, n をそれぞれ反応物質 A，B に関する反応の次数，$m+n$ を反応全体の次数，あるいは簡単に**反応次数**という．式 (10.7) の k は反応物の濃度には依存しない定数で，**反応速度定数**とよばれる．たとえば．気体状態にある H_2 と I_2 との間で進行する反応

$$\mathrm{H}_2 \;+\; \mathrm{I}_2 \longrightarrow 2\mathrm{HI} \tag{10.8}$$

の生成物質 HI の生成速度 v は，一定温度では H_2 と I_2 の濃度の積に比例する．

$$v = k[\mathrm{H}_2][\mathrm{I}_2] \tag{10.9}$$

したがって，式 (10.8) の反応は二次反応である．

反応物 A から生成物 D となる反応が A ⟶ B ⟶ C ⟶ D のような多段階を経る反応である場合，B や C を中間体といい，A ⟶ B，B ⟶ C，C ⟶ D の各段階の反応を**素反応**という．これら素反応のうちで反応速度が他の素反応に比べて著しく遅く，その段階の反応速度が A ⟶ D の反応全体の速度を決定しているとき，その段階（"ボトルネック"の段階）を**律速段階**という．律速段階の解明は反応機構の中心テーマの1つである．

(2) 反応速度定数の温度依存性

多くの反応では，他の反応条件が同じならば，温度が上昇するほど反応速度定数は増加（10 K の上昇で 2〜4 倍）する．反応速度定数 k の温度依存性は次の**アレニウス[*]の式**

$$k = A\mathrm{e}^{-E_\mathrm{a}/RT} = \frac{A}{\mathrm{e}^{E_\mathrm{a}/RT}} \tag{10.10}$$

によって表される．ここで A は頻度因子とよばれ，反応分子の衝突回数に関与するが温度には依存しない．e は自然対数の底，E_a

[*]11章1節での「酸と塩基の定義」で言及される人物と同一人である．

はその反応に特有な定数である**活性化エネルギー**（本章4節で述べる），R は気体定数，T は絶対温度である．式 (10.10) の e を底とする対数をとると

$$\ln k = \ln A \ - \ \frac{E_\mathrm{a}}{RT} \tag{10.11}$$

となる．それゆえ，温度を変えて反応速度定数 k を測定し，$\ln k$ と $\frac{1}{T}$ の関係をプロットし，その曲線の傾きから活性化エネルギー E_a を求めることができる．

反応速度は反応条件によって変わる．反応速度を増加させるためには一般に次のようにする．

(1)　反応物質の濃度を高くする［これは式 (10.7) より明らか］．

(2)　温度をあげる［これは式 (10.11) で $E_\mathrm{a} > 0$ を意味する］．

(3)　固体の関与する反応ならば，固体反応物の塊を粉末にするなど，反応面積を大きくする．

(4)　適切な触媒を用いる．

(5)　反応系の一部分の空間に，反応が完結した部分があれば，その部分空間から反応生成物を取り除く．

問題 10.3　ある反応の，温度 T_1 における反応速度定数 k_1 と温度 T_2 における反応速度定数 k_2 が得られた．この反応の活性化エネルギーを求めよ．

解答　$\ln k_1 = \ln A - \dfrac{E_\mathrm{a}}{RT_1}$ と $\ln k_2 = \ln A - \dfrac{E_\mathrm{a}}{RT_2}$ より

$$\ln k_1 - \ln k_2 = \ln \frac{k_1}{k_2} = -\frac{E_\mathrm{a}}{R}\left(\frac{1}{T_1} - \frac{1}{T_2}\right)$$

この式に $T_\mathrm{a}, T_\mathrm{b}, k_\mathrm{a}, k_\mathrm{b}$ の値を代入して E_a を求める．

問題 10.4　固体を溶液に溶かすとき，溶液を撹拌すると溶解が促進される．促進される理由は上記の5項目のどれか．

解答　(3) と (5)（固体表面近くで生じる過飽和部分の除去）．

10.3　一次反応と二次反応

(1)　一次反応

物質 A が B となる反応で，反応速度が反応物 A の濃度にのみ依存する一次反応ならば，式 (10.5) と式 (10.7) から

$$v = -\frac{\mathrm{d}[\mathrm{A}]}{\mathrm{d}t} = k[\mathrm{A}] \tag{10.12}$$

である．この式を変形した式

$$-\frac{1}{[\mathrm{A}]}\frac{\mathrm{d}[\mathrm{A}]}{\mathrm{d}t} = -\frac{\mathrm{d}\ln[\mathrm{A}]}{\mathrm{d}t} = k$$

を積分して，A の $t = 0$ の初濃度と時間 t における濃度をそれぞれ

添え字 $0, t$ で表せば

$$\ln [A]_t = \ln [A]_0 - kt \qquad (10.13)$$

となる．あるいは

$$[A]_t = [A]_0 \exp(-kt) \qquad (10.14)$$

と書き表すこともできる．

反応物質の濃度が初期濃度の $1/2$, $[A]_t / [A]_0 = 1/2$, となるまでの時間 $t_{1/2}$ を**半減期**という．一次反応では $\ln \dfrac{[A]_0}{[A]_t} = \ln 2 = kt_{1/2}$ であるから

$$k = \frac{\ln 2}{t_{1/2}} \qquad (10.15)$$

となる．

14 章 1 節で取り扱う放射性元素の崩壊現象は一次反応であるので，式 (10.12)〜(10.15) は放射性崩壊にそのまま適用できる．式 (10.13), (10.14) をグラフにしたものがそれぞれ図 14.5 の下図と上図である．

(2) 二次反応

二次反応には反応速度が 1 つの反応物質 A の濃度の 2 乗に比例するものと 2 種類の物質 A, B に依存するものとがある．ここでは前者の場合について記述する．このときの反応速度は

$$\frac{d[A]}{dt} = k[A]^2 \qquad (10.16)$$

である．式 (10.16) を

$$-\frac{d[A]}{[A]^2} = k\, dt$$

と変形して積分し，A の $t = 0$ の初濃度と時間 t における濃度をそれぞれ添え字 $0, t$ で表せば

$$\frac{1}{[A]_t} - \frac{1}{[A]_0} = kt \qquad (10.17)$$

したがって

$$k = \frac{1}{t} \frac{[A]_0 - [A]_t}{[A]_t [A]_0} \qquad (10.18)$$

である．この二次反応の半減期 $t_{1/2}$ を式 (10.18) から求めると

$$t_{1/2} = \frac{1}{k [A]_0} \qquad (10.19)$$

が得られる．すなわち，半減期は初濃度に逆比例している．

式 (10.17) を変形すると

$$\frac{1}{[A]_t} = \frac{1}{[A]_0} + kt \qquad (10.20)$$

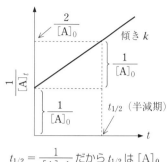

$t_{1/2} = \dfrac{1}{[A]_0 k}$ だから $t_{1/2}$ は $[A]_0$ に逆比例する.

図 10.2 二次反応の反応物濃度の時間変化

となる. これを図示すると図 10.2 のようになる.

10.4 反応機構と触媒

化学反応は物質を構成する原子やイオンの組み換えである. この原子やイオンの組み換えの機構を考察することにより, たとえば前項の最後に述べた反応速度を増加させる手段のもつ意味もより明確になる.

反応は,

① 反応分子 (イオン) が接近して衝突する過程,

② 反応の中間にある, エネルギー状態の高い状態,

③ 生成物が生ずる過程,

からなる. 上記の反応の 3 段階の模式表現を式 (10.8) の反応を例として図 10.3 に示す.

過程 ② の中間状態を**活性化状態** (遷移状態ともいう) といい, 反応物の分子を活性化するのに必要な最小エネルギーが**活性化エネルギー** [式 (10.10), (10.11) 参照] である. 活性化エネルギーは反応熱とは無関係である. また, 図 10.3 に対応した反応物, 活性化状態, 生成物のエネルギー状態の変化を図 10.4 に示す. この反応での活性化状態では, H−H と I−I の結合が切れかかると同時に, H−I の結合ができはじめている状態である.

反応速度が反応物の濃度に比例するという式 (10.9) は, 濃度が高いほど, 過程 ① の衝突頻度が増加するということの反映である. 温度上昇に伴う反応速度の増加も, 高い温度であるほど分子が活発に動くので, 分子の衝突頻度が増すからである.

反応の前後でそれ自身は変化しないが, 反応速度を高める物質を**触媒**という. 図 10.4 に示すように, 触媒は活性化エネルギーを低くすること (固体触媒では, 反応物が吸着する界面を提供すること) によって, 反応速度を上昇させる. 化学反応の応用において触媒の選択は極めて重要である.

触媒の関与する反応は, 触媒と反応物質が同じ相である均一触媒系と触媒と反応物質が異なる相 (気体−固体, 液体−固体) の不均一触媒系とに分けられる. ただし, 生体触媒である酵素はこの分類

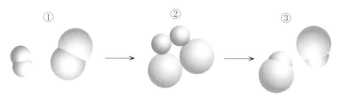

図 10.3 反応 $H_2 + I_2 \longrightarrow 2HI$ の 3 つの過程

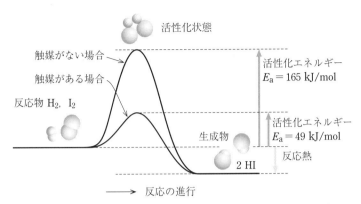

活性化状態

触媒がない場合

触媒がある場合

反応物 H_2, I_2

活性化エネルギー
$E_a = 165$ kJ/mol

活性化エネルギー
$E_a = 49$ kJ/mol

反応熱

生成物

2 HI

⟶ 反応の進行

図 10.4 反応 $H_2 + I_2 \longrightarrow 2HI$ の進行に伴うエネルギー状態の変化. 反応物の状態と生成物の状態のエネルギーの差が反応熱となる.

にはなじまない. これまでに諸君が学んだであろう均一触媒の例は酢酸のエチルエステル化反応やベンゼンのニトロ化反応における濃硫酸などである.

いくつかの反応における触媒の例を示す:

$H_2 + I_2 \longrightarrow 2HI$ 　　　白金　Pt

$2H_2O_2 \longrightarrow 2H_2O + O_2$ 　酸化マンガン（IV）　MnO_2,

カタラーゼ*

$3H_2 + N_2 \longrightarrow 2NH_3$ 　　主成分が四酸化三鉄　Fe_3O_4

$2SO_2 + O_2 \longrightarrow 2SO_3$ 　酸化バナジウム（V）　V_2O_5

＊赤血球や肝臓中に存在する鉄を含むタンパク質.

問題 10.5　触媒反応では, ときにゼロ次反応のことがある. これはどのような反応で, その半減期はどのように表されるか?

解答　ゼロ次反応ということは, 反応速度が反応物の濃度によらないということで, 式 (10.7) の形で書けば $v = k$ である. 反応物の量は初期濃度 $[A]_0$ から時間 t につれて $[A]_t = [A]_0 - kt$ で減少していく. たとえば, 反応物質の量に対して触媒が極めて少量の状態では, 反応の場である触媒に接する反応分子の数が限られているので, 反応は反応分子の数である濃度に依存しない. ゼロ次反応では, 半減期 $t_{1/2} = \dfrac{[A]_0}{2k}$ となる.

10.5　化学平衡と平衡定数
（1）　反応速度から見た化学平衡と平衡定数

　一定体積の反応容器に同じ物質量の水素 H_2 とヨウ素 I_2 を入れて数百度以上の高温に保つと式 (10.8) の反応

$$H_2 + I_2 \longrightarrow 2HI \tag{10.8}$$

が起こり, 水素 H_2 とヨウ素 I_2 の物質量は時間とともに減少する一方, 生成物である HI の物質量は増加していく. しかし, 反応 (10.8) は左辺の出発物質である水素 H_2 とヨウ素 I_2 がなくなるま

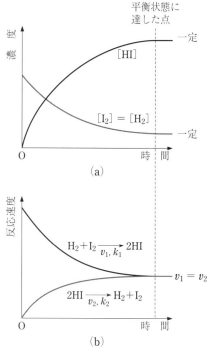

図10.5 反応物濃度・反応速度の変化と化学平衡への到達

進行しない. その理由は HI の濃度が増加するにつれて, 式 (10.8) の逆反応である HI の分解反応

$$2HI \longrightarrow H_2 + I_2 \qquad (10.21)$$

が次第に影響を及ぼすからである. そして, 反応時間が十分経過したあとでは H_2, I_2, HI が一定の割合で混じりあった状態となり, 見かけ上反応は停止する. 反応が見かけ上停止した状態を**平衡状態**という. 反応物と生成物の濃度の時間変化を図 10.5 (a) に示す.

反応式 (10.8) に対応した式 (10.9) の反応速度と反応速度定数を新たに v_1, k_1 で表し, 反応式 (10.21) に対応する反応速度と反応速度定数を v_2, k_2 とする [図 10.5 (b) 参照]. すると

$$\left. \begin{array}{l} v_1 = k_1[H_2][I_2] \\ v_2 = k_2[HI]^2 \end{array} \right\} \qquad (10.22)$$

である. 反応の進行につれて H_2 と I_2 の濃度が減少し, これに対応して反応速度 v_1 も小さくなっていく. 逆に, 反応 (10.22) の反応速度 v_2 は次第に大きくなる. そして平衡状態では $v_1 = v_2$ となる. それゆえ

$$k_1[H_2][I_2] = k_2[HI]^2$$

$$\therefore \quad \frac{k_1}{k_2} = \frac{[HI]^2}{[H_2][I_2]} = K \quad (とおく) \qquad (10.23)$$

となる. この K を**平衡定数**とよぶ. 一定温度では反応速度定数 k_1, k_2 は一定値であるから, その比である平衡定数 K も一定値となる.

問題 10.6 464℃ で H_2, I_2, HI からなる混合系での組成が時間が経過しても変わらなくなった. このとき $[H_2] = [I_2] = 242$ mol/dm³, $[HI] = 1640\,\text{mol/dm}^3$ であった. 式 (10.23) の平衡定数 K を求めよ.

解答 式 (10.23) に値を代入する. 45.9.

一般化した反応式

$$a\mathrm{A} + b\mathrm{B} \rightleftharpoons r\mathrm{R} + s\mathrm{S} \qquad (10.24)$$

において, 濃度で表した平衡定数 K_c は各成分ごとの濃度 C_i を用いて次の式で与えられる.

$$K_c = \frac{C_R{}^r \cdot C_S{}^s}{C_A{}^a \cdot C_B{}^b} \qquad (10.25)$$

K_c は反応の温度に依存するが, 各成分の濃度には依存しない定数である. 式 (10.25) を**質量作用の法則**という.

平衡定数は濃度によらないが, その数値は濃度の単位と反応式 (10.24) の表し方により異なる. たとえば, 反応式 (10.8) とそれを

$$\frac{1}{2}H_2 + \frac{1}{2}I_2 \longrightarrow HI \qquad (10.26)$$

のように表した場合とでは，当然，平衡定数の数値は異なる．それゆえ，平衡定数を用いた計算では，平衡定数の単位とそれがどのように表示された反応式に対するものかを確かめることが必要である．

気体の場合には，各成分の濃度 C_i よりもむしろ各成分の分圧 p_i を用いた圧平衡定数 K_p が使用される．式 (10.24) に対する K_p は

$$K_p = \frac{p_R{}^r \cdot p_S{}^s}{p_A{}^a \cdot p_B{}^b} \qquad (10.27)$$

となる．式 (10.8) の反応に対する K_p は

$$K_p = \frac{p_{HI}{}^2}{p_{H_2} \cdot p_{I_2}} \qquad (10.28)$$

となる．混合気体中の i 成分の分圧 p_i は

$$p_i = \frac{n_i}{V} RT = C_i RT \qquad (10.29)$$

であるから，これを式 (10.25) に代入してみると K_p と K_c との間に

$$K_p = K_c (RT)^{r+s-a-b} \qquad (10.30)$$

の関係があることがわかる．

(2) 電離平衡と溶解度積

化学平衡にはいろいろなものがある．その 1 つが**電離（解離）平衡**である．たとえば，水中で酢酸 CH_3COOH は次のように電離している．

$$CH_3COOH \rightleftharpoons H^+ + CH_3COO^-$$

このときの平衡定数

$$K_a = \frac{[H^+][CH_3COO^-]}{[CH_3COOH]} \qquad (10.31)$$

を酢酸の**電離（解離）定数**という．電離平衡については 11 章 3 節で論じる．

水に対する塩化銀 $AgCl$ や硫酸バリウム $BaSO_4$ のように，ある溶媒にごく微量しか溶解しない塩を難溶性塩という．これら水に難溶性の塩の溶解度を化学平衡の問題として定量的に取り扱うことができる．難溶性塩の固体がその飽和溶液中にあるときは溶存イオン種と平衡にある．たとえば水に $AgCl$ が溶けたときは

$$AgCl(s) \rightleftharpoons AgCl(aq) \rightleftharpoons Ag^+ + Cl^- \qquad (10.32)$$

の平衡が成立している．第 1 段目の平衡は溶解平衡であり，第 2 段

表10.1 水に対する難溶性塩の溶解度
積 (25℃)

塩	溶解度積
AgCl	1.77×10^{-10}
AgBr	5.35×10^{-13}
AgI	8.51×10^{-17}
BaCO$_3$	8.3×10^{-9}
CaCO$_3$	8.7×10^{-9}
BaSO$_4$	1.07×10^{-10}
PbSO$_4$	1.82×10^{-8}
CaSO$_4$	2.4×10^{-5}
Fe(OH)$_3$	2.64×10^{-39}
Mg(OH)$_2$	1.1×10^{-11}
HgS	1.6×10^{-52}
CuS	1.27×10^{-36}
ZnS	2.93×10^{-25}
FeS	1.59×10^{-19}

溶解度積の値には文献によりかなりの
違いが認められる. 塩 $M_{\nu_+}X_{\nu_-}$ の K_{sp} の
単位は $(mol\ dm^{-3})^{\nu_+ + \nu_-}$ である.

*ルシャトリエ (1850〜1936
年) フランスの化学者.

**ハーバー (1868〜1934
年), ボッシュ (1874〜1940
年) ともにドイツの化学
者. ハーバーは 1918 年,
ボッシュは 1931 年にノー
ベル化学賞受賞.

目の平衡はイオン解離平衡である. 飽和状態におけるカチオンとア
ニオンの濃度の積を K_{sp} で表し, **溶解度積** (solubility product) と
よぶ. 式 (10.32) の反応の第 1 段, 第 2 段の平衡定数をそれぞれ
K_s, K_d とすれば

$$K_{sp} = [Ag^+][Cl^-] = K_d K_s [AgCl(s)] \qquad (10.33)$$

となる. 固体 AsCl が溶液中に存在しているかぎり固体 AgCl の活
量 (濃度) は一定であるから, K_{sp} は一定温度では一定値となる.
溶解度積の値を表 10.1 に示す.

陽イオン定性分析で硫化物として Cu^{2+}, Zn^{2+}, Fe^{2+} などを沈
殿して分離する手法は表 10.1 に示すように, CuS, ZnS, FeS ら
の溶解度積が極めて小さいことに基づいている.

10.6 ルシャトリエの原理

化学平衡にある系の条件に変化があった場合, どちらの方向に平
衡が移動するかは**ルシャトリエ*の原理**

> 平衡状態にあるとき, 成分の濃度あるいは温度や圧力など
> の外部条件が変化すると, その変化を和らげる方向に平衡
> は移動する

により規定される. 上記の法則を具体的に応用した結論は次のよう
になる.

- 圧力が増加 ── 系の体積が減少する方向
- 圧力が減少 ── 系の体積が増加する方向

- 温度が上昇 ── 系の温度上昇が小さくなる (吸熱側) 方向
- 温度が低下 ── 系の温度低下が小さくなる (発熱側) 方向

- ある成分量の増加 ── その成分の増加を抑える方向

ルシャトリエの原理は, 個々の化学反応や状態変化の機構や平衡
定数などの情報が未知であっても, 変化の方向を正しく予想できる
洞察力をわれわれに提供している. ルシャトリエの原理の具体的な
適応例を示す.

例 1 アンモニアの合成反応 (工業的には**ハーバー-ボッシュ**法**)

$$N_2 + 3H_2 = 2NH_3 + 92\ kJ$$

(右辺の最後にある 92 kJ は, この反応が右向きに進行するとき,
92 kJ の熱を放出することを示す. 13 章 3 節参照)

(1) 上記の反応式は発熱反応である.

(2) 反応物全体の体積の変化 :

> 反応物側が 4 mol, 生成物側が 2 mol
> だから反応の進行につれて, 体積が減少していく.

ルシャトリエの原理より，アンモニアの合成を促進するには次のようにするのがよい．

① 圧力を上げる．

② 温度を低くする．

③ H_2 あるいは N_2 の濃度を増加させる．あるいは生じた NH_3 をどんどん系から除く．

ただし，生産技術の点からすると，温度を低くするとアンモニア合成反応の速度が遅く，平衡濃度に達するまでの時間が長くなり，反応装置の時間あたりの生産量が低下するので好ましくない．また，高圧を求めすぎると，装置が高額になるばかりでなく，運転面での安全性に問題が生じる．それゆえ，現実のアンモニア合成では，鉄触媒を使用し，$3 \times 10^7 \sim 5 \times 10^7$ Pa，500 ℃ 前後の条件で運転がなされる．さらに上記の ③ の観点も忘れてはならない．現実の装置では，生成した NH_3 は冷却されて液体アンモニアとなって気体反応系からは除去される．それゆえ，合成装置全体としてみれば，N_2 と H_2 から NH_3 への変化が継続的に進行する．

例2 $C + O_2 = CO_2 + 394$ kJ

この反応は全体として 2 mol の反応物質から 1 mol の生成物が生じるから，アンモニア合成の場合と同様に，高圧にしたほうが CO_2 の生成が促進されるようにみえる．しかし，固体の C（炭素）の体積は圧力変化で変わらないから，圧力が変わっても，平衡は移動しない．

例3 固体の溶解平衡

$$NaCl（固体） \rightleftharpoons Na^+ + Cl^-$$

NaCl の飽和水溶液に，HCl を添加して塩化物イオン Cl^- を増加させると，塩化物イオン Cl^- の濃度を低下させる方向（左向き）に平衡は移動し，固体の NaCl が析出する．ある塩の水溶液に，その塩の構成成分であるイオンを添加すると，元の塩の溶解度や電離度[式（11.6）参照]が低下する．この現象を**共通イオン効果**という．

例4 気体の溶解平衡［ヘンリーの法則 8章5節の（1）参照］

$$気相にある気体 \underset{減圧}{\overset{加圧}{\rightleftharpoons}} 溶媒に溶解した気体$$

加圧されると体積を減らす方向に平衡は移動する．気体分子が溶媒に溶ければ，それだけ気相の分子数が少なくなり，その分だけ加圧による圧力増加を和らげることになる．減圧の場合には逆の説明が成立する．

演習問題 10

1. 次の化学反応式に正しい係数をつけよ.

  (1) $KI + Cl_2 \longrightarrow KCl + I_2$

  (2) $NH_4NO_2 \xrightarrow[\text{加熱}]{} N_2 + H_2O$

  (3) $FeS + H_2SO_4 \longrightarrow H_2S + FeSO_4$

  (4) $KClO_3 \xrightarrow[\text{加熱}]{MnO_2} KCl + O_2$

  (5) $C_2H_5OH + O_2 \longrightarrow CO_2 + H_2O$

  (6) $C_4H_{10} + O_2 \longrightarrow CO_2 + H_2O$

  (7) $NH_4Cl + Ca(OH)_2 \xrightarrow[\text{加熱}]{} CaCl_2 + NH_3 + H_2O$

  (8) $NH_3 + O_2 \xrightarrow{Pt} NO + H_2O$

  (9) $MnO_2 + HCl \longrightarrow MnCl_2 + Cl_2 + H_2O$

  (10) $Cu + H_2SO_4 \longrightarrow CuSO_4 + SO_2 + H_2O$

2. 反応速度定数はどのように定義され,それは温度につれてどのように変わるのか.

3. 触媒の役割は,図 10.4 で示したように,"活性化エネルギーを下げる" というように説明されることが多い.本質的にはそれと同じであるが,触媒は右に示す反応分子のエネルギー分布図を用いて "触媒は反応分子の温度を上げるのと等しい役割をする" ということができることを説明せよ.

4. 反応 $H_2 + I_2 \rightleftharpoons 2HI$ を例として,平衡状態と平衡定数について説明せよ.

5. ある反応の例を挙げて,ルシャトリエの原理について説明せよ.

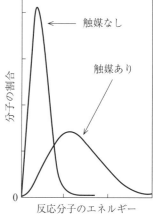

酸 と 塩 基

11.1 酸・塩基の定義

(1) 酸性と塩基性

塩酸 HCl（正しくは HCl の水溶液）や硫酸 H_2SO_4，硝酸 HNO_3 やカルボキシ基 −COOH を含む有機化合物など**酸**（acid）とよばれる一群の物質の水溶液には共通した性質

① 味覚として酸味がある，

② 青色リトマス紙を赤色に変える，

③ 塩酸 HCl，硫酸 H_2SO_4，硝酸 HNO_3 はマグネシウム Mg や亜鉛 Zn などの金属を溶かして（金属と反応して）水素を発生する，

がある．これらの性質を酸性という．レモンや食酢のすっぱさはそれらに含まれている酸によるものである．

一方，水酸化ナトリウム NaOH，水酸化カルシウム $Ca(OH)_2$，アンモニア NH_3 など**塩基**（base）とよばれる一群の物質の水溶液は

① 酸性を打ち消す，

② 赤色リトマス紙を青色に変える，

といった作用を示す．これらの性質を塩基性という．

(2) 酸と塩基の定義

アレニウス（1859 ～ 1927 年）は 1883 年に今日，電解質とよぶ物質が水に溶けたとき，イオンに**電離**（**解離**）することを見出した．そして，酸性・塩基性の原因について，酸と塩基の水溶液にそれぞれ共通して存在するイオンに注目した．

アレニウスは，水溶液中で水素イオン（プロトン）H^+ を生じる電解質を**酸**，OH を含んでいて水に溶かすと水酸化物イオン OH^- を生じる電解質を**塩基*** と定義した（1887 年）．

$$酸 \quad HA \longrightarrow H^+ + A^-$$

$$塩基 \quad BOH \longrightarrow B^+ + OH^-$$

しかし，炭酸ナトリウム Na_2CO_3，アンモニア NH_3 さらにアミン類 RNH_2 などは分子内に OH 基をもたないが塩基として作用する

*塩基の溶液がもつ性質を**アルカリ性**という．"アルカリ"は植物の灰を意味するアラビア語に由来する．

など，アレニウスの定義では不十分さが明らかとなった．

1923 年ブレンステッドとローリーは独立に，酸・塩基の概念を水以外の系にも適用できるよう次のように定義した．

> 酸とはプロトンを与える物質，すなわち**プロトン供与体**であり，塩基とはプロトンを受ける物質，すなわち**プロトン受容体**である．

このように定義された酸 HA と塩基 B との間には

$$\underset{酸}{HA} \rightleftharpoons \underset{塩基}{A^-} + \underset{プロトン}{H^+}$$

$$\underset{塩基}{B} + \underset{プロトン}{H^+} \rightleftharpoons \underset{酸}{BH^+}$$

の関係がある．このとき HA は A$^-$ の**共役酸**，B は BH$^+$ の**共役塩基**であるという．水溶液中の酢酸とアンモニアの電離についてそれぞれ共役関係を書いてみると次のようになる．

$$\underset{\overset{|}{CH_3COOH}}{酸(1)} \xleftarrow{\ \text{共役関係}\ } 塩基(1) \\ CH_3COOH + H_2O \rightleftharpoons CH_3COO^- + H_3O^+ \\ \quad\quad\quad\quad\quad 塩基(2) \xleftarrow{\ \text{共役関係}\ } 酸(2)$$

$$酸(1) \xleftarrow{\ \text{共役関係}\ } 塩基(1) \\ NH_3 + H_2O \rightleftharpoons NH_4^+ + OH^- \\ \quad\quad 塩基(2) \xleftarrow{\text{共役関係}} 酸(2)$$

水分子は酸と塩基のいずれとしても働く．相手が水よりもプロトンを放出する傾向が強ければ水は塩基として，逆に水よりもプロトン受容体としての能力が大きければ水は酸となる．

ルイスは酸・塩基の定義を次のように拡張した（1923 年）．

> 酸とは塩基の非共有電子対を受け取る分子またはイオン，すなわち**電子対受容体**であり，塩基とは非共有電子対を他に与える分子またはイオン，すなわち**電子対供与体**である．

このようにすると，中和とは酸と塩基が電子対を共有する過程となる（図 11.1）．ルイスの定義した酸と塩基をそれぞれ**ルイス酸**，**ルイス塩基**という．

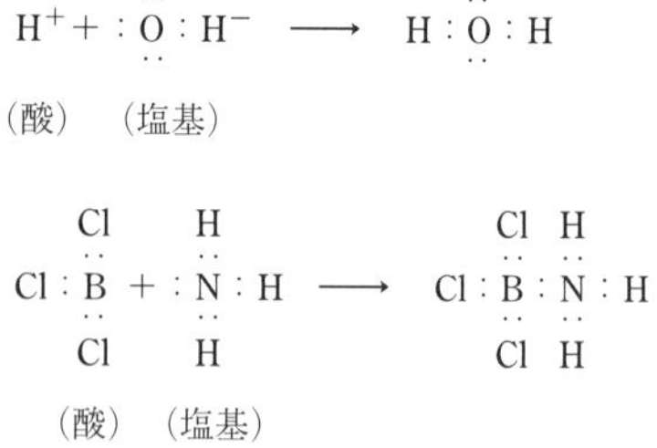

$$H^+ + :\!\overset{..}{\underset{..}{O}}\!:H^- \longrightarrow H:\overset{..}{\underset{..}{O}}\!:H$$

（酸）　（塩基）

$$\underset{Cl}{\overset{Cl}{Cl}}:B + \underset{H}{\overset{H}{N}}:H \longrightarrow \underset{Cl}{\overset{Cl}{Cl}}:B:\underset{H}{\overset{H}{N}}:H$$

（酸）　（塩基）

図 11.1 ルイス酸とルイス塩基の中和

問題 11.1　次の反応で水 H_2O は酸として働いているのか，塩基として働いているのか．

(1) $HSO_4^- + H_2O \longrightarrow H_3O^+ + SO_4^{2-}$

(2) $HNO_3 + H_2O \longrightarrow H_3O^+ + NO_3^-$

(3) CO_3^{2-} + H_2O ⟶ HCO_3^- + OH^-

解答 (1) 塩基　　(2) 塩基　　(3) 酸

11.2　水のイオン積と pH

(1)　水の自己イオン解離とイオン積

水の中の不純物を取り除くと，電気伝導性は次第に低下していく．しかし，十分に精製された水も幾分かの電気伝導性を示す．これは水が次のように自己イオン解離しているためである．

$$H_2O \rightleftharpoons H^+ + OH^- \tag{11.1}$$

水素イオン H^+ と水酸化物イオン OH^- のモル濃度を $[H^+]$，$[OH^-]$ と表記したとき，式 (11.1) に対応した平衡定数 K は

$$K = \frac{[H^+][OH^-]}{[H_2O]} \tag{11.2}$$

である．しかし，$[H^+]$ や $[OH^-]$ と比較して水の濃度 $[H_2O]$ ははるかに大きく一定とみなしてよい．そこで，式 (11.2) の K の代わりに**水のイオン積** K_w

$$K_w = [H_2O]K = [H^+][OH^-] \tag{11.3}$$

をあらたな平衡定数として定義することができる．添え字の w は water を意味する．K_w は温度が一定であれば一定であり，

$$K_w = 1.0 \times 10^{-14} \, (mol/dm^3)^2 \quad (25\,℃) \tag{11.4}$$

である*.

* K_w の値は 10 ℃, 40 ℃でそれぞれ 0.292, 2.919 × 10^{-14} $(mol/dm^3)^2$ である.

式 (11.4) より，25 ℃の水溶液の中性，酸性，塩基性の状態を次のようにいうことができる：

中性　　$[H^+] = [OH^-]$ ⇨ $[H^+] = [OH^-] = 1.0 \times 10^{-7}$ mol/dm^3

酸性　　$[H^+] > [OH^-]$ ⇨ $[H^+] > 1.0 \times 10^{-7}$ mol/dm^3

塩基性　$[OH^-] > [H^+]$ ⇨ $[OH^-] > 1.0 \times 10^{-7}$ mol/dm^3

問題 11.2　式 (11.2) の下 1 行目の記述 "$[H^+]$ や $[OH^-]$ と比較して水の濃度 $[H_2O]$ ははるかに大きく" ということを数値を用いて説明せよ．

解答　水 1 dm^3 を考える．希薄水溶液では溶液の体積を水の体積としてよい．水 1 dm^3 ≈ 1 kg で，水のモル質量は 18 g/mol だから $[H_2O]$ = 55.5 mol/dm^3 ≫ $[H^+]$, $[OH^-]$

問題 11.3　0.1 mol/dm^3 の NaOH 水溶液からは 0.1 mol/dm^3 の OH^- イオンが生じる．25 ℃の 0.1 mol/dm^3 NaOH 水溶液中の水素イオン濃度を求めよ．

解答　$[OH^-]$ = 0.1 mol/dm^3 より，$[H^+] = 10^{-13}$ mol/dm^3

* pH はドイツ語的に「ペーハー」とも表される. pH を ph と書くのは誤りで, 許されない.

(2)　pH

水素イオンの濃度 $[H^+]$ は溶液が酸性であるか塩基性であるかによって, 値が大幅に変わるので扱いにくい. そこで常用対数 [1 章 2 節の (3) 参照] を用いた表現である **水素イオン指数**, pH ^{ピーエイチ} が用いられる*.

$$pH = -\log_{10} [H^+] \tag{11.5}$$

pH により, 中性, 酸性, 塩基性を区別すると

$$中性 \qquad pH = 7$$
$$酸性 \qquad pH < 7$$
$$塩基性 \qquad pH > 7$$

となる. pH は 10 を底とする対数であるから, 2 つの pH の値 a, b に 1 の違いがあれば, 水素イオン濃度 $[H^+]$ では 10 倍異なる.

$$\left. \begin{array}{ll} pH = a & [H^+] = 10^{-a} \\ pH = b & [H^+] = 10^{-b} \end{array} \right\} \quad 10^{-a} : 10^{-b} = \frac{10^{-a}}{10^{-b}} = 10^{b-a}$$

問題 11.4　$\log_{10} 2 = 0.30$ として, $0.2\ \text{mol/dm}^3$ の HCl 水溶液と $0.01\ \text{mol/dm}^3$ の NaOH 水溶液の pH を求めよ.

解答　HCl: $pH = -\log_{10}(2 \times 10^{-1}) = -\log_{10} 2 + \log_{10} 10 = 0.70$
NaOH: $[OH^-] = 0.01\ \text{mol/dm}^3$ より $[H^+] = 10^{-12}\ \text{mol/dm}^3$
$\therefore\ pH = 12$

11.3　電離度と電離 (解離) 定数

(1)　電　離　度

酸, 塩基, 塩などの電解質が水に溶けるとその一部はイオンとなる. そして, イオンとイオン化していないものとは平衡状態になる. 電解質が電離 (解離) している割合を **電離度** といい, 記号 α で表されることが多い.

$$電離度\ \alpha = \frac{電離している電解質の物質量}{溶解した電解質の物質量} \tag{11.6}$$
$$0 \leqq \alpha \leqq 1$$

電解質が酸, 塩基である場合には, 電離という言葉より解離という言葉が好んで使われるが, 両者の意味は同じである.

強酸, 強塩基 は電離度が大きくて $\alpha \approx 1$ である. $\alpha = 1$ の状態を "完全解離** している" という. これに対して **弱酸, 弱塩基** といわれるものでは α は小さい. 逆にいえば, $\alpha \approx 1$ の酸, 塩基が強酸と強塩基, α の小さい酸, 塩基が弱酸, 弱塩基である.

**「完全電離」という表現は見かけない. また「酸の電離定数」という表現は用いられるが「酸電離定数」という表現は通常用いられない. 塩基についても同様.

(2)　酸の電離定数** と塩基の電離定数

弱酸である酢酸 CH_3COOH の希薄水溶液を考えてみる. このと

き酢酸 CH_3COOH の一部は電離し，以下の電離平衡状態にある．

$$H_2O + CH_3COOH \rightleftharpoons CH_3COO^- + H_3O^+ \qquad (11.7)$$

$$K = \frac{[H_3O^+][CH_3COO^-]}{[H_2O][CH_3COOH]} \qquad (11.8)$$

H_3O^+ はオキソニウムイオン（問題 5.3 参照）であるが，これは水素イオン H^+ のことである．式 (11.2) から式 (11.3) が誘導されたのと同様にして

$$K_a = K[H_2O] = \frac{[H^+][CH_3COO^-]}{[CH_3COOH]} \qquad (11.9)$$

として K_a を導入することができる．この K_a が式 (10.17) ですでに述べた酸の**電離（解離）定数**である．添え字の a は酸 acid を意味している．

式 (11.6) と式 (11.9) を組み合わせると，濃度があまり小さくない $c\,mol/dm^3$ の酢酸水溶液の電離度 α は次のようになる．

$$\alpha = \sqrt{\frac{K_a}{c}} \qquad (11.10)$$

式 (11.10) は酢酸に限らない一般的な式である．酢酸の電解度の濃度変化を図 11.2 に示す[*]．

式 (11.7) の電離反応の酢酸 CH_3COOH を一般化した弱酸 HA に置き換えれば，式 (11.9) に対応する一般化した酸の電離定数

$$K_a = \frac{[H^+][X^-]}{[HA]} \qquad (11.11)$$

が得られる．電離する複数個の H をもった酸の場合には各電離段階に対応した電離定数がある．各段階の電離を添え字で表すと，次の関係が成立する．

$$K_{a_1} \gg K_{a_2} \gg K_{a_3} \qquad (11.12)$$

弱塩基を B とすれば，その電離は

$$B + H_2O \rightleftharpoons BH^+ + OH^- \qquad (11.13)$$

で表され，塩基の電離定数 K_b は

$$K_b = \frac{[BH^+][OH^-]}{[B]} \qquad (11.14)$$

として得られる．添え字の b は塩基 base を意味する．

電離（解離）定数は数値として小さいので，次のように定義される**解離指数**も用いられる．

$$pK_a = -\log K_a, \quad pK_b = -\log K_b \qquad (11.15)$$

共役な酸と塩基の解離定数の間には

$$K_a \cdot K_b = K_w \qquad (11.16)$$

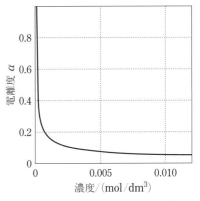

図 11.2 酢酸の電離度 α の濃度変化（25℃）

[*]式 (11.10) は $1-\alpha \simeq 1$ が成立するときの近似式であるので，c が小さい領域では，式 (11.10) は図 11.2 と数値的には合わない．

の関係が成立する．いくつかの弱酸と弱塩基の電離定数を表11.1
と表11.2に示す．

表11.1 弱酸の電離定数（25℃）

	酸	$K_a/(mol/dm^3)$	pK_a
ギ 酸	HCOOH	2.82×10^{-4}	3.55
酢 酸	CH_3COOH	2.75×10^{-5}	4.56
安息香酸	C_6H_5COOH	6.31×10^{-5}	4.20
シアン化水素	HCN	6.03×10^{-10}	9.22
硫化水素	H_2S	9.5×10^{-8}	7.02
	HS^-	1.3×10^{-14}	13.9
炭 酸	H_2CO_3	4.5×10^{-7}*	6.35*
	HCO_3^-	4.7×10^{-11}	10.33

* これは溶けた CO_2 をすべて H_2CO_3 とみなしたときの値である．

表11.2 弱塩基の電離定数（25℃）

	塩 基	$K_b/(mol/dm^3)$	pK_b
アンモニア	NH_3	1.72×10^{-5}	4.76
エチルアミン	$C_2H_5NH_2$	4.27×10^{-4}	3.37
ジエチルアミン	$(C_2H_5)_2NH$	8.51×10^{-4}	3.07
トリエチルアミン	$(C_2H_5)_3N$	5.24×10^{-4}	3.28
アニリン	$C_6H_5NH_2$	4.47×10^{-10}	9.35

問題 11.5 $pK_a + pK_b = -\log K_W = 14$ であることを証明せよ．

解答 式(11.16)の対数をとれば自明．

(3) 酸・塩基の分類

酸1分子より生じる H^+ イオンの数，塩基1分子が受け取る H^+
イオンの数をそれぞれ酸の**価数**，塩基の価数という．たとえば，塩
酸 HCl は1価の酸，硫酸 H_2SO_4 は2価の酸であり，水酸化ナトリ
ウム NaOH は1価の塩基である．

酸と塩基の強さは基本的には溶液中に，どれだけの物質量の H^+
イオンあるいは OH^- イオンを生じることができるかということで
あるから，濃度とその濃度における電離度，あるいは電離定数から
判断できる．先にも述べたように，強酸や強塩基では電離度は1に
近く，弱酸と弱塩基ではごく希薄でない限り電離度は小さい．

酸と塩基を強さと価数により分類したものを表11.3に示す．

表 11.3 酸と塩基の強さと価数による分類

	強弱	物質名	電 離 式	価数
酸	強	塩 酸　HCl	$HCl \longrightarrow H^+ + Cl^-$	1
	強	硫 酸　H_2SO_4	$H_2SO_4 \longrightarrow H^+ + HSO_4^-$ $HSO_4^- \rightleftharpoons H^+ + SO_4^{2-}$	2
	強	硝 酸　HNO_3	$HNO_3 \longrightarrow H^+ + NO_3^-$	1
	中〜弱	リン酸　H_3PO_4	$H_3PO_4 \rightleftharpoons H^+ + H_2PO_4^-$ $H_2PO_4^- \rightleftharpoons H^+ + HPO_4^{2-}$ $HPO_4^{2-} \rightleftharpoons H^+ + PO_4^{3-}$	3
	弱	酢 酸　CH_3COOH	$CH_3COOH \rightleftharpoons H^+ + CH_3COO^-$	1
	弱	炭 酸　(CO_2+H_2O)	$CO_2 + H_2O \rightleftharpoons H^+ + HCO_3^-$ $HCO_3^- \rightleftharpoons H^+ + CO_3^{2-}$	2
	弱	シュウ酸　$(COOH)_2$ ※$H_2C_2O_4$ とも書く.	$HOOC-COOH \rightleftharpoons H^+ + HOOC-COO^-$ $HOOC-COO^- \rightleftharpoons H^+ + {}^-OOC-COO^-$	2
塩基	強	水酸化ナトリウム 　　　　NaOH	$NaOH \longrightarrow Na^+ + OH^-$	1
	強	水酸化カルシウム 　　　　$Ca(OH)_2$	$Ca(OH)_2 \longrightarrow Ca^{2+} + 2OH^-$	2
	弱	アンモニア　NH_3	$NH_3 + H_2O \rightleftharpoons NH_4^+ + OH^-$	1
	弱	水酸化マグネシウム 　　　　$Mg(OH)_2$	$Mg(OH)_2 \rightleftharpoons Mg^{2+} + 2OH^-$	2

注：1：電離式での $\longrightarrow$ は完全解離，$\rightleftharpoons$ は電離平衡にあることを意味する.
　　2：硫酸 H_2SO_4 では1段目の解離は完全解離，2段目が電離平衡となる.
　　3：塩基のうちの $Ca(OH)_2$ の溶解度は低い. $Mg(OH)_2$ は難溶性である.

11.4　塩の加水分解と緩衝液

（1）中 和 と 塩

　中和（neutralization）とは，元来は，水溶液中で酸の水素イオン H^+ と塩基の OH^- イオンとが反応して塩と水を生じる反応

$$酸　+　塩基　\longrightarrow　塩　+　水$$

例　$\underset{塩酸}{HCl}　+　\underset{水酸化ナトリウム}{NaOH}　\longrightarrow　\underset{塩化ナトリウム}{NaCl}　+　\underset{水}{H_2O}$

$Cl^- \longrightarrow Na^+ \longrightarrow Na^+Cl^-$

$H^+ \longrightarrow OH^-$

を意味した. しかし，酸と塩基の定義が拡張されるのにしたがい，気体状態でアンモニアと塩化水素が反応して固体の塩化アンモニウムが生じる反応

$$\overset{\text{アンモニア}}{\text{NH}_3} \;+\; \overset{\text{塩化水素}}{\text{HCl}} \;\longrightarrow\; \overset{\text{塩化アンモニウム}}{\text{NH}_4\text{Cl}} \qquad (11.17)$$

$$\underset{\text{塩基}}{}\overset{}{\underset{\text{H}^+}{\big|\text{_____}}}\underset{\text{酸}}{} \qquad \underset{\text{塩}}{}$$

も中和反応として取り扱われる.

問題 11.6 反応式(11.17)をルイスの酸・塩基の考えから中和反応として説明せよ.

解答 ルイス塩基のアンモニア NH_3 がプロトン H^+ を受け取っている.

(2) 塩の加水分解

中和反応により生じた塩の水溶液は必ずしも中性ではない. それは塩が溶けて生じたイオンが溶媒である水と反応して水素イオン H^+ や水酸化物イオン OH^- を与える場合があるからである. この場合の塩と水との反応を**加水分解**という. 塩を4つの区分に分けて考察すると以下のようになる.

(a) 強酸と強塩基からできた塩

$$\text{HCl} \;+\; \text{NaOH} \longrightarrow \underline{\text{NaCl}} \;+\; \text{H}_2\text{O}$$

$$\text{H}_2\text{SO}_4 \;+\; 2\text{NaOH} \longrightarrow \underline{\text{Na}_2\text{SO}_4} \;+\; 2\text{H}_2\text{O}$$

これらの塩は水に溶けたときは,電離(解離)するのみ.

$$\text{NaCl} \longrightarrow \text{Na}^+ \;+\; \text{Cl}^-$$

$$\text{Na}_2\text{SO}_4 \longrightarrow 2\text{Na}^+ \;+\; \text{SO}_4{}^{2-}$$

Na^+,Cl^-,$\text{SO}_4{}^{2-}$ イオンは加水分解しない.

(b) 強酸と弱塩基からできた塩

$$\text{HCl} \;+\; \underbrace{\text{NH}_3 \;+\; \text{H}_2\text{O}}_{\text{アンモニア水}} \longrightarrow \underline{\text{NH}_4\text{Cl}} \;+\; \text{H}_2\text{O}$$

① NH_4Cl が水に溶けると電離する.

$$\text{NH}_4\text{Cl} \longrightarrow \text{NH}_4{}^+ \;+\; \text{Cl}^-$$

② アンモニウムイオン $\text{NH}_4{}^+$ の一部は水と反応(加水分解)する.

$$\text{NH}_4{}^+ \;+\; \text{H}_2\text{O} \rightleftharpoons \text{NH}_3 \;+\; \text{H}_3\text{O}^+$$

加水分解により生じた H_3O^+ により,溶液は酸性を示す.

(c) 弱酸と強塩基からできた塩

$$\text{CH}_3\text{COOH} \;+\; \text{NaOH} \longrightarrow \underline{\text{CH}_3\text{COONa}} \;+\; \text{H}_2\text{O}$$

① CH_3COONa が水に溶けると電離する.

$$\text{CH}_3\text{COONa} \longrightarrow \text{CH}_3\text{COO}^- \;+\; \text{Na}^+$$

② 酢酸イオン CH_3COO^- の一部は水と反応(加水分解)する.

$$CH_3COO^- + H_2O \rightleftharpoons CH_3COOH + OH^-$$

加水分解により生じた OH^- により，溶液は塩基性を示す．

（d） 弱酸と弱塩基からできた塩

$$CH_3COOH + \underbrace{NH_3 + H_2O}_{\text{アンモニア水}} \longrightarrow \underline{CH_3COONH_4} + H_2O$$

① CH_3COONH_4 が水に溶けると電離する．

$$CH_3COONH_4 \longrightarrow CH_3COO^- + NH_4^+$$

② 酢酸イオン CH_3COO^- とアンモニウムイオン NH_4^+ の場合は両者の加水分解は同程度で，CH_3COO^- と NH_4^+ が直接反応すると見なせる．

$$CH_3COO^- + NH_4^+ \longrightarrow CH_3COOH + NH_3$$

CH_3COONH_4 の場合は，溶液は中性である．しかし，一般に，弱酸と弱塩基からできた塩の水溶液の液性は物質ごとに異なる（物質により，酸性，中性，アルカリ性のどの場合もある）．

例題 11.1 下の図（a）は $0.1\,mol/dm^3$ の NaOH 水溶液 $10\,cm^3$ に，図（b）は $0.1\,mol/dm^3$ の NH_3 水溶液（アンモニア水）$10\,cm^3$ にそれぞれ $0.1\,mol/dm^3$ の HCl を滴下したときの滴下量に対する溶液 pH の変化を示している．図（a）と図（b）における HCl 滴下開始時，中和点，および $20\,cm^3$ 滴下後の pH の違いを説明せよ．

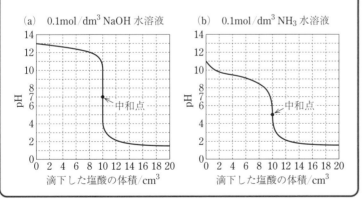

解答 HCl 滴下開始時の pH はそれぞれ $0.1\,mol/dm^3$ の NaOH 水溶液，$0.1\,mol/dm^3$ の NH_3 水溶液である．前者は $[OH^-] = 10^{-1}\,mol/dm^3$，$[H^+] = 10^{-13}\,mol/dm^3$ より，pH = 13 である．NH_3 は弱塩基であるから，同じ $0.1\,mol/dm^3$ での pH は NaOH の値 13* より小さい．中和点において生じる塩はそれぞれ NaCl と NH_4Cl である．NaCl は加水分解しないが，NH_4Cl は加水分解するので pH = 5 という酸性になっ

*表 11.3 に与えられた K_b より $[H^+]$ を求めると $[H^+] = 7.5 \times 10^{-12}\,mol/dm^3$，pH = 11.1 となる．

ている．20 cm^3 の滴下後ではいずれの場合も，全体の溶液が 30 cm^3 で，存在する H$^+$ の物質量は中和後に滴下した 10 cm^3（= 0.01 dm^3）中のもの，すなわち 0.1 mol×$\dfrac{0.01\,\text{dm}^3}{\text{dm}^3}$ = 10^{-3} mol であるから [H$^+$] = $\dfrac{10^{-3}\,\text{mol}}{0.03\,\text{dm}^3}$ = $3.3×10^{-2}$ mol/dm^3．よって pH = 1.5 となる．

（3） 緩衝液と緩衝作用

　溶液に少量の酸あるいは塩基を加えても pH がごくわずかしか変化しない作用を**緩衝作用**といい，そのような溶液を**緩衝液**という．一般に，(1) 弱酸とその塩の混合物，(2) 弱塩基とその塩の混合物，には緩衝作用がある．

　酢酸 CH$_3$COOH と酢酸ナトリウム CH$_3$COONa の混合物水溶液を例として緩衝作用を説明する．この溶液の中では次の反応が起こっている．

$$\text{CH}_3\text{COOH} \rightleftharpoons \text{CH}_3\text{COO}^- + \text{H}^+ \tag{11.18}$$

$$\text{CH}_3\text{COONa} \longrightarrow \text{CH}_3\text{COO}^- + \text{Na}^+ \tag{11.19}$$

反応 (11.18) が平衡反応であるのに対して，反応 (11.19) は完全解離反応である．反応式 (11.19) によって生じた CH$_3$COO$^-$ のため，ルシャトリエの原理により反応 (11.18) の平衡は左に移動する．この混合溶液に存在している分子とイオンの量は次のようになる．

$$\left. \begin{array}{c} \text{CH}_3\text{COOH, CH}_3\text{COO}^-,\ \text{Na}^+\cdots \text{多量} \\[6pt] \text{H}^+\cdots \text{少量} \end{array} \right\} \text{溶液の pH}<7$$

この混合溶液に少量の H$^+$ を加えても，加えた H$^+$ は多量に存在する CH$_3$COO$^-$ と反応して CH$_3$COOH となる．

$$\text{H}^+ + \text{CH}_3\text{COO}^- \longrightarrow \text{CH}_3\text{COOH}$$

したがって，溶液の pH はほとんど変化しない．他方，OH$^-$ を加えた場合には，多量に存在する CH$_3$COOH と反応することにより，OH$^-$ イオンは消費されてしまう．

$$\text{CH}_3\text{COOH} + \text{OH}^- \rightleftharpoons \text{CH}_3\text{COO}^- + \text{H}_2\text{O}$$

それゆえ，この場合も溶液の pH はほとんど変化しない．

　上記の緩衝作用を定量的に取り扱ってみる．酢酸の解離定数を K_a とすると

$$[\text{H}^+] = K_a \frac{[\text{CH}_3\text{COOH}]}{[\text{CH}_3\text{COO}^-]} \tag{11.20}$$

であり，この関係は CH$_3$COOH と CH$_3$COONa の混合溶液中でも成立する．CH$_3$COOH の初濃度を c_a，CH$_3$COONa の初濃度を c_s

とすると，CH_3COOH はほとんど解離していなくて，一方，CH_3COONa はほぼ完全解離しているので，$[CH_3COOH] \cong c_a$，$[CH_3COO^-] \cong c_s$ である．これを式 (11.20) に代入すると

$$[H^+] \cong K_a \frac{[c_a]}{[c_s]} \qquad (11.21)$$

である．

$$\therefore \ pH = pK_a + \log \frac{[c_s]}{[c_a]} \qquad (11.22)$$

この溶液に x mol の酸を加えると c_s/c_a の比は $(c_s + x)/(c_a - x)$ となる．式 (11.22) は濃度 c_a, c_s がともに高くてその比が 1 に近いほど緩衝液の pH は変化しにくいこと，また，緩衝能力が最大となる比 c_s/c_a が 1 では $pH = pK_a$ となることを示している．

pH は pH メータで測定されるが，その pH メータの校正用の標準溶液は緩衝液となっていて，空気中の CO_2 が溶け込んでもその影響を少なくするようになっている．人の血液も緩衝液であって pH 7.4 前後に保たれている*．血液の pH が一定であるので，体内で生じる酸性物質 CO_2 は肺から排出されることになる．

*pH 7.4 は水溶液では塩基性である．血液の pH は摂取した食物には影響されない．

演習問題 11

1. アレニウスは酸と塩基をどのように定義したのか．また，この定義では，どのような点が不都合であったのか．

2. ブレンステッドとローリーの酸と塩基の定義で，H_2O が酸として働く例と塩基として働く例を挙げよ．

3. 水中での酸と塩基の中和で発生する中和熱量に関して下記のデータ（測定値を十分に希薄な濃度にまで外挿した値）がある．
   HCl−NaOH　56.40 kJ/mol，CH_3COOH−NaOH　56.57 kJ/mol
   強酸である HCl と弱酸である CH_3COOH との間で，NaOH との中和熱に差がほとんどないのはどうしてか．

4. 表 11.1，表 11.2 の値を用い，25℃ における 0.010 mol/dm^3 の CH_3COOH と 0.050 mol/dm^3 の NH_3 水溶液のそれぞれの物質の電離度と pH を計算せよ．

5. 酢酸 CH_3COOH と酢酸ナトリウム CH_3COONa を混合させた水溶液では，どうして pH の緩衝作用が生じるのか．

12 | 酸化と還元

12.1 酸化還元反応と酸化数

(1) 酸化と還元の定義

元来は，ある物質が酸素と化合する反応を**酸化**，その逆反応を**還元**とよんだ．しかし，酸化と還元の概念は時代とともに拡張され，今日では，酸化と還元は次のように定義されている．

酸化：原子，分子，イオンから電子を取り去ること

還元：原子，分子，イオンに電子を与えること

1つの反応で電子を失う原子，分子，イオンがあれば，必ず電子を受け取る原子，分子，イオンがあるから，酸化と還元は同時に起こるので**酸化還元反応**[*]とよばれる．

酸化と還元を具体的な反応と関与する物質の点から見てみよう．

① 炭素を空気中で燃やすと二酸化炭素が生じる反応

$$C + O_2 \longrightarrow CO_2 \tag{12.1}$$

└── C の酸化 ──┘

② 酸化銅（Ⅱ）に水素を作用させて銅に戻す反応

┌── H_2 の酸化 ──┐

$$CuO + H_2 \longrightarrow Cu + H_2O \tag{12.2}$$

└── Cu への還元 ──┘

③ 2価の鉄イオン Fe^{2+} の溶液に塩素 Cl_2 を吹き込むと3価の鉄イオン Fe^{3+} と塩化物イオン Cl^- が生じる反応

┌── Cl_2 の還元 ──┐

$$2Fe^{2+} + Cl_2 \longrightarrow 2Fe^{3+} + 2Cl^-$$

└── Fe^{2+} の酸化 ──┘

④ 窒素と水素からアンモニアができる反応

┌── H_2 の？ ──┐

$$3H_2 + N_2 \longrightarrow 2NH_3 \tag{12.3}$$

└── N_2 の？ ──┘

上記の例①，②では，酸化，還元は直ちにわかる．しかし，例③，④となるにしたがって，酸化，還元を取り扱うのに電子の授受に基づく考えが必要になってくる．

[*] 有機化学での酸化還元反応の例を示す．

1. アルコール
$R-CH_2-OH$

⇕

アルデヒド
$R-\overset{\|}{\underset{O}{C}}-H$

⇕

カルボン酸
$R-\overset{\|}{\underset{O}{C}}-OH$

2. ビタミンC（アスコルビン酸，p.177の図17.17）の酸化型と還元型．

(2) 酸化数

電子の授受に基づく酸化還元の考え方をすべての物質に適応するために，**酸化数**という概念が用いられる．酸化数を用いると共有結合性化合物の酸化還元もイオン性化合物と同じように取り扱うことができる．

酸化数は異なる原子間の結合をすべてイオン結合とした場合，各原子がもつ形式的な電荷の数である．たとえば，水 H_2O では，電気陰性度は O の方が高いから，$H^+[:O:]^{2-}H^+$ として酸素に -2 を割り当てる．酸化数の定義とその適用例を表 12.1 に示す．

表 12.1　原子の酸化数のきめ方（1 から 4 に優先順序はない．）

1	単体中の原子の酸化数は 0 とする．	H_2(H　0)，O_2(O　0)，Cu(Cu　0)
2	単原子イオンの酸化数はイオンの価数に等しい．	H^+(H　+1)，Na^+(Na　+1)，Cl^-(Cl　−1)
3	化合物の構成原子の酸化数の総和は 0 とする．	HNO_3(H +1，N +5，O −2)　$(+1)+(+5)+(-2)\times 3 = 0$
3-1	化合物中の水素原子の酸化数は +1 とする．ただし，金属の水素化物では H は −1 とする．	H_2O (H +1)，NH_3(H　+1)，LiH(H −1)，CaH_2(H −1)
3-2	化合物中の酸素原子の酸化数は −2 とする．ただし，過酸化物では O は −1 とする．	H_2O(O −2)，CO_2(O −2)，H_2O_2(O −1)
4	多原子イオンの構成原子の酸化数の総和は，そのイオンの価数に等しい．	$SO_4{}^{2-}$(S +6，O −2)　$(+6)+(-2)\times 4 = -2$

注 1：水素化物は水素化イオン $[H:]^-$ をもつ化合物である．
　2：過酸化物は過酸化物イオン $O_2{}^{2-}$ をもつ化合物である．

原子の酸化数は酸化されるとき増加し，還元されるときは減少する．前項の ③ と ④ の反応を酸化数でもう一度考えてみる．

③ の　$2Fe^{2+} + Cl_2 \longrightarrow 2Fe^{3+} + 2Cl^-$ の反応

　　鉄 Fe：+2 から +3 への変化 = 酸化

　　塩素 Cl：単体の酸化数 0 から酸化数 −1 への変化
　　　　　　= 還元

④ の　$3H_2 + N_2 \longrightarrow 2NH_3$ の反応

　　水素 H：単体の酸化数 0 から化合物中の酸化数 +1 への変化
　　　　　　= 酸化

　　窒素 N：単体の酸化数 0 から酸化数 −3 への変化
　　　　　　= 還元

問題 12.1 次のそれぞれの変化において，（　）の中に示された原子は酸化されたのか還元されたのか，あるいはいずれでもないのか．

(1)　$KMnO_4 \longrightarrow MnSO_4$ (Mn)　　　(2)　$AgNO_3 \longrightarrow AgCl$ (Ag)

(3)　$F_2 \longrightarrow HF$ (F)　　　(4)　$H_2O_2 \longrightarrow H_2O$ (O)

(5)　$Cu \longrightarrow [Cu(NH_3)_4]^{2+}$ (Cu)　　　(6)　$CH_4 \longrightarrow CO_2$ (C)

解答　(1)　還元　　　(2)　変化なし　　　(3)　還元　　　(4)　還元
(5)　酸化　　　(6)　酸化

（3）酸化剤と還元剤

他の物質を酸化する作用をもつ物質を**酸化剤**，他の物質を還元する作用をもつ物質を**還元剤**という．酸化と還元は一対として起こるので，ある酸化剤が他の物質を酸化すれば，その酸化剤自身は還元されなければならない．

本節の(1)でとりあげた反応 ①

$$C + O_2 \longrightarrow CO_2 \tag{12.4}$$
$$\underset{\text{Cの酸化}}{\longrightarrow}$$

での酸化剤である酸素 O_2 の酸化数を考えてみると

　　　反応前　　　単体であるから 0

　　　反応後　　　表 12.1 の規則 3-2 により −2

であり，酸素は還元されている．

ある物質が酸化剤として作用するか還元剤として作用するかは相手となる物質によって変動する．たとえば，過酸化水素 H_2O_2 は通常は酸化剤として作用する．

$$H_2O_2 + H_2S \longrightarrow 2H_2O + S \tag{12.5}$$
$$\underset{\text{Sの酸化}}{\longrightarrow}$$

しかし，非常に強力な酸化作用を示す硫酸酸性溶液中の過マンガン酸カリウム $KMnO_4$ との反応

$$5H_2O_2 + 2KMnO_4 + 3H_2SO_4$$
$$\longrightarrow 2MnSO_4 + 5O_2 + K_2SO_4 + 8H_2O \tag{12.6}$$

では，H_2O_2 は還元剤として作用している．

問題 12.2　反応 (12.6) で，過酸化水素 H_2O_2 が還元剤として作用していることをマンガン Mn の酸化数を用いて説明せよ．

解答　H_2O_2 の作用により Mn の酸化数は +7 から +2 へ減少し，Mn は還元されている．H_2O_2 は還元剤として作用している．

（4）生命体における酸化還元反応

緑色植物や光合成細菌はクロロフィルなど光合成色素とよばれる

色素の助けを借りて二酸化炭素 CO_2 の炭素よりグルコース $C_6H_{12}O_6$ などをつくる.

緑色植物：$12H_2O + 6CO_2 + 光エネルギー$
$$\longrightarrow C_6H_{12}O_6 + 6O_2 + 6H_2O \qquad (12.7)^*$$

光合成細菌：$12H_2S + 6CO_2 + 光エネルギー$
$$\longrightarrow C_6H_{12}O_6 + 12S + 6H_2O \qquad (12.8)$$

式 (12.7) と式 (12.8) はともに CO_2 の還元反応である. 一方, 酸素が豊富にある環境で進化を遂げた呼吸生物は体内に O_2 を取り入れて式 (12.7) の逆反応

$$C_6H_{12}O_6 + 6O_2 + 6H_2O \longrightarrow 12H_2O + 6CO_2 \qquad (12.9)$$

によりグルコースを酸化（C–C 結合, C–H 結合などを切断）してエネルギーを得ている. 光合成と呼吸作用をまとめると次のようになる.

$$12H_2O + 6CO_2 \underset{\substack{呼吸作用 \\ エネルギー発生 \\ C_6H_{12}O_6 の酸化}}{\overset{\substack{光合成 \\ エネルギー吸収 \\ CO_2 の還元}}{\rightleftharpoons}} C_6H_{12}O_6 + 6O_2 + 6H_2O \quad (12.10)$$

*式 (12.7) は, この両辺から $6H_2O$ を差し引いた式
$$6H_2O + 6CO_2$$
$$\longrightarrow C_6H_{12}O_6 + 6O_2$$
のように書くこともできる. しかし, 式 (12.7) と式 (12.8) とを比較してみると, 光合成の生成物である O_2 が CO_2 の O ではなくて, H_2O の O に由来する, ということを理解しやすい.

12.2　イオン化傾向と電池の原理

(1)　金属のイオン化傾向

容器に硫酸銅（II）$CuSO_4$ の水溶液を入れ, これに金属亜鉛 Zn の小片を浸す. すると図 12.1 に示すように, 容器の中で次の反応が起きて亜鉛 Zn が溶け出し, 銅が析出する.

$$Zn(s) + CuSO_4(aq) \rightleftharpoons ZnSO_4(aq) + Cu \qquad (12.11)$$

ここで s は固体 solid, aq は水溶液 aqueous solution を示す.

銅 Cu や亜鉛 Zn のような金属はイオンの形で水に溶け出す. 図 12.1 に示す現象は溶液中のイオン種が Cu^{2+} から Zn^{2+} に置換されるということであり, これは亜鉛 Zn のほうが銅 Cu よりもイオンになりやすいことを意味している.

金属元素が水溶液中で示すイオンへのなりやすさを**イオン化傾向**といい, イオンをこの傾向の高いものから順にならべたものを**イオン化列**（図 12.2 参照）という. イオン化列は後述する標準電極電位とよばれる値の定性的な表現である. イオン化列は絶対的なもので

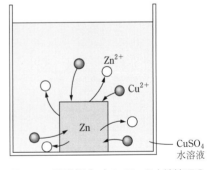

図 12.1　硫酸銅（II）$CuSO_4$ の水溶液での金属亜鉛 Zn の溶け出しと銅 Cu の析出

Li　K　Ca　Na　Mg　Al　Zn　Fe　Ni　Sn　Pb　(H_2)　Cu　Hg　Ag　Pt　Au

高　　　　　　　　　　　　　　　　　　　　　　　　　　　　　低

図 12.2　イオン化列

はなく，溶液の濃度や温度に応じて，列順序には若干の入れ替えが生じる．

問題 12.3 多くの金属は空気中に湿気があると錆びやすい．しかし銀 Ag，白金 Pt，金 Au は空気中に湿気があっても安定である．その理由をイオン化傾向から説明せよ．

解答 銀 Ag，白金 Pt，金 Au のイオン化傾向は低い．これらの金属はたとえ水中に置かれても，イオンとして溶けだしにくく，安定である．

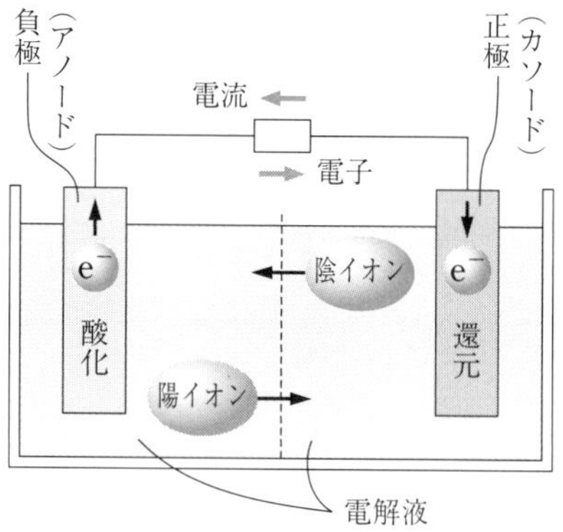

（2） 電池の原理

広義の**電池**には太陽光のエネルギーを電力に換える太陽電池のような物理電池も含まれるが，本章では酸化還元反応に基づく電池である化学電池を考える．言い換えると，化学電池は酸化還元反応を利用して電気エネルギーを取り出す装置である．

電池の構成の原理図を図 12.3 に示す．電池はイオン化傾向の異なる 2 種の金属を電極として，それぞれをイオンが移動できる媒体（電解質溶液など）の中につけたもので，図 12.1 を仕切り（隔膜）を用いて 2 つの極にわけた構造をしている．1 つの極で放出された電子は外部回路を通ってもう 1 つの極へ移動する．電池で電子が入ってくる極を**正極（カソード）**，電子が出ていく極を**負極（アノード）**という．そして電子の流れる向きの逆の方向を電流の向きと決めている．

それぞれの極は次のようになっている．

正極（カソード）：電子を受け取る ⟹ 還元反応
負極（アノード）：電子を放出する ⟹ 酸化反応

電池を構成する電極板と電解質溶液を含めて，正極あるいは負極のいずれかのみを取り出して考える場合，これを**半電池**という．

図 12.3 電池の原理図 それぞれの電極は，イオンが移動できる媒体（電解質溶液など）の中に入っている．仕切り（隔膜）がないと電子は外部に取り出せない．

> ### 電極のよび方
>
> 本書では高校教育との連続性などを考慮し，電池の電極を**正極，負極**と記している．しかし，この名称は本章 6 節で取り扱われる電気分解のときの電極のよび方である**陽極**（電池の正極に結び付けられた電極）と**陰極**（電池の負極に結び付けられた電極）と混同・誤解されやすい．
>
> 電池と電気分解のいずれの場合でも
>
> 酸化反応の電極　アノード
> 還元反応の電極　カソード
>
> のように記憶するとわかりやすい．

12.3 ダニエル電池

硫酸亜鉛 $ZnSO_4$ 水溶液に亜鉛板 Zn を浸した電極と硫酸銅 $CuSO_4$ 水溶液に銅板 Cu を浸した電極とを多孔性の隔膜を隔てて接触させた電池（図 12.4）を**ダニエル電池**という．ダニエル電池は図 12.1 を 2 つの電極部分に分けたものに相当するからダニエル電池での反応は式 (12.11) である．この反応を 2 つに分けて考える．

① 亜鉛が 2 個の電子を放出する反応

$$Zn \longrightarrow Zn^{2+} + 2e^- ：酸化反応$$

② 銅イオンが 2 個の電子を受け取る反応

$$Cu^{2+} + 2e^- \longrightarrow Cu ：還元反応$$

上記の ①, ② の反応を言い換えると次のようになる．亜鉛電極の一部が溶け出すことにより Zn で生じた電子は外部回路を通って銅電極 Cu に到達する．銅電極に到達した電子は電極のまわりの Cu^{2+} イオンを還元して，Cu 原子が銅板上に析出する．

電子は負の電荷をもっているから正の電位をもつ部分に移動する．ダニエル電池でいえば，電子が流れ込む側の正極である銅電極の電位は電子が流れ出す側の負極である亜鉛電極の電位より高い．

電池の構成要素の表し方をダニエル電池を例として示す．

$$(-)Zn(s)\,|\,ZnSO_4(aq)\,|\,CuSO_4(aq)\,|\,Cu(s)(+)$$

左側には負極，右側に正極を書く．縦棒 | は電池内で相が変わることを示す．さらに，必要ならば溶液の濃度も $ZnSO_4\,(1\,mol/dm^3)$ のように記しておく．

電池の**起電力**は右側の電極電位より左側の電極電位を引いて得られる．

$$起電力 = 右側の電極電位 - 左側の電極電位 \qquad (12.12)$$

12.4 標準電極電位

ダニエル電池では銅 Cu が正極，亜鉛 Zn が負極となった．しかし，銅 Cu と銅よりもイオン化列で後に位置する金属を電極として電池を組み立てれば，銅 Cu は負極になる．また，電池の起電力は式 (12.12) によって与えられる 2 つの電極間の差の値であるが，右側あるいは左側の電極（半電池）の電位は測定できない．そこで，半電池の電極電位の基準として，**水素標準電極**が用いられる．

水素標準電極とそれを用いた測定例を図 12.5 に示す．25℃ の水素標準電極の電位を 0 として，水素標準電極と（標準状態にある）他の半電池の電極とを組み合わせた電池の起電力を測定すれば，その半電池の起電力が定められる．

一方の電極に標準水素電極を用いて求められた起電力を**標準電極**

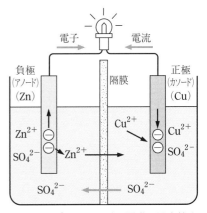

図 12.4 ダニエル電池．隔膜には素焼き板が使用される．

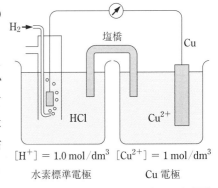

$[H^+] = 1.0\,mol/dm^3$　$[Cu^{2+}] = 1\,mol/dm^3$
水素標準電極　　　　　Cu 電極

図 12.5 水素標準電極とそれを用いた標準電極電位の測定例．水素標準電極は水素イオン濃度 $[H^+]$ が $1.0\,mol/dm^3$ にある溶液中で白金黒をつけた白金板を電極として，この電極上に H_2 ガスを $1013\,hPa$（1 気圧）で供給する．

表12.2 標準電極電位 $E°$/V

電極反応		$E°$/V
$Li^+ + e^- \rightleftharpoons Li$		-3.05
$K^+ + e^- \rightleftharpoons K$		-2.92
$Ca^{2+} + 2e^- \rightleftharpoons Ca$		-2.87
$Na^+ + e^- \rightleftharpoons Na$	強力な還元剤	-2.71
$Mg^{2+} + 2e^- \rightleftharpoons Mg$		-2.34
$Al^{3+} + 3e^- \rightleftharpoons Al$		-1.67
$Mn^{2+} + 2e^- \rightleftharpoons Mn$		-1.18
$Zn^{2+} + 2e^- \rightleftharpoons Zn$		-0.762
$Fe^{2+} + 2e^- \rightleftharpoons Fe$		-0.44
$Cd^{2+} + 2e^- \rightleftharpoons Cd$		-0.40
$Ni^{2+} + 2e^- \rightleftharpoons Ni$		-0.228
$Sn^{2+} + 2e^- \rightleftharpoons Sn$		-0.138
$Pb^{2+} + 2e^- \rightleftharpoons Pb$		-0.129
$2H^+ + 2e^- \rightleftharpoons H_2$		0.00
$Cu^{2+} + 2e^- \rightleftharpoons Cu$		0.337
$I_2 + 2e^- \rightleftharpoons 2I^-$		0.53
$Hg^{2+} + 2e^- \rightleftharpoons Hg$		0.789
$Ag^+ + e^- \rightleftharpoons Ag$		0.799
$Br_2 + 2e^- \rightleftharpoons 2Br^-$	強力な酸化剤	1.07
$Cl_2 + 2e^- \rightleftharpoons 2Cl^-$		1.36
$Au^{3+} + 3e^- \rightleftharpoons Au$		1.50
$F_2 + 2e^- \rightleftharpoons 2F^-$		2.87

電位という．標準電極電位 $E°$ の値を表 12.2 に示す．標準電極電位を定性的に表現したものがイオン化列に他ならない．イオン化列では金属原子のみを考えているが表 12.2 はハロゲン類も含む．

2 つの半電池 A と B の標準電極電位を $E_A°$，$E_B°$ とすれば，この半電池を組み合わせた電池 A–B の標準起電力 E_{A-B} は

$$E_{A-B} = |E_A° - E_B°| \tag{12.13}$$

である．

表 12.2 の電極反応の右辺にある物質は上位にあるほど強力な還元剤として，左辺にある物質は下位にあるほど強力な酸化剤として作用する．

Li，K，Na などのアルカリ金属はそれらの酸化状態であるイオン Li^+，K^+，Na^+ になろうとする傾向が非常に強い．それゆえ，これらアルカリ金属塩の水溶液を電気分解しても，これらイオンの還元に先んじて $2H_2O + 2e^- \longrightarrow H_2 + 2OH^-$ の反応（$E° = -0.83\,V$）が起こり，金属は得られない．

問題 12.4 表 12.2 を用いダニエル電池の標準起電力を求めよ．

解答 $E°(\mathrm{Cu^{2+}, Cu}) = 0.337\,\mathrm{V}$, $E°(\mathrm{Zn^{2+}, Zn}) = -0.762\,\mathrm{V}$ より

$E°(\mathrm{Cu^{2+}, Cu}) - E°(\mathrm{Zn^{2+}, Zn}) = 1.099\,\mathrm{V}$

例題 12.1 臭化カリウム KBr, ヨウ化カリウム KI と塩素 $\mathrm{Cl_2}$, 臭素 $\mathrm{Br_2}$ との間には以下の反応が起こる.

① $2\mathrm{KBr} + \mathrm{Cl_2} \longrightarrow 2\mathrm{KCl} + \mathrm{Br_2}$

② $2\mathrm{KI} + \mathrm{Cl_2} \longrightarrow 2\mathrm{KCl} + \mathrm{I_2}$

③ $2\mathrm{KI} + \mathrm{Br_2} \longrightarrow 2\mathrm{KBr} + \mathrm{I_2}$

上記の反応を表 12.2 の標準電極電位の値を用いて説明せよ.

解答 ① と ② は塩素 $\mathrm{Cl_2}$ による臭化物イオン $\mathrm{Br^-}$ とヨウ化物イオン $\mathrm{I^-}$ の酸化反応, ③ は臭素 $\mathrm{Br_2}$ によるヨウ化物イオン $\mathrm{I^-}$ の酸化反応である. 反応 ①, ②, ③ より, $\mathrm{Cl_2}$, $\mathrm{Br_2}$, $\mathrm{I_2}$ の酸化剤としての力が

$$\mathrm{Cl_2} > \mathrm{Br_2} > \mathrm{I_2}$$

であることがわかる. 表 12.2 の標準電極電位 $E°$ の値 $E°(\mathrm{Cl_2, Cl^-}) = 1.36\,\mathrm{V}$, $E°(\mathrm{Br_2, Br^-}) = 1.07\,\mathrm{V}$, $E°(\mathrm{I_2, I^-}) = 0.53\,\mathrm{V}$ は塩素 $\mathrm{Cl_2}$, 臭素 $\mathrm{Br_2}$, ヨウ素 $\mathrm{I_2}$ (さらにフッ素 $\mathrm{F_2}$) の酸化剤としての能力を数字で示している.

12.5 実用電池と燃料電池

(1) 実用電池

ダニエル電池のような液体型の電池は実用上不便である. そこで, 普通には電解質が水溶液ではなくてのり状のものにした**乾電池**が使用されている. 電池では, 化学反応が進行して平衡に達する (放電が進行して電気を取り出せなくなる) と電池としては寿命である. このようなタイプの電池を**一次電池**という. これに対して, 放電した後, 逆向きに外部から電気を通ずる (充電する) とほとんどもとの状態にもどることを前提とする電池がある. このタイプの電池を**二次電池**という. 一次電池の最も代表的なものがマンガン乾電池と (マンガン) アルカリ乾電池であり, 二次電池の代表がリチウムイオン電池と自動車などに使用されている鉛蓄電池である.

マンガン乾電池の構造を図 12.6 に示す.

鉛蓄電池は負電極に鉛 Pb, 正電極に酸化鉛 (IV) $\mathrm{PbO_2}$, 電解質に希硫酸 $\mathrm{H_2SO_4}$ を用いている. 全体の反応としては

$$\mathrm{Pb} + \mathrm{PbO_2} + 2\mathrm{H_2SO_4} \underset{\text{充電}}{\overset{\text{放電}}{\rightleftharpoons}} 2\mathrm{PbSO_4} + 2\mathrm{H_2O} \qquad (12.15)^*$$

である. 放電が進むと $\mathrm{H_2SO_4}$ の濃度が低下し, それに伴って溶液の密度も低下する (硫酸の密度は水より高い) ので, 溶液の密度からおおまかな放電状態を知ることができる.

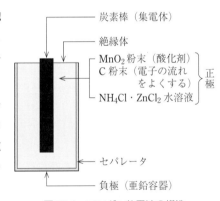

図 12.6 マンガン乾電池の構造

炭素棒 (集電体)
絶縁体
$\mathrm{MnO_2}$ 粉末 (酸化剤)
C 粉末 (電子の流れをよくする) 正極
$\mathrm{NH_4Cl \cdot ZnCl_2}$ 水溶液
セパレータ
負極 (亜鉛容器)

＊負極では
$\mathrm{Pb} + \mathrm{SO_4^{2-}}$
$\longrightarrow \mathrm{PbSO_4} + 2\mathrm{e^-}$
正極では
$\mathrm{PbO_2} + 4\mathrm{H^+} + \mathrm{SO_4^{2-}} + 2\mathrm{e^-}$
$\longrightarrow \mathrm{PbSO_4} + 2\mathrm{H_2O}$

リチウムを用いた電池

　リチウム Li を用いた電池には一次電池（リチウム電池）と二次電池（リチウムイオン電池）の2種が存在する．Li は電気化学的には最も強力な還元力をもつ金属（表 12.2 参照）であるので，大きな出力電圧（3 V 以上）が得られる．Li の密度も金属中で最小の $0.53\,\mathrm{g/cm^3}$ であるので，電池の質量あたり取り出せる電力量も多い．しかし，Li は水と反応するため，電解質水溶液を用いることができないので耐電圧性に優れた有機電解質（可燃性）を使用している．リチウムが地球全体として資源的に乏しく，偏在していることも利用拡大の難点である．

（2）燃料電池

　酸化反応である燃焼反応を電極反応としたものが**燃料電池**である．燃料電池では，燃料の化学エネルギーを直接電気エネルギーに変換するので，ガソリンエンジンやガスタービンを介して発電する場合より熱効率はたいへん高い．また，燃料電池では反応に必要な燃料を外部から供給しながら発電がなされるので，電池というよりも反応装置と考えたほうがわかりやすい．

　水素燃料電池の構造を図 12.7 に示す．全体としての反応は水素の燃焼反応である．

$$H_2(g) + \frac{1}{2}O_2(g) \longrightarrow H_2O(l) \tag{12.16}$$

水素燃料電池の常温における理論最高効率は 80 % を超える．

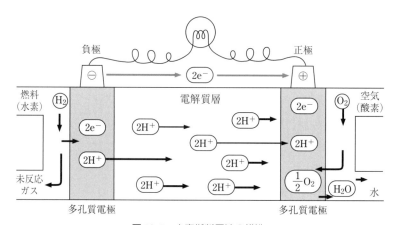

図 12.7 水素燃料電池の構造

負極（水素極）の反応：$H_2 \longrightarrow 2H^+ + 2e^-$

正極（空気極）の反応：$\frac{1}{2}O_2 + 2H^+ + 2e^- \longrightarrow H_2O$

単位電池の出力は小さいので，これをいくつか積層する．

問題 12.5 "水素燃料電池は熱効率が高く，エネルギーを取り出して排出されるものは H_2O のみで，環境負荷も少ない."この見解は正しいが見落としている問題点もある．どのような点か．

解答 ① 天然の水素源というものはない．水素をどのようにして得るか（水の電気分解ではその電気エネルギーはどのようにして？）という点，② 水素が天然ガスより安全性の点で輸送面を含め，取り扱いにくいこと，③ 社会全体としての水素供給設備の費用，など．

12.6 電気分解

電池が自発的な酸化還元反応を利用して化学反応エネルギーを電気エネルギーとして取り出すものであるのに対して，その逆に，外部から電気エネルギーを与えて強制的に酸化還元反応を行わせることを**電気分解**という．電気分解では図 12.8 に示すように，直流電源の正極とつないだ極を**陽極（アノード）**，負極とつないだ極を**陰極（カソード）**（p. 116 の囲み事項参照）という．

電極での反応は次のようである．

陽極（アノード） イオンや分子が電子を失う酸化反応が起こる

陰極（カソード） 外部から電子が流れ込み，還元反応が起こる

電気分解は工業的にも重要であり，多方面で応用されている．

① 水酸化ナトリウム NaOH の製造

$$2NaCl + 2H_2O \longrightarrow 2NaOH + H_2 + Cl_2$$

実際の電解槽では，図 12.9 に示すように Na^+ イオンだけを通す陽イオン交換膜で陽極側と陰極側を区切る．陽極では Cl^- が酸化されて Cl_2 となる．陰極では Na^+ の還元電位が大きな負の値（表12.2 参照）なので，Na^+ イオンは還元されず，H_2O が分解されて H_2 が発生するので水酸化物イオン OH^- の濃度が増加する*．この

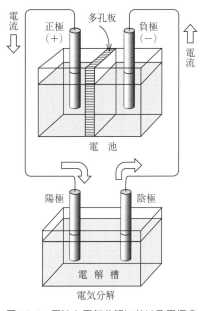

図 12.8 電池と電気分解における電極のよび方

*$2H_2O + 2e^-$
  $\longrightarrow H_2 + 2OH^-$

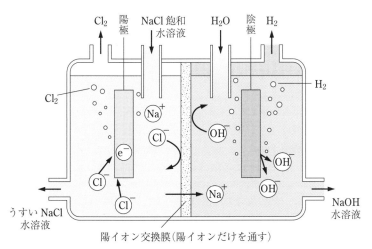

図 12.9 陽イオン交換膜を用いた NaCl 水溶液の電気分解による NaOH の製造

電荷を打ち消すために Na$^+$ イオンがイオン交換膜を通して陰極側に移動してきて濃厚な NaOH 水溶液が得られる．

 ② 酸化アルミニウム(アルミナ)Al$_2$O$_3$ より金属アルミニウム Al の製錬

酸化アルミニウムの融点は 2000℃ 以上であるが，氷晶石 Na$_3$[AlF$_6$] と混ぜると約 1000℃ で融解する．この融解状態で電気分解(**融解塩電解**)により，Al$_2$O$_3$ を還元する．

 ③ 粗銅より純銅の精錬

粗銅を陽極とする．粗銅は酸化されて Cu^{2+} イオンとなって溶け出す．粗銅に含まれていて銅よりイオン化傾向の小さい金 Au，銀 Ag，白金 Pt などは陽極の下に**陽極泥**として蓄積する*．溶け出した Cu^{2+} イオンは陰極で還元され，電極である銅板上に 99.99 ％ 以上の銅が析出する．

 ④ めっき

めっきするべきものを陰極，めっき材料となる金属を陽極とする．③で述べた銅の精錬はめっきの例である．

問題 12.6 白金を電極として，KI 水溶液を電気分解したとき，それぞれの極での反応と全体としての反応を示せ．

解答 陽極 $2I^- \longrightarrow I_2 + 2e^-$
    陰極 $2H_2O + 2e^- \longrightarrow H_2 + 2OH^-$
    全体 $2I^- + 2H_2O \longrightarrow I_2 + H_2 + 2OH^-$
    (あるいは $2KI + 2H_2O \longrightarrow 2KOH + H_2 + I_2$)

問題 12.7 めっきには「無電解めっき(化学めっき)」** という方法があり，プラスチックなど不導体表面のめっきに応用されている．この方法はどんな方法なのか．

ヒント めっきは金属イオンを還元して金属皮膜をつくっている．

*銀や金は陽極泥を電極板として電解すると得られる．陽極泥は銅精錬の重要産物である．

**アルデヒド R-CHO を使用した [Ag(NH$_3$)$_2$]$^{2+}$ の還元である銀鏡反応もこの例である．

演習問題 12

1. 次の化合物に含まれる＿＿を引いた原子の酸化数を求めよ．
 (1) 一酸化炭素 $\underline{C}O$ (2) メチルアルコール $\underline{C}H_3OH$
 (3) 塩化カルシウム $\underline{Ca}Cl_2$ (4) 炭酸水素ナトリウム $NaH\underline{C}O_3$
 (5) 塩素酸カリウム $K\underline{Cl}O_3$ (6) 硫酸 $H_2\underline{S}O_4$
 (7) リン酸 $H_3\underline{P}O_4$ (8) 硝酸 $H\underline{N}O_3$

2. 植物の光合成と動物の呼吸作用との関係を酸化還元反応の立場から説明せよ．

3. 電池と電気分解の場合の電極の名称について説明せよ．

4. ダニエル電池とはどのような電池か．

5. Li を用いた電池の長所と弱点について述べよ．

6. NaCl 水溶液の電気分解による NaOH の製造法を説明せよ．

7. 銅の電解精錬で得られる陽極泥とはどのようなものか．

熱エネルギーと化学反応　13

　物質の状態変化に伴う蒸発熱や融解熱については 8 章 1 節で言及
した．本章においてはもっと広く，"熱とは何か"ということと，
物質が化学変化する際の熱エネルギーについて考察する．

13.1　熱 と 温 度 計

(1)　熱

　熱（heat）とは何であろう？　この疑問を流れという点から考え
てみる．水の流れ，電気の流れ，熱の流れ，の 3 つの現象を流れを
引き起こすもの，流れるもので比較すると表 13.1 のようになる．

表 13.1　水の流れ，電気の流れ，熱の流れの比較

現象	流れを引き起こすもの（駆動力）	流れるもの
水の流れ	水圧の差	水分子
電気の流れ＝電流	電位差＝電圧	電子
熱の流れ	温度差	？

　それぞれの流れは水圧，電位，温度の高いほうから低い方へ向か
う．ところで，熱の流れで，"？"の箇所には何が入るのであろう
か．この場所に入るものとして，18 世紀には**熱素**というものが考
えられた．この考えを**熱素説***という．

　熱素説によれば，熱の流れは熱素という熱の最小単位の物質が移
動することである．熱は高温側から低温側へ移動するから，ある物
質の温度が高いということはその物質が低温側の物質より，より多
くの熱素を含んでいるということになる．熱素を粒子で表すと図
13.1 のようになる．

　熱素説は熱の伝導や温度の異なる液体を混合したときの温度変化
をうまく説明できる．しかし，摩擦熱について，注意深い観察がな
されたとき，熱素説の破綻が明らかとなった．すなわち，熱はエネ
ルギーの一つの形であって，他のエネルギーとの交換ができる．

　問題 13.1　摩擦熱が発生する条件を考え，摩擦熱のどんな点が熱
　素説では説明できないのかについて答えよ．

*近代化学の創始者の一人ラ
ボアジェ（1743 〜 1794 年）
はその著書『化学原論』の
中で熱素を光とともに自然
界に普遍的に存在する元素
としている．

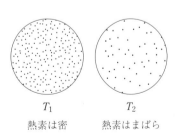

T_1	T_2
熱素は密	熱素はまばら

図 13.1　$T_1 > T_2$ の 2 つの温度に
　おける熱素の詰まり方

解答 摩擦熱は，ある物体が運動している間には継続していくらでも生じて，なくなることがない．熱素が物質であれば，それが量的に限りなく発生・移動できることは起こりえないはずである．

熱を発生させる方法には次のようなものがある．
① 酸化反応の熱（燃焼による）

　　　火を出すものばかりでなく，化学カイロの発熱（鉄の酸化熱）のような火を出さない酸化反応の熱もある．
② 酸化反応以外の化学反応（例：過酸化水素 H_2O_2 の分解）による熱
③ 摩擦による熱

　　　力学における運動エネルギー $\frac{1}{2}mv^2$ [式 (1.16)，m は質量，v は速度] が熱に変われば，物質の温度は上昇する．摩擦があれば熱が発生し，その分だけ速度 v は小さくなる．
④ 電気による抵抗線の加熱
⑤ マイクロ波とよばれる電磁波による加熱 ＝ 電子レンジでの加熱
⑥ 太陽光の中の赤外線によるような光や放射線による熱
⑦ 核分裂や核融合による熱

問題 13.2 電子レンジでの加熱は水を含むものでないとできない．どうしてか．

解答 電子レンジでは 2450 メガヘルツ（MHz）という周波数の電波が使われる．この周波数の電磁波は分子集団として分極している水に特異的に吸収されて熱に変わる．それゆえ，水がないと加熱されない．

（2） 温 度 計

熱と温度との違いは近代になってやっと認識されるようになった．ガリレオ（1564 ～ 1642 年）は空気の膨張を利用した簡単な温度計をつくった．ファーレンハイト（1686 ～ 1736 年）は 1724 年に

食塩と雪をまぜた状態（当時得られる最低温度）	0 度
人間の体温	96 度

というカ氏温度目盛 °F を提案した．この目盛では水の凝固点と沸点は 32 °F，212 °F となる．セルシウス（1701～1744 年）は 1742 年に氷の融点と水の沸点を基準とし，その間を 100 等分するセ氏温度（セルシウス温度，℃）を提案し，これが今日広く用いられている．

SI における温度規準はカ氏温度やセ氏温度のような 2 点規準で

はなくて1点規準である．その基準は

水，氷，水蒸気が共存するときの温度 = 273.16 K

というものである．しかし，この基準で測定してみると
　　1013 hPa での水の凝固点 = 氷の融解点 = 273.15 K = 0℃
　　1013 hPa での水の沸点 = 99.974℃
となり，セルシウスが提唱した温度定点は通常問題とする精度では
変わらない．実用温度計の具体例とその測定原理を表13.2に示す．

表13.2　温度測定原理と温度計の例

原　理	具　体　例	特徴など
熱膨脹	アルコール温度計 （実際はアルコールでなく着色した灯油）	安価，正確さに欠ける．
	水銀温度計	精確，高価
熱起電力	熱電対温度計	計器に多く用いられる
電気抵抗	サーミスタ温度計	
相転移	液晶温度計	温度に応じて色が変わる
赤外線放射	非接触型温度計	測定対象物と非接触

13.2　熱力学第一法則

（1）　熱力学の基本用語

　エネルギーの変化とその方向性を取り扱う科学の分野を**熱力学**という．熱力学を学ぶ第1段階として，以下に示すいくつかの熱力学用語を理解することが必要である．

状態量：温度，圧力，体積のように，考えている系の状態を決める物理量．状態量は，その状態となるまでの経路によらない．たとえば，"温度 30℃"は，どのような経路で 30℃ になろうと，同じ状態である．しかし，熱や仕事は状態量ではない*．

系：考えている物質の集まった，分子や原子の大きさからみて巨大なもの．系の外を**外界**といい，系と外界をわけるのが**境界**である（図13.3参照）．熱力学では次の3つの系を考える．

開放系：境界を通して系と外界とが物質やエネルギーを交換できる系．例は化学反応を行っている系である．

閉鎖系：境界を通してエネルギーは移動できるが物質は交換できない系．例は締め切った容器内に物質を閉じ込め，これを加熱あるいは冷却するような場合である．

孤立系：系と外界とを分ける境界が熱を通さない断熱壁であって，系と外界との間で物質やエネルギー交換ができない系．例は蓋のされた魔法瓶内での物質の化学的，物理的変化．

*たとえば，質量 m の物体が，高さ h_A の A 地点から遠方にある高さ h_B の B 地点に達するのに必要なエネルギーは経路によるが，位置エネルギーの変化は $|mg(h_B - h_A)|$ で，この量は経路によらない．

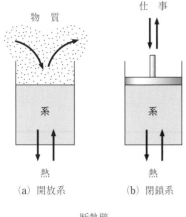

物　質

仕　事

系

系

熱

熱

(a) 開放系

(b) 閉鎖系

断熱壁

系

(c) 孤立系

図 13.2　熱力学で取り扱う 3 つの系

熱力学で考える上記の 3 つの系を模式的に図 13.2 に示す．しかし，どのようなものを系として考えるかは任意である．

系内の物質がある状態から他の状態へ変化することを状態変化という．状態変化が周囲にまったく変化を生じることなく（平衡状態を保ったまま）進行し，はじめの状態にもどることができる場合を**可逆変化**，そうでない場合を**不可逆変化**という．現実の状態変化は有限の速度で進行するから必ず不可逆変化である．しかし，変化速度をどんどん遅くしていった極限として，系と外界とが平衡にありながら，無限の時間の間に変化が進行する過程（**準静的過程**）を考えることはできる．

(2)　熱力学第一法則

熱力学第一法則とは力学におけるエネルギー保存則を熱エネルギーを含むようにまで拡大したもので

　　　エネルギーの形態がどのように変わろうとも，エネルギーの総量は増減しない．

と表現される．系が外界より熱量 Q と仕事 W を受け取り，そのエネルギー状態が状態 1 から状態 2 に変化した場合，熱力学第一法則の内容を数式で表すと

$$U_2 - U_1 = Q + W \tag{13.1}$$

すなわち

$$\Delta U = Q + W \tag{13.2}$$

となる．ここで U は系内部の状態によって決まるエネルギーで**内部エネルギー**とよばれ，$\Delta U = U_2 - U_1$ はその変化量である．

前項で述べた孤立系とは $Q = W = 0$ の系であるから，式 (13.2) より $\Delta U = 0$ となる．

式 (13.2) を模式的に表現すると図 13.3 のようになる．

熱量 Q

外界

系
状態変化
$\Delta U = U_2 - U_1$

仕事
W

境界

図 13.3　熱力学第一法則の模式図

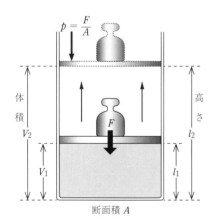

$p = \dfrac{F}{A}$

体積

高さ

V_2

F

l_2

V_1

l_1

断面積 A

図 13.4　気体の体積変化と仕事

図 13.4 に示すように，摩擦のないピストンと断面積 A のシリンダーからなる系で，シリンダー内の気体が一定の外圧 p に逆らって V_1 から V_2 まで $\Delta V = V_2 - V_1$ だけ体積変化したときを考える．

このとき，系が受け取った仕事 W は式 (1.15) より

$$W = -F(l_2-l_1) = -\frac{F}{A}(V_2-V_1) = -p\,\Delta V \qquad (13.3)$$

である．式 (13.3) は次のことを示している．

　　膨張では $\Delta V > 0$，このとき $W < 0$　　系は外界に仕事

　　圧縮では $\Delta V < 0$，このとき $W > 0$　　系は外界より仕事

式 (13.3) を式 (13.2) に代入すると次式が得られる．

$$\Delta U = Q - p\,\Delta V \quad (\text{圧力一定}) \qquad (13.4)$$

すなわち

$$Q = \Delta U + p\,\Delta V \quad (\text{圧力一定}) \qquad (13.5)$$

問題 13.3　断熱シリンダー内にある理想気体が熱を吸収して 1013 hPa の外圧に逆らって $2.0\,\mathrm{m^3}$ 体積膨張した．体積変化に伴って系が外界へした仕事を求めよ．系が受け取る仕事を W とすれば，系がした仕事は $-W$ で与えられる．

解答　$-W = p\,\Delta V = (1013\,\mathrm{hPa}) \times (2.0\,\mathrm{m^3}) \approx 203\,\mathrm{kJ}$

例題 13.1　圧力 $0.10\,\mathrm{MPa}$ のもとで，ある気体に $20\,\mathrm{kJ}$ の熱を加えたとき体積が $0.10\,\mathrm{m^3}$ 増加した．このときの気体の内部エネルギーの増加量を熱力学第一法則を用いて求めよ．

解答　題意の数字を式 (13.4) に代入する．

$$\begin{aligned}
\Delta U &= (20\,\mathrm{kJ}) - (0.10\,\mathrm{MPa} \times 0.10\,\mathrm{m^3}) \\
&= (20\,\mathrm{kJ}) - (0.01 \times 10^6\,\mathrm{Pa \cdot m^3}) \\
&= (20\,\mathrm{kJ}) - (10\,\mathrm{kJ}) \\
&= 10\,\mathrm{kJ}
\end{aligned}$$

（3）　断 熱 変 化

　外界と系との間に熱の交換がない場合の変化を**断熱変化**という．これは図 13.3 で，系を外界から隔てている境界が完全に熱を遮断する壁の場合であり，現実には，そのような断熱材は存在しない．しかし，外界から系への熱エネルギーの伝達速度に比べて系内での変化が急速である場合には，その変化を断熱的と考えても構わない．断熱変化では $Q = 0$ であるから，式 (13.4) は

$$\begin{aligned}
\Delta U &= 0 + W \\
&= -p\,\Delta V
\end{aligned} \qquad (13.6)$$

となる．断熱変化では，系になされた仕事 W はすべて系の内部エネルギーの変化となり，この変化は温度の変化となる．

　圧縮では $\Delta V < 0$ であるから $\Delta U > 0$ となる．すなわち，断熱圧縮すると気体の温度は上昇する．逆に断熱膨張では $\Delta U < 0$ であるから気体の温度は降下する[*]．

＊ジーゼルエンジンでは燃料気体を断熱圧縮することによって発火温度以上にまで昇温させている．また，断熱膨張は液体空気の製造など，工業スケールでの低温を得る方法として用いられている．

(4) エンタルピー

エンタルピー H は

$$H = U + pV \tag{13.7}$$

で定義される．状態 1 から状態 2 への変化を考えると

$$\Delta H = (状態 2 での U + pV) - (状態 1 での U + pV)$$
$$= U_2 - U_1 + p_2 V_2 - p_1 V_1$$
$$= \Delta U + p_2 V_2 - p_1 V_1 \tag{13.8}$$

となる．状態 1 から状態 2 への変化が一定圧力 p で進行したならば，$p_1 = p_2 = p$ である．このとき式 (13.8) は次のようになる．

$$\Delta H = \Delta U + p_2(V_2 - V_1)$$
$$= \Delta U + p\,\Delta V$$
$$(\Delta V = V_2 - V_1) \tag{13.9}$$

一定圧力下での変化の例として，液体が熱量を吸収して気体へ変化すること，すなわち蒸発 (気化) を考えてみよう．このときの吸収熱量 Q は蒸発熱 (気化熱) であり，この Q は式 (13.5) より式 (13.9) のエンタルピー変化 ΔH となる．すなわち，蒸発熱は蒸発エンタルピーである．

13.3 化学反応と熱エネルギー

(1) 反応エンタルピーと熱化学方程式

ほとんどの反応には熱の出入りが伴う．慣例的には「反応熱」というような表現もなされているが，考えている反応 (変化) が一定圧力下で行われれば*，そのとき発生する熱量は熱力学的にはエンタルピー変化であるから，**反応エンタルピー**というべきである．

反応エンタルピー (反応熱) の情報を含めて表した化学反応の式を**熱化学方程式**という．水素と酸素の反応

$$2H_2 + O_2 \longrightarrow 2H_2O \tag{13.10}$$

を例として考える．この反応 (13.10) に発生熱量の情報を組み込んだ熱化学方程式では

$$2H_2 + O_2 = 2H_2O\,(気) + 484\ kJ \tag{13.11}$$

$$2H_2 + O_2 = 2H_2O\,(液) + 572\ kJ \tag{13.12}$$

となる．熱化学方程式で注意すべき事項を次に示す．

① 式 (13.10) の化学反応式では左辺と右辺が $\longrightarrow$ で結ばれているのに対して式 (13.11) と式 (13.12) では方程式という表現に対応して，= で結ばれている．

② 熱化学方程式では必要に応じて，反応に関与する物質の後ろに ( ) をつけ，そのなかに物質の状態 (気体ならば "気" あるいは gas を意味する "g"，液体ならば "液" あるいは liquid

*気体反応では，実験操作は "定まった容器" という体積一定でなされる．このとき外界に対する仕事は 0 だから，式 (13.2) より $Q = \Delta U$ となる．

を意味する "l"，固体ならば "固" あるいは solid を意味する "s"，水溶液の場合はラテン語の水 aqua の略語である aq) を書き示す．

③ 式 (13.11) と式 (13.12) の右辺の ＋484 kJ，＋572 kJ の＋ はそれだけの熱が発生すること（**発熱反応**）を意味する．逆に，周囲から熱を奪う場合（**吸熱反応**）には－符号をつける．

④ 本書では，高校化学との連続性と理解のしやすさを考慮して，本章だけでなく随所で熱化学方程式を用いている．しかし，熱化学方程式は物質の変化を表す化学反応式に物質ではない物理量の熱エネルギーを 1 つの式に含んでいて，論理的には成立しない．熱化学方程式はあくまで，学習過程での便法に過ぎない．

熱力学での ＋ と － の取り方

熱力学では系を中心に考え，系に入る熱量や仕事をプラス，系から出ていく仕事や熱量をマイナスにとる．A —— B の変化で発熱するということは，反応物である A はそれだけエネルギーを失ったということで，反応を外部から眺めて発熱を ＋，吸熱を－で表す熱化学方程式とは符号が逆となる．

反応熱を熱化学方程式で表示した場合と標準エンタルピーを用いた場合との表示の比較を下に示す．

熱化学方程式での表現　　$C + O_2 = CO_2 + 394$ kJ

標準生成エンタルピーでの表現

$$C + O_2 \longrightarrow CO_2; \quad \Delta_f H^\circ = -394 \text{ kJ/mol}$$

1 mol の CO_2 は元素の状態より 394 kJ だけ低いエネルギー状態にある．

式 (13.11) の両辺を 2 で割ると

$$H_2 + \frac{1}{2} O_2 = H_2O \text{（気）} + 242 \text{ kJ} \qquad (13.13)$$

となる．圧力一定という条件の下で，物質 1 mol が酸素が十分にある状態で燃焼（これを完全燃焼という）したときに発生する熱量を **燃焼エンタルピー** という．式 (13.13) は水素の燃焼エンタルピーが 242 kJ/mol であることを示している．

式 (13.13) を変形すると

$$H_2O \text{（気）} = H_2 + \frac{1}{2} O_2 - 242 \text{ kJ} \qquad (13.14)$$

となる．式 (13.14) は 1 mol の気体の H_2O が 1 mol の H_2 と $\frac{1}{2}$ mol の O_2 に分解する反応は外部から 242 kJ の熱を吸収する反応であることを示している．

問題 13.4 熱化学方程式

$$H_2O \text{（液）} = H_2O \text{（気）} - 44\,kJ$$

において，$-44\,kJ$ が何を示しているのかを説明せよ．

解答 液体の状態の水が気体の水となる過程（蒸発）では水 1 mol あたり周囲から 44 kJ の熱エネルギーを奪うということ．

問題 13.5 グルコース $C_6H_{12}O_6$ の燃焼反応

$$C_6H_{12}O_6 + 6O_2 = 6H_2O + 6CO_2 + 2800\,kJ$$

に関して，1 g のグルコースが燃焼すると 15.6 kJ の熱量を放出することを確かめよ．

ヒント まず，グルコース $C_6H_{12}O_6$ の分子量を求めよ．

（2） 標準生成エンタルピー

1 mol の化合物が標準状態 (25℃，0.1013 MPa = 1 気圧 この標準状態は理想気体の法則の場合の標準状態とは異なる) の元素の単体よりできるとき，吸熱あるいは発熱する熱量を**標準生成エンタルピー**といい，これを $\Delta_f H°$ で表す．添え字の f は生成 formation を意味する．

標準生成エンタルピーのいくつかを表 13.3 に示す．$\Delta_f H°$ は吸熱ならば正，発熱ならば負（前頁の囲み事項参照）である．

表 13.3 標準生成エンタルピー

物質の化学式	$\Delta_f H°/(kJ/mol)$
H_2O（気）	-242
H_2O（液）	-286
CO（気）	-111
CO_2（気）	-394
CH_4（気）	-75
C_2H_6（気）	-85
C_2H_4（気）	52
C_2H_2（気）	227
C_2H_5OH（液）	-278

（3） ヘスの法則

反応エンタルピー（反応熱）$\Delta_r H°$ は物質の最初と最後の状態によって決まり，途中の経路によらない．これを**ヘスの法則**という．ある状態におかれた物質はその固有のエネルギーをもつので，反応式の右辺の物質の総エネルギー量と左辺の物質の総エネルギー量の差が反応エンタルピー（反応熱）となる．したがって，ヘスの法則は必ず成立する法則である．

ヘスの法則を応用すると既知の反応エンタルピーを用いて未知の反応エンタルピーを求めることができる．実務的には，反応エンタルピーでの表現より反応エンタルピーと反応式を一体化した形式である熱化学方程式を用いるほうがわかりやすいかもしれない．

未知である反応エンタルピーを既知の反応エンタルピーから求める例として，炭素が一酸化炭素となる反応の熱化学方程式

$$C + \frac{1}{2}O_2 = CO + Q \qquad\qquad (13.15)^*$$

を取り上げ，熱化学方程式での計算とそれにあわせての物質のエネルギー関係を図 13.5 で示す．

$$C + O_2 = CO_2 + 394\,kJ\,（既知）\cdots①^*$$

$$CO + \frac{1}{2}O_2 = CO_2 + 283\,kJ\,（既知）\cdots②^*$$

$$①-②\quad C - CO + \frac{1}{2}O_2 = +111\,kJ$$

移項すれば

$$C + \frac{1}{2}O_2 = CO + 111\,kJ$$

であるから，式 (13.15) で $Q = 111\,kJ$ が得られる．

ヘスの法則を標準生成エンタルピー $\Delta_f H^\circ$ を用いて表現すれば

反応エンタルピー ＝（生成物の $\Delta_f H^\circ$ の総和）

$$-（反応物の \Delta_f H^\circ の総和）\qquad (13.16)$$

となる．

問題 13.5 表 13.3 を用いて次の反応の反応エンタルピー ΔH を求めよ．メタン CH_4 が完全燃焼するときの発熱量はいくつか．

$$CH_4\,（気） + 2O_2\,（気） \longrightarrow CO_2\,（気） + 2H_2O\,（液）；\Delta H$$

解答 $\Delta H = -891\,kJ/mol,\ 891\,kJ/mol$

13.4 熱力学第二法則

（1） 熱力学第二法則

エネルギー保存という熱力学第一法則の枠内では "50℃ の物体の半分が 100℃，残りの部分が 0℃ になる" ことも許される．しかし，熱の伝導は高温部から低温部にしか向かわない不可逆変化であって上記の変化は自然には起こらない．冷蔵庫のような冷却装置（冷却部と放熱部からなる）では，上記のようなことが行われているが，冷却のためには外部からエネルギーを供給することが必要である．このような，熱力学第一法則では規定できない熱移動や変化の方向を規定している法則が**熱力学第二法則**である．

熱力学第二法則には，いろいろな表現があるが代表的なものを下記に示す．これらの表現で重要な部分に下線を引いておく．

① 外部に影響を与えないで熱エネルギーのすべてを仕事に変えることはできない．

② 低温の物体から高温の物体へ，熱が自然に移動することはできない．

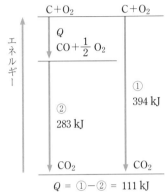

*反応 (13.15) を実験するのは難しい．炭素 C の 1 mol と酸素 O_2 の $\frac{1}{2}$ mol を燃焼させても，必ず反応①と②が併発する．これに対して，反応①と②はそれぞれ炭素 C と一酸化炭素 CO の完全燃焼で，その実験は難しくない．

$$Q = ① - ② = 111\,kJ$$

図 13.5 ヘスの法則の応用例

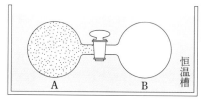

図13.6 気体の真空中への膨張

（2） エントロピー

前記（1）で記述された自然変化の方向を規定する熱力学第二法則を定量化した表現とするために**エントロピー**という物理量が使用される．エントロピーとは一体どのような物理量であろうか？

自然に進行する変化の例として図13.6のような装置で，気体が膨張して体積を増加する過程を考えてみる．単純化するために，当初はフラスコAにのみ気体分子が詰まっていてフラスコBは真空であるとする．中間にあるコックを開くとA内にあった分子は急速にBの中に広がり，2つのフラスコ内の圧力は等しくなる．しかし，逆の反応，すなわち，A,Bのフラスコ内で均一に分布していた分子が一方のフラスコだけに集まることは自然には起こらない．

図13.6で，フラスコBは真空としたが，もしBにAの中にある分子とは別の分子が入っているとしたならば，コックを開けば，2種の気体の間に特別の反応や相互作用がなければ混合が起こる．そして生じた混合気体が別々に分かれていたはじめの状態にもどることも，自然には起こらない．

系の状態として，同じ気体分子が全体で6個という事例について考察してみよう．分子それぞれにa, b, …, fの印をつけて区別することができるようにして，これらの分子が図13.6のような2個のフラスコA，Bの間を自由に移動するときどのような配分が起こりえるのかを考えてみると，これは同じ6個の玉を無作為に2つに分けるときの分配の問題となる．この問題で，フラスコAにn個，Bに$6-n$個を配分する方法の数Wとその状態が生ずる確率Pは表13.3のようになる．

表13.3 6個の球をA, Bの2組に分けるときの配分法とその確率

配　分 A—B	配分法の数 W	確　率 P
6—0	1	$\left(\dfrac{1}{2}\right)^6 = \dfrac{1}{64}$
5—1	6	$\left(\dfrac{1}{2}\right)^5\left(\dfrac{1}{2}\right)^1 \dfrac{6!}{5!1!} = \dfrac{6}{64}$
4—2	15	$\left(\dfrac{1}{2}\right)^4\left(\dfrac{1}{2}\right)^2 \dfrac{6!}{4!2!} = \dfrac{15}{64}$
3—3	20	$\left(\dfrac{1}{2}\right)^3\left(\dfrac{1}{2}\right)^3 \dfrac{6!}{3!3!} = \dfrac{20}{64}$

A,Bいずれかのフラスコに6個分子が集まる極めて秩序化された状態となる配分法は1つしかなく，その確率はもっとも低い．配分法の数が最大なのはA,Bに3:3の均等に配分される場合である．分子数をどんどん多くしていくにつれて，一方のフラスコに分

子が集中する確率はゼロに近づき，また最も生じやすい配分状態は
A, Bのフラスコに均等に配分する最も配分数が多い状態であることは容易に理解できるであろう．真空膨張は2つのフラスコの間の圧力が不均一な状態から均一な状態への自然変化であり，A, Bのフラスコ内の圧力が均一な状態は分子が最も無秩序に配置されている．そして，2つのフラスコに均等に配分された分子が，どちらかのフラスコに集合するようなことは自然には生じない．

変化の方向をまとめると，次のようになる．

エントロピーは分子レベルでの秩序の程度を定量化したパラメータである．変化の起こる前後の微視的に見た「状態の数」をそれぞれ W_{intial}, W_{final} とすれば，この変化に伴うエントロピー変化 ΔS は

$$\Delta S = k \ln \frac{W_{\text{final}}}{W_{\text{intial}}} \quad （k はボルツマン定数） \tag{13.17}$$

で表される．自然変化は $W_{\text{intial}} < W_{\text{final}}$ であるから，エントロピーは自然変化で増加する．

系と外界との温度が等しく，熱量のやり取りが可逆的な過程に対するエントロピー変化 ΔS は次の式により与えられる．

$$\Delta S = \frac{Q}{T} \quad （可逆過程） \tag{13.18}$$

式 (13.18) が式 (13.17) と同じ物理量 ΔS の表現である，ということに違和感をもつかもしれない．自然変化の方向に対して，式 (13.17) は分子レベルでの微視的な立場から，式 (13.18) は分子が集合した巨視相での立場からのエントロピーの表現である．そして，たとえば分離状態にある二成分 A, B が定温定圧で混合するという過程のエントロピー増加を考えた場合，式 (13.17) と式 (13.18) に基づく2つの式は同じ式を与える．

式 (13.18) に対応する不可逆過程のエントロピー変化は

$$\Delta S > \frac{Q}{T} \tag{13.19}$$

である．式 (13.18) と式 (13.19) をまとめると次のようになる．

$$\Delta S \geqq \frac{Q}{T} \quad （等号は可逆過程） \tag{13.20}$$

熱量 Q はその状態に至る過程によって変わるので，状態を指定するだけでは定まらない量であるが，エントロピーは状態が決まれば定まる状態量である．

エントロピーという言葉を用いると熱力学第二法則は次のように表現される.

孤立系での自然変化はエントロピーが増加する方向に進む.

問題 13.6　自然変化の方向が，より無秩序な状態に向かい，逆方向の変化は自然には起こらない，という具体例を複数挙げよ.

解答　たとえば
- 水に墨を落とすと，時間の経過につれて墨が水に広がっていく.
- 高温の物体と低温の物体を接触させると熱が低温側へ移動し，低温側と高温側の温度差がどんどん小さくなる.
- 粗い面に接している物体を動かすと物体の運動エネルギーは減少する. 同時に摩擦熱が発生して，その物体と周囲の温度が上昇し，分子はより無秩序に動き回る.

例題 13.2　圧力 1013 hPa，100℃ の水の蒸発エンタルピーは 40.7 kJ/mol である. 蒸発に伴うエントロピー変化を求めよ.

解答　沸騰は　液体 ⇌ 気体　の可逆的な変化過程（圧力を 1013 hPa より無限小だけ低い圧力にすれば反応は右側に進み，無限小だけ高い圧力にすればで反応は左に進む）であり，圧力一定であるから，エンタルピー変化は熱量に等しい. したがって式 (13.18) と 100℃ = 373.15 K より

$$\Delta S = \frac{40.7 \text{ kJ/mol}}{373.15 \text{ K}} = 0.109 \text{ kJ/(mol·K)}$$

となる. 液体から気体へ状態が変化すると，エントロピーは増加してより無秩序な状態となっている.

式 (13.17) あるいは式 (13.18) が与えるものはエントロピーの変化量だけであり，エントロピー S の絶対値は与えられない. 絶対零度でのエントロピーの値 $S_{T=0}$ を基準とすれば，任意の温度 T におけるエントロピーの絶対値は

$$S = \sum_i \Delta S_i + S_{T=0} \tag{13.21}$$

により求まる. ここで ΔS_i は $T = 0$ より $T = T$ に至る途中で生じた過程 i（温度変化，相転移など）でのエントロピー変化量である. エントロピーを系の秩序度とすれば，絶対零度に近づくにつれて，物質を構成する分子や原子の運動も止まってくる. 構成する粒子が全ての格子点を占める完全結晶では，絶対零度で粒子がとることができる微視的状態は 1 つである. そこで完全結晶の絶対温度におけるエントロピー $S_{T=0} = 0$ であるとすることができる. これを**熱力学第三法則**という.

(3) ギブス*自由エネルギー

* ギブス（1839〜1903 年）
　米国の化学者.

多くの化学反応は定温，定圧，あるいは定温，定容で行われる．外界との間で熱や仕事のやり取りのある系での定温，定圧状態における変化や反応の進行方向や変化が止まった状態である平衡の問題を取り扱うためには**ギブス自由エネルギー** G という量が都合がよい．G は次の式で定義される．

$$G = H - TS \tag{13.22}$$

定温，定圧での微小な変化では

$$\Delta G = \Delta H - \Delta(TS) = \Delta H - T\,\Delta S - S\,\Delta T$$
$$= \Delta H - T\,\Delta S \tag{13.23}$$

である．式 (13.23) を模式化すれば図 13.7 のようになる．

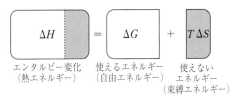

エンタルピー変化　　使えるエネルギー　　使えない
（熱エネルギー）　　（自由エネルギー）　　エネルギー
　　　　　　　　　　　　　　　　　　　　　（束縛エネルギー）

図 13.7 定温，定圧での自由エネルギー変化

系が ΔH の熱量エネルギーを受け取っても，その全量を利用することはできなくて，そこから $T\,\Delta S$ を差し引いた量しか利用できない．これが自由エネルギーの"自由"の意味である．

定圧の条件下の変化では $\Delta H = \Delta U + p\,\Delta V > Q$ である．それゆえ $\Delta S \geqq \dfrac{Q}{T} = \dfrac{\Delta H}{T}$，すなわち $T\,\Delta S \geqq \Delta H$．したがって

$$\Delta G = \Delta H - T\,\Delta S \leqq 0 \tag{13.23}$$

が導かれる．系のギブス自由エネルギーは変化につれて減少し，それ以上は減少しない $\Delta G = 0$ となった状態が平衡状態である．

定温，定圧での変化過程 A → B の進行を ΔG により分類すると

$\Delta G < 0$ 　　A → B の変化が自然に進行する，

$\Delta G = 0$ 　　変化は止まった平衡状態にある，

$\Delta G > 0$ 　　A の状態が B の状態より安定で，変化は進行しない，

となる．ただし，ΔG が与えるのは変化の方向だけであり，その変化の速さについてはなんらの情報も与えない．炭素の同素体であるダイヤモンドとグラファイトの間での相変化

ダイヤモンド ⟶ グラファイト 　$\Delta G < 0$

では，その変化速度が無限に遅いので，ダイヤモンドは実質的に安定状態にあるとみなしてよい．

演習問題 13

1. 熱についての熱素説とはどのような考えで，どうしてその考えが間違っていたことがわかったのか.

2. 次の各文章で誤りがあれば，その箇所を指摘して訂正せよ.
   - (1) 考えている系の状態を決めている物理量を状態量という. 状態量には, 温度, 圧力, 体積, 熱量, エントロピーなどがある.
   - (2) 空気では, 断熱圧縮すると温度が下がる.
   - (3) エントロピーは内部エネルギーを U, 圧力を p, 体積を V とすると $U + pV$ で与えられる.
   - (4) 外界と, 物質とエネルギーの出入りがない系を孤立系という.
   - (5) 熱力学第一法則は熱移動や変化の方向を規定している.
   - (6) 孤立系での自然変化ではエントロピーが減少する.
   - (7) 熱力学第二法則によれば, 低温の物体から高温の物体へ, 熱は決して移動しない.

3. 表 13.3 を用いてエタンが完全燃焼して H_2O (液) が生じるときの発熱量を求めよ.

4. 標準状態において次の反応 (水性ガス反応) で生じる熱量を求め, 発熱反応か, 吸熱反応かを判断せよ.

$$C \ + \ H_2O \,(気) \longrightarrow H_2 \ + \ CO$$

5. 定温, 定圧での A → B の変化に伴うギブス自由エネルギーの変化量 ΔG が

$$\Delta G = \Delta H - T\,\Delta S \leqq 0 \qquad (等号は平衡状態)$$

であることを示せ.

原子核エネルギー 14

14.1 放射性元素とその性質

（1）放射線の発見

レントゲン（1845～1923年）は1895年に真空放電の実験（実験の原理を図 14.1 に示す）を行っていて，放電管の対陰極部（陽極）のガラス管壁から紙や木を透過する正体不明の**放射線**が放出されていることに気付いた．そして，この放射線を正体不明という意味で**X 線**と名付けた．X 線は強い透過力以外に，気体を電離（イオン化）させることや写真乾板を感光させる性質をもっていることがわかった．そして，その後の研究により，X 線は紫外線より波長の短い電磁波であることが明らかとなった．

ベクレル（1852～1908年）は1896年，ある種のウラン化合物が何もしなくても放射線を出していることに気付いた．このような自然に放射線を出す能力を**放射能**という．放射能を有する元素を**放射性元素**という．1898年にはキュリー夫妻[*]により，ウラン鉱石からウランよりも強い放射能を示す元素ポロニウム Po とラジウム Ra が見出され，これ以後，種々の放射性元素が発見された．

問題 14.1 キュリー夫妻が研究を行った当時，放射能が高い物質が分離濃縮されたかどうかは写真乾板への感光以外にどのような実験的手段で確認できたかについて，web 記事などで調査せよ．

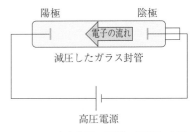

図 14.1 真空放電　両端の電極に高電圧をかけ，ガラス管内の空気を抜いていくと管が光り出す．陰極から飛び出した電子が気体分子と衝突せずに陽極に向かって走りだせるようになるためである．

[*] ピエール・キュリー
（1859～1906年）
マリー・キュリー
（1867～1934年）

放射線に関する研究とノーベル賞

1901年（第1回）物理学賞　レントゲン　X線の発見

1903年物理学賞　ベクレル　放射能の発見

マリー・キュリー
ピエール・キュリー ｝ 放射線の研究

1908年化学賞　ラザフォード　元素の崩壊と放射性物質の研究（彼の原子構造の研究は1908年以降）

1911年化学賞　マリー・キュリー　ラジウムとポロニウムの発見とその化合物の研究

これらの歴史的事実は 19 世紀末から 20 世紀初頭にかけて，放射線に関する研究が科学界に与えた衝撃を物語っている．

(2) 放射線の種類と性質

放射性元素の出す放射線には $\overset{\text{アルファ}}{\alpha}$ 線，$\overset{\text{ベータ}}{\beta}$ 線，$\overset{\text{ガンマ}}{\gamma}$ 線の 3 種類がある．

α 線：高速で飛んでくるヘリウムの原子核 He^{2+} 粒子の流れ．電場や磁場により少し曲げられる*．電離作用や写真乾板に対する作用は強い．粒子が大きいので生体への影響は大きいが 0.1 mm のアルミニウム箔で透過は阻止される．

β 線：高速で飛んでくる電子の流れ．電場や磁場により，α 線より強く反対方向に曲げられる．電離作用は α 線よりは弱い．透過力は α 線より強く数 mm のアルミニウム箔を通過できる．

γ 線：X 線より波長の短い（$10^{-13} \sim 10^{-10}$ m 程度）電磁波．γ 線に対する遮蔽能力が高い鉛でも，遮蔽には 10 cm の厚みを必要とするほど物質への透過力は高い．磁場や電場に影響されない．

3 種の放射線の磁場内と電場内での進み方を図 14.2 に示す．

狭い意味の放射線は，上記の α 線，β 線，γ 線を意味するが，広い意味では X 線，中性子線なども含む．

(3) 放射性元素の崩壊

1902 年，ラザフォード（1871 ～ 1937 年）とソディ（1887 ～ 1956 年）は放射性元素は放射線を放出すると別の元素に変わるというそれまでの元素観を覆す概念を提唱した．この概念を**放射性元素の崩壊（壊変）**という．代表的な崩壊には **α 崩壊**と **β 崩壊**がある．

α 崩壊：1 個の原子核の崩壊で 1 個の α 粒子を放出する．α 粒子は He^{2+} であるから，陽子の数である原子番号は 2，質量数は 4 減少する．

β 崩壊：原子核の内部で中性子が陽子に変わり，電子が放出される**．1 個の原子核の崩壊で 1 個の電子を放出する．β 崩壊では電子の質量は無視できるから原子の質量は不変で，陽子の数を表す原子番号が 1 つ増加する．

崩壊直後の原子核はエネルギー的に高い状態にあり，γ 線を放出して同じ原子核の低いエネルギー状態へと移っていく．γ 線の放出では原子番号も質量も変化しない．α 崩壊と β 崩壊の様子をまとめて図 14.3 に示す．

崩壊により生じた原子核は多くの場合不安定で，安定な原子核と

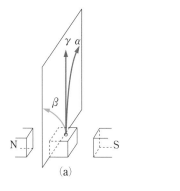

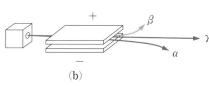

図 14.2 放射線の磁場内（a）および電場内（b）での進み方

*電荷を帯びた粒子が磁場内で受ける力の方向はフレミングの左手の法則で規定される．

**正確にいえば，電子の放出に合わせてニュートリノ（電荷は 0 で，質量はきわめて小さい粒子）も放出される．

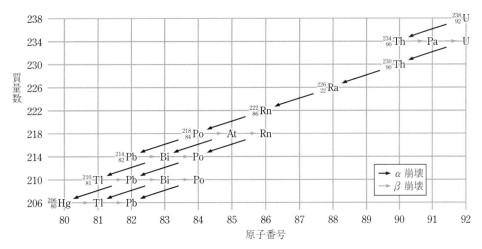

図 14.4 $^{238}_{92}$U の崩壊系列（ウラン系列）

なるまで，次々に崩壊を繰り返す．崩壊により生じる一連の原子核を**崩壊系列**という．$^{238}_{92}$U にはじまる崩壊系列（ウラン系列）を図 14.4 に示す．

問題 14.2 $^{235}_{92}$U が α 崩壊したとき，および $^{14}_{6}$C が β 崩壊したとき生じる原子核はそれぞれ何か．

解答 $^{231}_{90}$Th，$^{14}_{7}$N

（4）半減期

原子核が崩壊するとき，最初に存在していた原子核の数が半分になるまでの時間を**半減期**という．半減期は崩壊する原子核の数や温度，圧力，結合状態などには関係なく，それぞれの原子核で決まっていて，極めて短いものから 10^9 年を超えるものまである．

当初にあった原子核の数を N_0，時間 t 後に崩壊せずに残っている原子核の数を N，半減期を $t_{1/2}$ とすると半減期の定義より

$$N = N_0\left(\frac{1}{2}\right)^{\frac{t}{t_{1/2}}} \tag{14.1}$$

となる．式 (14.1) に対して e を底とする対数をとる．

$$\ln N = \ln N_0 + \frac{t}{t_{1/2}} \ln \frac{1}{2}$$

$$= \ln N_0 - \left(\frac{\ln 2}{t_{1/2}}\right)t \tag{14.2}$$

式 (14.1) と式 (14.2) を合わせて図 14.5 に示す．式 (14.2) で $\dfrac{\ln 2}{t_{1/2}} = \lambda$ とおけば，次式が得られる．

$$N = N_0 \mathrm{e}^{-\lambda t} \tag{14.3}$$

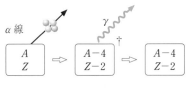

α 崩壊

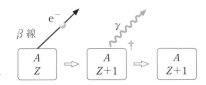

β 崩壊

図 14.3 α 崩壊と β 崩壊に伴う原子番号 Z，質量数 A の変化．†は原子核が高いエネルギー状態にあることを示す．

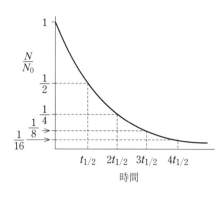

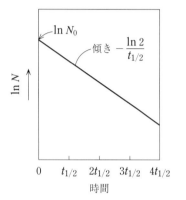

図 14.5 放射性原子核の数の時間経緯に伴う減少

$$-\frac{dN}{dt} = \lambda N \qquad (14.4)$$

λ を**崩壊定数（壊変定数）**とよぶ．λ は単位時間に崩壊する原子の割合を表す．式 (14.4) を文章で表すと

> 原子核が崩壊するとき，原子核の減少速度はそのとき存在している原子核の数に比例する

となる．式 (14.4) は一次反応を表す式 (10.12) と同一である．

問題 14.3 核種コバルト 60 ($_{27}^{60}$Co，ウラン $_{92}^{235}$U の核分裂で生じる) の半減期は 5.25 年である．30 年後にはどれだけの割合のコバルト 60 が残っているか．

解答 式 (14.1) より $\dfrac{N}{N_0} = \left(\dfrac{1}{2}\right)^{\frac{30}{5.25}} = 0.019 = 1.9\%$

放射性元素 ^{14}C による遺物の年代測定

地上の ^{14}C (半減期は 5730 年) は宇宙線により生じ，大気中の CO_2 を通して生物の体内に取り込まれる．生物が生きている間は外界との物質交換を通して，外界と生物とは ^{14}C を同じ割合で含んでいるが，生物が死ぬと外界との物質交換がないので，死体中の ^{14}C は時間の経過につれて減少していく．したがって，遺跡から出土したものに含まれる炭素中の ^{14}C の割合を測定することで，その出土品が生きていた年代が決定できる．

14.2 核エネルギー

(1) 核の結合エネルギー

原子核の質量は原子核を構成する核子 (陽子と中性子) の質量の和よりも小さい．後者と前者の差を**質量欠損**という．図 2.3 に示したヘリウムの原子核の 1 mol あたりの質量欠損を算出してみる．

$$核子の質量の和 = 2N_A (陽子の質量＋中性子の質量)$$

$$= 4.03188 \times 10^{-3}\,\text{kg/mol}$$

$$_{2}^{4}\text{He の原子核の質量} = N_A (_{2}^{4}\text{He の原子量}－2個の電子の質量)$$

$$= 4.00150 \times 10^{-3}\,\text{kg/mol}$$

より

$$質量欠損 = 0.03038 \times 10^{-3}\,\text{kg/mol}$$

となる．

アインシュタイン (1879 ～ 1955 年) により導かれた特殊相対性理論によれば，質量 m をもつ物体は

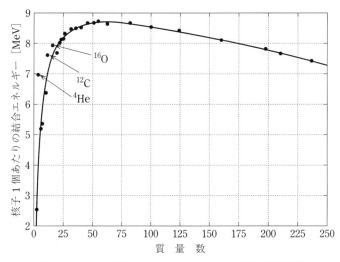

図 14.6 核子 1 個あたりの結合エネルギーと質量数の関係

1 MeV = 0.16 pJ

$$E = mc_0{}^2 \quad (c_0 \text{ は光の速度} \quad 3.0 \times 10^8 \text{ m/s})$$

のエネルギー E と同等である．すなわち，孤立した陽子と中性子が集まって原子核をつくったとき，質量欠損 Δm に対応したエネルギー $\Delta m \cdot c_0{}^2$ だけ安定となり，このエネルギーが原子核の結合エネルギーに相当する．質量欠損を人工的に多数の原子核に引き起こす方法として実現されたものが原子核分裂と原子核融合である．

質量数 A は核子の数を表しているから，核子 1 個あたりの平均結合エネルギーは $\Delta m \cdot c_0{}^2 / A$ となる．核子 1 個あたりの結合エネルギーを質量数の関数としてプロットしたものを図 14.6 に示す．この図では，質量数の小さな部分を除き，なめらかな曲線となっていて，鉄 Fe，ニッケル Ni 付近に極値があり，これらの元素が最も安定であることを物語っている．

（2） 核分裂

鉱石に含まれるウランは質量数 234（0.0055 %），235（0.720 %），238（99.275 %）よりなる．このうちの $^{235}_{92}\text{U}$ に遅い中性子を照射すると，この原子核がより小さな原子核に分裂する．この現象を**核分裂**という．$^{235}_{92}\text{U}$ の核分裂では原子核が真っ二つになることは希で，比較的軽い原子核と比較的重い原子核とに分裂する．$^{235}_{92}\text{U}$ の核分裂反応の典型例を示すと

$$^{235}_{92}\text{U} + {}^1_0\text{n} \longrightarrow {}^{141}_{56}\text{Ba} + {}^{92}_{36}\text{Kr} + 3{}^1_0\text{n} \tag{14.5}$$

である．核分裂により 2 個以上の中性子が発生する．$^{235}_{92}\text{U}$ がある

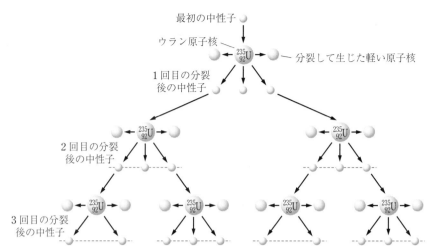

図 14.7　ウラン $^{235}_{92}$U の核分裂の連鎖. 1 回の核分裂で平均 2.5 個の中性子が放出される.

限界量を超えると, 核分裂により生み出された中性子が別の $^{235}_{92}$U の原子核を分裂させて, 核分裂が連鎖反応として起こる.

　核分裂の連鎖反応が開始される状態を**臨界**という. 核分裂が連続的に起こるようにするためには, ウラン中の $^{235}_{92}$U の濃度が高いもの (**濃縮ウラン***) が必要である. 核分裂を瞬時に行わせたものが原子爆弾であり, これには, 90 % 以上に濃縮されたウランが必要である.

　核分裂を制御しながらゆっくりと進行させる "大型反応装置" が**原子炉**である. 発電用原子炉では $^{235}_{92}$U が数 % まで濃縮されたウランが使用される. 核分裂の制御は, 中性子の発生状況を見ながら, 中性子吸収材料を用いてなされる. 原子炉では大量の中性子が得られるので, それを利用して種々の放射性同位体がつくられる.

　核分裂は $^{235}_{92}$U 以外の原子核でも起こる. プルトニウム $^{239}_{94}$Pu ($^{238}_{92}$U に中性子を照射すると生じる**) も遅い中性子により核分裂する.

　問題14.4　原子爆弾で使用される濃縮ウランと原子力発電所で使用される濃縮ウランの濃縮度の違いと理由について説明せよ.

　解答　上記の記述参照.

(3)　核 融 合

　軽い原子核どうしが反応して質量数の大きな原子核となることを**核融合**という. 図 14.6 の核子 1 個あたりの結合エネルギー曲線からわかるように, 核融合が起きる際には, 核子あたりの結合エネルギーが増加し, 莫大なエネルギーが放出される. 太陽やその他の恒

* 濃縮ウランの製造過程で, 天然ウラン鉱より $^{235}_{92}$U の含有率の低いウランが生じる. これが**劣化ウラン**である. 金属ウランは密度が 19.5 g/cm^3 と高く, 加工性にもすぐれている.

** したがって, 原子炉を運転すれば必ず核分裂性物質の $^{239}_{94}$Pu が生じる.

星の生み出すエネルギーは核融合によるものと考えられる.

人工的な核融合である水素爆弾ではウランなどの核分裂により得られる超高温と放射線を利用して，2つの原子核が近づいたときの原子核の間に働く反発力に打ち勝って水素の同位体である重水素Dなどの核融合を行わせている*.

$$^2D + {}^3T \longrightarrow {}^4He + {}^1n$$

$$^2D + {}^2D \longrightarrow {}^4He$$

現在，将来のエネルギー源の1つとして，制御された核融合反応の研究がなされている.

*"水素爆弾"の水素とは軽水素 ^1H ではなくて重水素 $^2H = D$ のことを意味する.

演習問題 14

1. X線は原子番号の大きな物質であるほど，透過（直進）しにくい.この事実から通常の医療用X線写真（陰画）では，骨の部分が白く写っていることを説明せよ.

2. "$^{235}_{92}U$ は x 回の α 崩壊と y 回の β 崩壊を経て安定核種である $^{207}_{82}Pb$ となる".この文章における x と y を求めよ.

3. 一部の天然ガス田は1〜数%のヘリウムを含む.どうして，地中にヘリウムのようなガスが蓄積されたのか.

4. ^{14}C の半減期は5730年である. $^{14}_{6}C$ の崩壊定数を求め，1gの $^{14}_{6}C$ が1秒あたりに崩壊する原子数を求めよ.

5. 次の事項を参考にして，「核分裂」を説明せよ.

質量欠損，$E = mc_0{}^2$，$^{235}_{92}U$，中性子，原子炉

15 | 基礎的な有機化合物

化合物は無機化合物と有機化合物に大別できる．本章では 16 章以後で取り扱う各種の物質についての理解を容易にするため，基礎的な有機化合物について述べる．さらに，本章の最後となる 4 節では今日の最も重要な有機物質という点から石油を取り上げる．

15.1 有機化合物の特徴と分類

（1） 有機化合物の特徴

有機物という言葉は古くは生命体を構成するものあるいは生命体から生じる物質を意味し，鉱物などの**無機物**と区別されてきた．1828 年，ウェーラー（1800～1882 年）は無機物であるシアン酸アンモニウム NH_4OCN の合成を意図とした実験で，次の反応

$$NH_4OCN \xrightarrow{\text{加熱}} H_2NCONH_2 \tag{15.1}$$

により有機物である尿素 H_2NCONH_2* が合成されることに気付いた．ウェーラーのこの実験により，有機物と生命体との間の直接的な関係は消滅した．今日では，炭素を骨格とする化合物を**有機化合物**（organic compound），それ以外の化合物を**無機化合物**（inorganic compound）という．ただし，二酸化炭素 CO_2，一酸化炭素 CO，炭酸ナトリウム Na_2CO_3 などの炭酸塩，シアン化ナトリウム $NaCN$ のようなシアン化物などは「有機」という言葉のもつ歴史的背景から，無機化合物に分類される．

有機化合物は一般的に次のような特徴をもつ．

① 化合物を構成する主要元素は C, H, O, N, S などで元素の数は少ない．しかし，化合物の種類は極めて多い．有機化合物の多様性は中心原子の炭素 C の特性に帰せられる．

② 共有結合性の化合物であるので，融点，沸点は低く，可燃性のものが多い．

③ 極性の強い官能基をもたないものは水に溶けにくいが有機溶媒には溶けやすい．水に溶けても電離するものは少ない．

有機化合物の中心原子である炭素原子と炭素結合に注目すると，

*尿素は動物の体内で，主にタンパク質が代謝されるときに生じる．尿素は尿の一成分として排泄される．今日では尿素樹脂（p. 163，図 16.6）原料，化学肥料（p. 180，表 18.2）として，大量に使用されている．

特徴として次の諸点がある.

● 4 個の価電子をもち,共有結合する.

● 正四面体構造ができる.

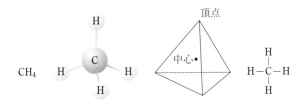

● C−C 結合の連鎖ができる.連鎖のし方により鎖状構造(直鎖型,分岐型)や環状構造ができる.

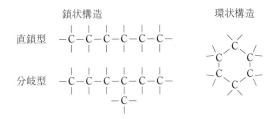

● 単結合 C−C ばかりでなく,二重結合 C=C,三重結合 C≡C ができる.

● C−C 単結合では C−C 結合を軸として自由回転ができる(二重結合 C=C,三重結合 C≡C では,回転できない).

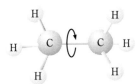

(2) 炭素骨格による分類

有機化合物をその炭素骨格に基づいて分類してみると図 15.1 のようになる.有機化合物が炭素と水素のみからなる場合,その化合物を**炭化水素**という.

(3) 官能基による分類

有機化合物の性質はその分子中に含まれる**官能基**とよばれる原子団によって強く支配される.また,炭化水素分子から 1 個あるいは複数の水素原子を取り除いた原子団を**炭化水素基**という.炭化水素基と官能基とのバランスが有機化合物の性質を決めている.たとえば,炭素と水素のみからなるメタン CH_4 やエタン C_2H_6 は水にほ

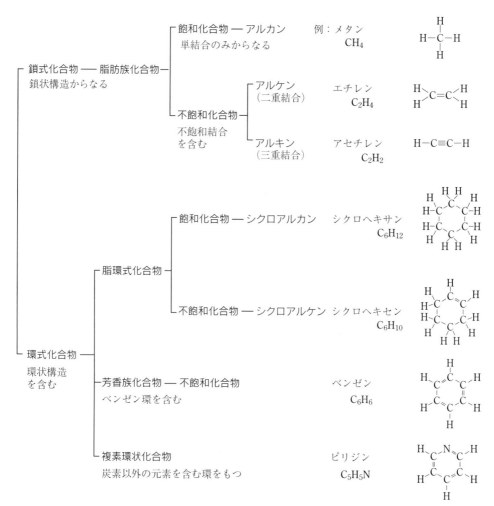

図 15.1 炭素骨格に基づく有機化合物の分類と化合物例

とんど溶けないが，分子中の 1 つの H 原子を −OH 基や −COOH に置き換えたメタノール CH_3OH やエタノール C_2H_5OH，酢酸 CH_3COOH は水と任意の割合で混ざり合う．

　上述のように，有機化合物では官能基の役割が重要であるので，官能基だけを抜き出して表した**示性式**といわれる化学式が用いられることが多い．主要な官能基とそれを含む化合物の例を表 15.1 に示す．

(4)　異 性 体

　分子式あるいは組成式が同じでも構造や物理的・化学的性質の異なる化合物をお互いに**異性体** (isomer) とよぶ．図 15.2 に示すように，いろいろなタイプの異性体がある．多くの異性体があるのが有機化合物の 1 つの特色である．

表 15.1　主要官能基とそれを含む化合物の例

官能基の種類	構　造	一般名	示性式で示した物質の例
ヒドロキシ基[注1]	$-OH$	アルコール[注2]	エタノール　　C_2H_5-OH
		フェノール類	フェノール　　C_6H_5-OH
アルデヒド基[注3]	$-C{\overset{H}{\underset{O}{}}}$	アルデヒド	ホルムアルデヒド $H-C{\overset{H}{\underset{O}{}}}$
カルボニル基（ケトン基）	$>C=O$	ケトン	アセトン　　$\begin{matrix}CH_3\\CH_3\end{matrix}>C=O$
カルボキシ基[注4]	$-C{\overset{O}{\underset{OH}{}}}$	カルボン酸	酢酸　　$CH_3-C{\overset{O}{\underset{OH}{}}}$
ニトロ基	$-NO_2$	ニトロ化合物	ニトロベンゼン $C_6H_5-NO_2$
スルホ基[注4]	$-SO_3H$	スルホン酸	ベンゼンスルホン酸 $C_6H_5-SO_3H$
アミノ基	$-NH_2$	アミン	アニリン　　$C_6H_5-NH_2$
エーテル結合（エーテル基）	$-O-$	エーテル	ジエチルエーテル $C_2H_5-O-C_2H_5$
エステル結合（エステル基）	$-C{\overset{O}{\underset{O-}{}}}$	エステル	酢酸メチル　$CH_3-C{\overset{O}{\underset{O-CH_3}{}}}$

注1：$-OH$ 基は無機化学では水酸基であるが，有機化学ではそうはよばない．
　　　アルコールの $-OH$ 基は電離しない．フェノールの $-OH$ 基はわずかに
　　　電離する．
　2：アルコールは分子内の $-OH$ 基の数により 1 価，2 価，3 価と分けられ
　　　る．2 価以上のアルコールを多価アルコールという．
　　　　メタノール　CH_3OH　1 価アルコール
　　　　エチレングリコール　$CH_2(OH)-CH_2(OH)$　2 価アルコール
　　　　グリセリン　$CH_2(OH)-CH(OH)-CH_2(OH)$　3 価アルコール
　3：アルデヒド基は還元剤として作用する．
　4：$-COOH$ 基と $-SO_3H$ 基は水中で電離する．
　　　　$-COOH \rightleftharpoons -COO^- + H^+$　　　弱い電離
　　　　$-SO_3H \rightleftharpoons -SO_3^- + H^+$　　　強い電離

　構造異性体では分子式が同じで原子の結合順序が異なっている．
　立体配置異性体は分子の立体的な構造が異なるもので，これはさ
らに幾何異性体と鏡像異性体に分けられる．**幾何異性体**は環式化合
物や二重結合をもつ化合物で生じる異性現象である．置換基が同じ
側にあるものを**シス**，反対側のものを**トランス**という*．
　鏡像異性体は**光学異性体**ともよばれ，異性体相互が鏡に写した像
の実像と虚像の関係にある．鏡像異性体の間では，物理的性質は等
しいが，光学的な性質である旋光性（次頁の囲み事項を参照せよ），
さらにときとして薬理作用などが異なる．鏡像異性が生じるために
は，4 個の異なる原子や原子団が結合している**不斉炭素原子**が必要
である．乳酸を例として不斉炭素原子を図 15.2 に示す．

*シスとトランスは二置換体
オレフィンで使用される．
シスは「こちら側」，トラン
スは「横切った；越えた」
の意味．シスとトランスは
それぞれドイツ語の zu-
sammen（一緒に），entge-
gen（反対に）に由来する
Z と E でも表記される．

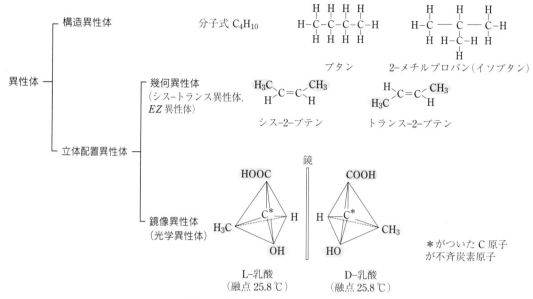

図15.2　各種の異性体とその例

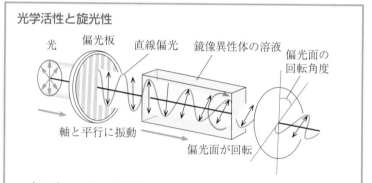

光学活性と旋光性

　光は波で，その振動はあらゆる方向に向いている．光のうちで，伝播方向と振動方向とが同一平面にある光を平面偏光あるいは直線偏光という．光が偏光板を通過すると，振動方向が偏光板の軸と平行な光だけが取り出される．ある物質の溶液の中を平面偏光が通過して偏光面が回転するならば，その物質は**光学活性**である（**旋光性**をもつ）という．この偏光面の回転角度は鏡像異性体どうしでは同じ大きさで向きが逆である．

　問題 15.1　有機化合物の特徴について，次の文の（　　）に適当な語を補え．また，{　　}からは適切なものを選べ．

　有機化合物を構成する元素の数は{多い，少ない}．それらの元素のうちで最も主要な元素は（　　）と水素であるがそれ以外に酸素，（　　），（　　）などの元素を含むものも多い．有機化合物では，主要元素である（　　）の原子が{イオン，共有，配

位）結合して，鎖状あるいは（　　）の基本骨格構造をつくる．多くの有機化合物は燃え {やすい，にくい}. また，（　　）基をもつアルコールや（　　）基をもつカルボン酸などを除いて，多くの有機化合物は水に {溶けやすい，溶けにくい}.

解答 本節 (1), (3) 参照.

問題 15.2 次の有機化合物のそれぞれについて，含まれている官能基の名称を示せ.

(1) アセトン　CH_3COCH_3　　　(2) 酢酸　CH_3COOH

(3) エタノール　C_2H_5OH

(4) 酢酸エチル　$CH_3COOC_2H_5$

(5) ピクリン酸　$C_6H_2OH(NO_2)_3$

(6) テレフタル酸　$p\text{-}C_6H_4(COOH)_2$

(7) グリシン　H_2NCH_2COOH

解答 表 15.1 参照.

15.2 脂肪族化合物

(1) アルカン, アルケン, アルキン

鎖状の飽和炭化水素の総称を**アルカン**といい，一般式 C_nH_{2n+2} で表される．同じ一般式で表される一群の化合物を**同族体**という．アルカンから水素原子が 1 つとれた原子団 $-C_nH_{2n+1}$ を**アルキル基**という．アルカンとアルキル基の分子式と名称を表 15.2 に示す.

直鎖（炭素鎖に枝分かれがない）アルカンの融点と沸点を図 15.3 に示す．炭素数の増加につれて融点と沸点は増加する．液体のアルカンは水よりも密度が小さく，また水に不溶である.

問題 15.3 融点と沸点の意味を考慮して，図 15.3 がアルカンの

表 15.2 アルカン C_nH_{2n+2} とアルキル基 $-C_nH_{2n+1}$ の分子式と名称

n	分子式	名称	分子式	名称
1	CH_4	メタン	CH_3-	メチル基
2	C_2H_6	エタン	C_2H_5-	エチル基
3	C_3H_8	プロパン	C_3H_7-	プロピル基
4	C_4H_{10}	ブタン	C_4H_9-	ブチル基
5	C_5H_{12}	ペンタン	$C_5H_{11}-$	ペンチル基
6	C_6H_{14}	ヘキサン	$C_6H_{13}-$	ヘキシル基
7	C_7H_{16}	ヘプタン	$C_7H_{15}-$	ヘプチル基
8	C_8H_{18}	オクタン	$C_8H_{17}-$	オクチル基
9	C_9H_{20}	ノナン	$C_9H_{19}-$	ノニル基
10	$C_{10}H_{22}$	デカン	$C_{10}H_{21}-$	デシル基

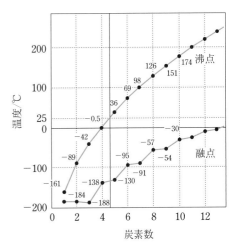

図 15.3 アルカンの融点と沸点

どんな性質を反映しているのかについて説明せよ.

解答 図8.2参照. アルカンという類似構造の系列の中では, 分子が大きく（長く）なるにつれて1個分子あたりの質量も増加していくと同時に, 分子間相互作用も強くなり, 分子間に隙間を生じたり孤立状態の分子となったりするにはより大きなエネルギーが必要となる.

問題15.4 右に示す分子構造をもつアルカン分子の名称と分子式を書け. 図15.3より, この分子の沸点を読み取れ. この分子の異性体の構造も示せ.

解答 表15.2参照. ブタン, -0.5℃

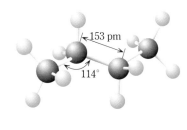

分子中に1個の炭素間の二重結合をもつ鎖状の不飽和炭化水素を**オレフィン系炭化水素**あるいは**アルケン**という. アルケンの一般式は C_nH_{2n} ($n \geqq 2$) である. これらはその二重結合にハロゲンや水素が結合して単結合となる**付加反応**を行う.

$$\begin{array}{c} H \\ H \end{array}\!\!\!>\!C=C\!<\!\!\!\begin{array}{c} H \\ H \end{array} \quad + \quad Br-Br \quad \longrightarrow \quad Br-\overset{\displaystyle H}{\underset{\displaystyle H}{C}}-\overset{\displaystyle H}{\underset{\displaystyle H}{C}}-Br$$

エチレン　　　　　　　　　（赤褐色）　　　　　　　1,2-ジブロモエタン（無色）
　　　　　　　　　　　　　臭素

最も簡単なアルケンである**エチレン**（エテン）C_2H_4（融点 -169.2℃, 沸点 -103.7℃, 結合については5章2節参照）は多くの石油化学製品の出発原料として重要であり, 石油精製物のナフサ（本章4節参照）を熱分解して得ている.

$$\text{ナフサ} \xrightarrow{\text{熱分解}} CH_2=CH_2 \xrightarrow{\text{付加重合}} {+\!CH_2-CH_2\!+}_n \quad \text{ポリエチレン}$$

$$CH_2=CHCl \xrightarrow{\text{付加重合}} {+\!CH_2-CHCl\!+}_n \quad \text{ポリ塩化ビニル}$$

エチレンからポリエチレンができるように, 基本構造となる分子（単量体, モノマー）が連なって, 分子量の大きな分子である高分子化合物ができる反応を**重合**という. 重合や高分子化合物については16章で取り扱う. エチレンには植物ホルモン作用があり果実の熟成を促進するが, 成熟した果実は微量のエチレンを発生する.

分子中に炭素原子間の1個の三重結合をもつ不飽和炭化水素を**アルキン**という. 一般式は C_nH_{2n-2} ($n \geqq 2$) である. **アセチレン** $HC\equiv CH$（結合については5章2節参照）はアルキンの代表である. アセチレンは石油化学工業が発達する前には, 合成化学工業の重要出発物質であった（演習問題15の3参照）. アセチレンは酸素を吹き込んで完全燃焼させて酸素アセチレン炎（温度は3300℃）として, 金属の溶接に使われる.

(2) その他の化合物

● メタノール（メチルアルコール）CH_3OH

　末端のヒドロキシ基 $-OH$ の親水性により，水と完全に混合する．無色透明の液体で有毒である．化学工業の原料，燃料，溶剤に用いられる．

● エタノール（エチルアルコール）CH_3CH_2OH，C_2H_5OH

　単に**アルコール**といえば，エタノールを意味する．酒，ワイン，ビールなどのアルコール飲料は酵母などの微生物によりグルコース $C_6H_{12}O_6$ が分解されて生じたエタノールの利用である．

$$C_6H_{12}O_6 \longrightarrow 2C_2H_5OH + 2CO_2$$

体内に摂取されたエタノールは

　エタノール $\longrightarrow$ アセトアルデヒド $\longrightarrow$ 二酸化炭素と水

　C_2H_5OH 　　　　　　　CH_3CHO 　　　　　　　CO_2 　　　H_2O

の順を踏んで分解される．

● ジエチルエーテル $C_2H_5OC_2H_5$

　高い引火性（近くにある炎により蒸気が燃え出す性質）の液体．溶剤として用いられる．エタノールに濃硫酸を加え $130 \sim 140\,℃$ に加熱すると生じる．

$$2C_2H_5OH \xrightarrow{conc.\ H_2SO_4} C_2H_5OC_2H_5 + H_2O$$

● アルデヒド類 $R-CHO$

　アルコール類 $R-OH$ の酸化により得られ，さらに酸化するとカルボン酸 $R-COOH$ となる．アルデヒド基 $-CHO$ は還元作用を示す．

　ホルムアルデヒド $HCHO$　消毒・防腐剤（約 $40\,\%$ 水溶液がホルマリン），フェノール樹脂（図16.6参照）などの原料

　アセトアルデヒド CH_3CHO　防腐剤，酢酸原料

● アセトン CH_3COCH_3

　芳香をもつ無色の液体．沸点 $56.3\,℃$．いろいろなものをよく溶かすので溶剤に使われる．

● 酢酸 CH_3COOH

　末端のカルボキシ基 $-COOH$ が電離する弱酸である．融点が $17\,℃$ なので純度の高いものは冬季に凍るため氷酢酸といわれる．食酢の主成分．

● エステル類 $RCOOR'$（R, R' は炭化水素基）

　有機溶媒として使用される．分子量の小さなエステル類は果実（例：酢酸ペンチル $CH_3COOC_5H_{11}$ はバナナ）の匂いをもつので，香料としても使用される．

15.3 芳香族化合物

ベンゼンのような環状構造をもつ化合物は特有な性質をもつ．ベンゼンの環状構造をもつ化合物を，**芳香族化合物*** とよぶ．

＊芳香族という名称が確立された後になってベンゼンの芳香とベンゼンの環状構造とは関係がないことが明らかになった．今日ではベンゼン環をもつ化合物ばかりでなく，それらと類似した骨格と反応性を示す物質を芳香族という．

(1) 芳香族炭化水素

ベンゼン C_6H_6 では炭素と炭素間の結合は単結合と二重結合が繰り返されているが，どの炭素－炭素間の結合も変わりはない．5 章 4 節で述べたように，ベンゼンは 2 つの構造の間で共鳴していて，炭素－炭素結合は単結合と二重結合の中間の，いわば“1.5 重結合”の状態である．6 個の炭素原子は同一平面上にある．

ベンゼンの構造を図 15.4 の (a) あるいは (b) のように描くことは面倒なので，同図の (c) あるいは (d) のように描くことが多い．

ベンゼンの二重結合はエチレン $CH_2{=}CH_2$ の二重結合よりはるかに安定であって，付加反応や酸化反応を起こしにくい．ベンゼンは分子中の炭素の割合が高いので，燃焼させると多量のススを発生する．ベンゼンは水より軽く，水に溶けにくい．

ベンゼン C_6H_6 の 2 つの H が置換された化合物 C_6H_4XY では，ベンゼン環に結合する 2 つの置換基 X と Y の位置によってオルト

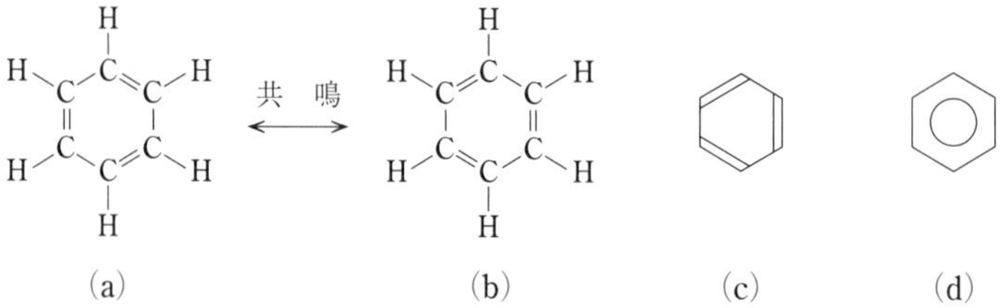
共　鳴
(a)
(b)
(c)
(d)

図 15.4 ベンゼンの構造とその表記法

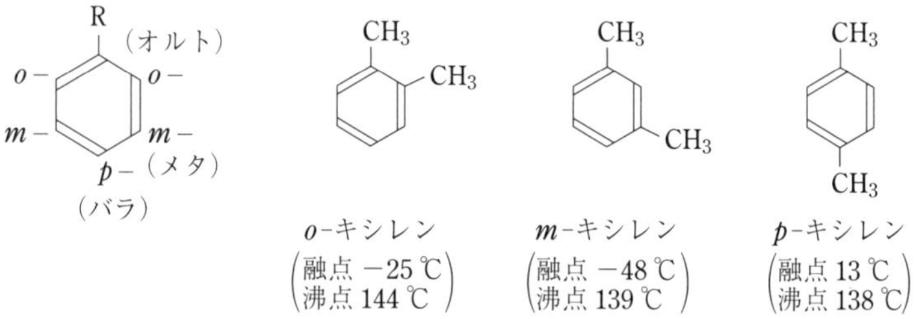
R
(オルト)
o－
o－
m－
m－
p－
(メタ)
(パラ)
o-キシレン
(融点 −25 ℃ 沸点 144 ℃)
m-キシレン
(融点 −48 ℃ 沸点 139 ℃)
p-キシレン
(融点 13 ℃ 沸点 138 ℃)

図 15.5 キシレン $C_6H_4(CH_3)_2$ の 3 種の異性体

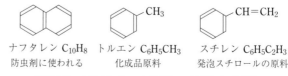

ナフタレン C10H8
防虫剤に使われる
トルエン C6H5CH3
化成品原料
スチレン C6H5C2H3
発泡スチロールの原料

図 15.6 ナフタレン，トルエン，スチレンの構造

(o-)，メタ（m-），パラ（p-）の3種の構造異性体が存在する．キシレン $C_6H_4(CH_3)_2$ の3種の異性体を図15.5に示す．

ベンゼン以外の芳香族炭化水素の代表例を図15.6に示す．

（2） 官能基をもつ芳香族化合物

● フェノール C_6H_5OH

ベンゼンにヒドロキシ基（-OH基）が結合した化合物をフェノール類という．フェノール類の代表物質がフェノールである．フェノール類[*]の -OH は水溶液中でわずかに電離する．しかし酸としては，炭酸 H_2CO_3 よりも弱い．

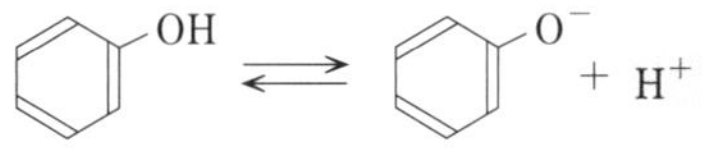

フェノール　　フェノキシドイオン

[*] サプリメントとしてよく話題となるポリフェノールとは，分子内に複数のフェノール性の -OH 基をもつ植物由来の化合物の総称である．

● 芳香族カルボン酸

芳香族カルボン酸のいくつかを表15.3に示す[**]．水中でカルボキシ基は電離して酸性を示す．安息香酸は常温で白色の固体で，工業的にはトルエン $C_6H_5CH_3$ の酸化により得られる．

[**] 芳香族カルボン酸誘導体の医薬品例については，第18章2節の（1），p. 181 参照．

表15.3　芳香族カルボン酸

名　称	構造式	融点（℃）	用　途
安息香酸	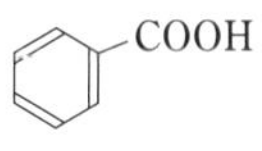 -COOH	123（100℃ 以下で昇華）	防腐剤，染料・医薬品の原料
フタル酸	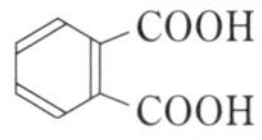 -COOH -COOH	234	合成樹脂．医薬品の原料
イソフタル酸	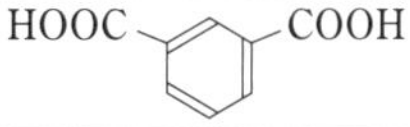 HOOC- -COOH	349	合成樹脂の原料
テレフタル酸	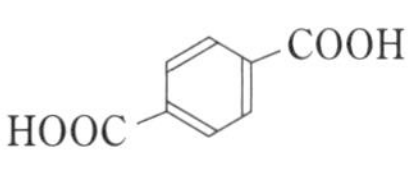 HOOC- -COOH	300（昇華）	ポリエチレンテレフタラート PET（ポリエステル，図16.5）の原料
サリチル酸	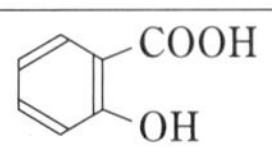 -COOH -OH	159	防腐剤，医薬品・香料・染料の原料

問題 15.5 フェノール C_6H_5OH は同じような分子量の芳香族化合物と比較して沸点が高い．どうして沸点が高くなるのか．

解答 分子間水素結合をつくるため．

問題 15.6 p-キシレンを酸化すると何が得られるか．

解答 テレフタル酸．

15.4 石　油

本節は「脂肪族化合物」や「芳香族化合物」という分類とはまったく異質の項目である．しかし，**石油**（petroleum）は重要なエネルギー資源であるばかりでなく，今日では各種の化学物質の原材料となる有機化合物であるという点で本節で取り扱う．

石油は地下に埋まった太古のプランクトンなどの死骸が地熱と土壌中の金属の触媒作用をうけて変性したものとする考えが有力である．それゆえ，石油は石炭などとともに**化石燃料**といわれる．石油は図 15.7 に示す背斜構造（地層が褶曲した凸の部分）という地形に貯留されている．油層の上には通常天然ガス（主成分はメタン CH_4）がある．石油を採掘するには油層までパイプを挿入して石油を汲み上げる．石油を採掘するための井戸を油井，地中から取り出したままの石油を**原油**（crude oil）という[*]．

＊石油に代わる資源としてオイルサンド（高粘度の重質油を含む砂）とオイルシェール（油母頁岩．石油のもととなる有機物を含む堆積岩）がある．オイルシェールの資源量は石油をはるかに超え，これを化学処理すれば液体あるいは気体の炭化水素とすることができる．ただしオイルサンドやオイルシェールの利用では開発地域の自然保全，地下水を含む水質汚濁の防止など，克服すべき環境問題も多い．

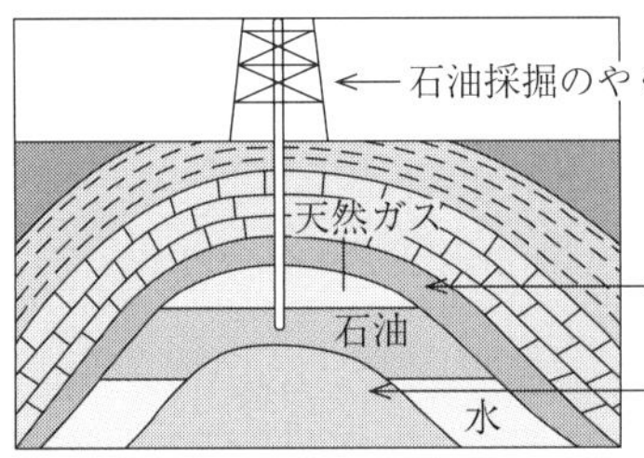

図 15.7　石油を貯蔵する背斜構造

原油は成分の沸点の違いを利用した精製法である蒸留（分留）によりいくつかの成分に分けられる．石油精製過程と精製産物およびその用途を図 15.8 に示す．低沸点成分は需要が多いが単に原油を蒸留しただけでは十分な量が得られないので，蒸留と同時に高沸点成分の熱分解（**クラッキング**），さらに原油中に含まれていて大気汚染の原因となる硫黄を取り除く操作（**脱硫**，19 章 4 節の（2）参照）も精製過程で行われる．

ナフサは石油化学の出発物質であり，ナフサをさらに細かな成分にわける操作と接触改質という操作によって原油には含まれていなかったベンゼンなどの芳香族化合物も製造される．石油精製，ナフサの分解と改質，化学品製造のプロセスが結びついた工業施設集合体が**石油コンビナート**である．

問題 15.7　石油が地中で貯蔵されるには，水を通さない層とち密な層とで挟まれた構造でなければならないのか．

解答　石油は水に浮かぶ．また，容器のふたに相当する層がなく，空隙が地表に通じていれば，ガスや石油は蒸発してしまう．

154　第 15 章　基礎的な有機化合物

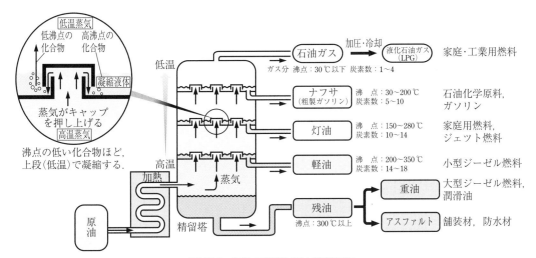

図 15.8 石油の精製過程と精製産物

問題 15.8 天然ガスと液化石油ガスはどのように異なるのか.

解答 天然ガスの主成分はメタン CH_4 であり, **液化石油ガス**(通称プロパン)はプロパン C_3H_8 やブタン C_4H_{10} など炭素数が 3, 4 の炭化水素の混合物を圧縮して液化(7 章 5 節参照)したものである.

演習問題 15

1. 次の物質を示性式で記述せよ. 官能基を含まないものは単純な分子式でよい.
   - (1) エタン
   - (2) オクタン
   - (3) シクロヘキサン
   - (4) アセトアルデヒド
   - (5) アセトン
   - (6) 酢酸エチル
   - (7) フェノール
   - (8) *m*-キシレン
   - (9) 安息香酸
   - (10) トルエン
   - (11) フタル酸

2. ペンタン C_5H_{12} の構造をすべての異性体を含めて記述せよ.

3. かつては, アセチレン C_2H_2 は石灰岩 $CaCO_3$ から作られる炭化カルシウム(カルシウムカーバイド)CaC_2 を用いるプロセスで製造され, このアセチレンからエチレン C_2H_4 など多数の化学物質を得ていた.

$$CaC_2 + H_2O \longrightarrow Ca(OH)_2 + C_2H_2$$

$$C_2H_2 + H_2 \longrightarrow C_2H_4$$

   しかし, 今日では, アセチレンを経由するエチレンなどの製造プロセスは消滅している. この生産プロセスの変化の技術的・経済的背景を考察せよ.

4. 鏡像異性体について, 例を挙げて説明せよ. どのような性質が異なるのか.

5. エチレンへの臭素の付加反応を, 構造式を用いた反応式で記述せよ.

6. 石油を分留して精製するとどのような製品が得られるのか.

第Ⅱ部

現代化学の展開

16 | 高分子化合物

16.1 高分子化合物の分類と特徴

(1) 高分子化合物の分類

モノ（mono）とポリ（poly）
　モノは"1つの"，ポリは
"多数の"を意味する．

　基本単位となる分子（**単量体，モノマー**）がつらなってできる分子量の大きな（通常，分子量 1 万程度以上の）物質を**高分子化合物**，あるいは**高分子**（**ポリマー** polymer）という．高分子には天然由来のものと人工合成したものとがあり，われわれの体をつくっているタンパク質も高分子物質である．今日の豊かな文化生活は高分子物質によって支えられている．

＊天然高分子化合物はポリマ
　ーといわれるより，**巨大分
　子**（macromolecule）とい
　われることが多い．巨大分
　子にはダイヤモンドなどの
　共有結合性結晶も含まれ
　る．

　高分子の分類を図 16.1 に示す．本章では，主として合成高分子化合物を取り扱い，天然高分子化合物[*]の中の多糖類やタンパク質については 17 章で取り扱う．

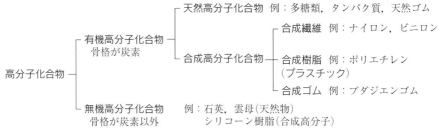

図 16.1 高分子の分類

　無機高分子化合物ではケイ素 Si などが骨格を占めている．石英や雲母では図 16.2（a）に示す正四面体のケイ酸イオン SiO_4^{2-} を基本単位として，石英ではすべての頂点の O を隣の四面体と共有し

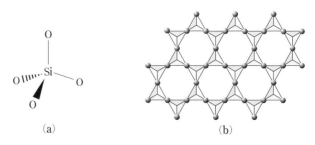

図 16.2 （a）ケイ酸イオン SiO_4^{2-} と（b）ポリケイ酸イオン $(Si_2O_5^{2-})_\infty$ の層（四面体中心の Si 原子と上側頂点の O 原子は省略）

て三次元構造をつくり，雲母ではケイ酸イオン $SiO_4{}^{2-}$ が2次元に広がったポリケイ酸イオン $(Si_2O_5{}^{2-})_\infty$ の層の間に金属イオンを挟んだ構造をつくっている．

(2) 高分子の合成法

　高分子化合物を合成する過程は，高分子化合物の繰り返し単位である単量体を重合させる過程である．重合過程には**付加重合**と**縮合重合**との2つのタイプがある．これらを模式的に図16.3に示す．

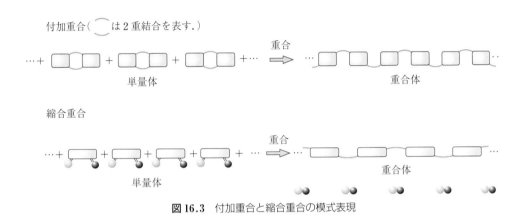

図16.3 付加重合と縮合重合の模式表現

　付加重合では，二重結合をもつ化合物が次々と結びついて高分子化合物が形成される．これに対して縮合重合では，単量体に少なくとも2個の官能基があり，この2つの官能基が結びついてできる水 H_2O のような簡単な分子が取り出される縮合反応により高分子化合物が形成される．

(3) 高分子化合物の特徴

　高分子化合物は低分子物質にない次のような特徴をもつ．
① 高分子化合物が溶けた溶液を光が通過するとき，光は散乱される．これは高分子化合物の1個分子がほぼ10 nmオーダーの大きな粒子であることによる．
② 低分子化合物では，物質名を指定すれば化学式と分子量（モル質量）は定まる．しかし高分子化合物では，たとえばポリエチレンというだけでは $\text{─}CH_2\text{─}CH_2\text{─}_n$ の重合度 n は定まらない．さらに，図16.4に示すように，高分子物質では必ずある分子量を中心として分布しているので分子量は平均値である．
③ 高分子化合物は分子をつくる長い鎖の特性の差により，屈曲性，剛直性など，力学的性質の異なるものができる．

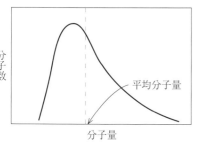

図 16.4 高分子化合物の分子量分布

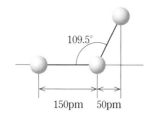

問題 16.1 "高分子化合物では，分子量は平均分子量を意味する"ということを説明せよ．

解答 図 16.4 に示すように，いろいろな分子量の分子が混じっているということ．

問題 16.2 分子量が 1 万のポリエチレン $-\!\!+\!CH_2\!-\!CH_2\!\!+_n$ の重合度（有効数字 2 桁）を求めよ．また，$\angle C\!-\!C\!-\!C = 109.5°$，C$-$C 間の距離を 150 pm（$= 0.15$ nm）として，このポリエチレンが左図の構造を基本とする（〰〰）の構造で伸び切った仮想的な状態となったときのおおよその長さを求めよ．

解答 重合度 360，72 nm（実際は，鎖は幾重にも屈曲していてこの値よりはるかに短い）．

16.2 繊　　維

　繊維にはいろいろな種類がある．それをまとめて表 16.1 に示す．

　植物繊維には木綿と麻がある．木綿はアオイ科綿属の種子の表皮細胞が細長く生長した繊維であり，麻は亜麻や黄麻などの茎の表皮内側の繊維で，木綿より太くて長い．いずれもセルロース（17 章 1 節参照）の集合体である．セルロースは一般に，酸には弱く，アルカリには比較的耐性がある．また，親水性の $-OH$ 基をもつので吸湿性に優れている．

表 16.1 繊維の種類

天然繊維	植物繊維	木綿，麻
	動物繊維	絹，羊毛
化学繊維	再生繊維	ビスコースレーヨン
		銅アンモニアレーヨン（キュプラ）
	半合成繊維	アセテート
	合成繊維	ポリアミド系：ナイロン 66（図 16.5） 　　　　　　　ナイロン 6（図 16.5）
		芳香族ポリアミド系：アラミド（図 16.5）
		ポリエステル系：ポリエステル（図 16.5）
		ポリビニルアルコール系：ビニロン（図 16.5）
		ポリアクリル系：アクリル（図 16.5）
		ポリウレタン系：ポリウレタン
		ポリオレフィン系：ポリエチレン（図 16.6） 　　　　　　　　　ポリプロピレン（図 16.6）
特殊繊維	炭素繊維	ポリアクリロニトリル系（図 16.5）
	ガラス繊維	

動物繊維は絹と羊毛で，ともにタンパク質（17章2節参照）である．絹は 蚕 蛾がマユをつくる繊維で，非常に細くて長さは数百 m

分類	ポリアミド系繊維		
繊維	ナイロン66	ナイロン6	アラミド（ケブラー）
単量体（モノマー）	HOOC–(CH$_2$)$_4$–COOH アジピン酸 H$_2$N–(CH$_2$)$_6$–NH$_2$ ヘキサメチレンジアミン	H$_2$C〈CH$_2$–CH$_2$–NH / CH$_2$–CH$_2$–CO〉 ε-カプロラクタム	H$_2$N–〈〉–NH$_2$ p-フェニレンジアミン Cl–C(=O)–〈〉–C(=O)–Cl テレフタル酸ジクロリド
重合体（ポリマー）	[–C(=O)–(CH$_2$)$_4$–C(=O)–N(H)–(CH$_2$)$_6$–N(H)–]$_n$ アミド結合	[–C(=O)–(CH$_2$)$_5$–N(H)–]$_n$	[–C(=O)–〈〉–C(=O)–N(H)–〈〉–N(H)–]$_n$ ポリ(p-フェニレンテレフタルアミド)
特徴	絹に似た触感と光沢.吸湿性は少ない.摩擦に対する耐久性に優れる.	ナイロン66とほぼ同じ性質だが，軟化点は低い.	超強度，高弾力性，耐熱性
利用例	ストッキング，衣料	タオル，歯ブラシ	防弾チョッキ，スポーツ用品，消防服

分類	ポリエステル系繊維	ポリウレタン系繊維
繊維	ポリエチレンテレフタラート（PET*）	ウレタン（スパンテックス）
単量体（モノマー）	HOOC–〈〉–COOH テレフタル酸 HO–CH$_2$–CH$_2$–OH エチレングリコール	OCN–R–NCO ジイソシアナート HO–R′–OH ジオール
重合体（ポリマー）	[–C(=O)–〈〉–C(=O)–O–(CH$_2$)$_2$–O–]$_n$ エステル結合	[–C(=O)–N(H)–R–N(H)–C(=O)–O–R′–O–]$_n$ ウレタン結合
特徴	羊毛に似た触感. 耐光性. 耐薬品性. 吸湿性は少ない.	ゴムと繊維の中間の性質
利用例	ワイシャツ，ペットボトル（樹脂）	伸縮素材，クッション

*poly（ethylene terephthalate）

繊維	ビニロン	アクリル繊維	炭素繊維
単量体（モノマー）	CH$_2$=CH–OCOCH$_3$ 酢酸ビニル	主成分 CH$_2$=CH–CN アクリロニトリル	ポリアクリロニトリルやレーヨンを200〜3000℃で炭化させたもの.
重合体（ポリマー）	···–CH$_2$–CH–CH$_2$–CH–CH$_2$–CH–··· 　　　　O—CH$_2$–O　　　　OH	主成分 [–CH$_2$–CH(CN)–]$_n$ ポリアクリロニトリル	
特徴	木綿に似た触感. 丈夫で吸湿性に優れる.	羊毛に似た触感. 保温性，染色性に優れる.	化学的に安定. 軽くて丈夫. 弾力性にも優れる.
利用例	ロープ，漁網，テント	毛布，衣料，カーペット	スポーツ用品，航空機材料

図16.5 主要合成繊維と炭素繊維の構造と特徴

以上ある．羊毛は長さ数 cm の繊維である．一般に，動物繊維は酸よりもアルカリに弱い．動物繊維は親水性の $-OH$ 基と $-NH_2$ 基をもつので吸湿性や被染色性に優れている．

再生繊維は天然繊維を一度溶媒の中に溶かして，それを凝固液の中に押し出して再生したものである．セルロースから得られる再生繊維を**レーヨン**という．レーヨンでは溶解の方法の違いによりビスコースレーヨン（これを薄膜にしたものがセロハン）と銅アンモニアレーヨン（キュプラ）の2種類がある．

半合成繊維はセルロース中の $-OH$ 基の一部を $-OCOCH_3$ に置換する化学処理を行ってから紡糸したものである．

炭素繊維はレーヨンや合成繊維のポリアクリロニトリルを炭化させたもので，軽くて弾力性に優れている．

ガラス繊維は溶融したガラスを細いノズルから高速で冷却しながらまきとったものである．ガラス繊維は引っ張り強度がプラスチックよりはるかに強く，弾力性にも優れている．

合成繊維は次節で述べる熱可塑性樹脂を紡糸したものといえる．主要合成繊維と炭素繊維の構造や特徴を図 16.5 に示す．

問題 16.3　合成繊維のうちで，ナイロンを染色することは容易であるが，ポリプロピレン（図 16.6 参照）の染色は容易ではない．その理由について説明せよ．

解答　ナイロンには $C=O$，$-NH$ などの官能基があるが，ポリプロピレンには染色剤と反応する官能基がないため．

16.3　合成樹脂

合成高分子化合物で繊維とゴム以外のものは**合成樹脂**あるいは**プラスチック**（plastic）とよばれる．プラスチックとは「可塑性*」を意味していた．合成樹脂を大別すると**熱可塑性樹脂**と**熱硬化性樹脂**がある．この2つの種類とは幾分異質な樹脂として，**フッ素樹脂**と**シリコーン樹脂**とがある．

*クリーム類などに見られるように，小さな力に対しては変形しないが，ある限度以上の力に対しては永久変形（流動）を生じる性質．

熱可塑性樹脂は熱すると柔らかくなる樹脂で，この性質を利用して成型がなされる．高分子の分子形状は線状である．

熱硬化性樹脂は熱すると分子間で架橋し硬くなる樹脂で，一度硬くなると熱しても融解しない．耐熱性に優れている．

熱可塑性樹脂を図 16.6(a)，熱硬化性樹脂を図 16.6(b)，フッ素樹脂とシリコーン樹脂を図 16.6(c) にまとめて示す．

問題 16.4　ポリ塩化ビニルとポリスチレンを燃やしたときの燃え方はどのように異なるか．

解答　省略．実験して，その違いを確認してみよ．

(a) 熱可塑性樹脂

樹脂	ポリエチレン(PE) polyethylene	ポリプロピレン(PP) polypropylene	ポリスチレン(PS) polystyrene	ポリ塩化ビニル(PVC) poly(vinyl chloride)	メタクリル樹脂(PMMA) poly(methyl methacrylate)
単量体 (モノマー)	$CH_2=CH_2$ エチレン	$CH_2=CH-CH_3$ プロペン (プロピレン)	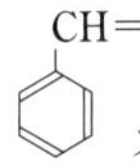 $CH=CH_2$ スチレン	$CH_2=CH-Cl$ 塩化ビニル	$CH_2=C-CH_3$ | $COOCH_3$ メタクリル酸メチル
重合体 (ポリマー)	$\{CH_2-CH_2\}_n$	$\{CH_2-CH \;/\; CH_3\}_n$	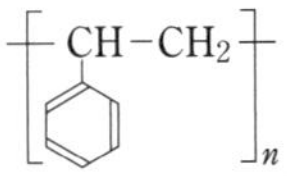 $\{CH-CH_2\}_n$	$\{CH_2-CH \;/\; Cl\}_n$	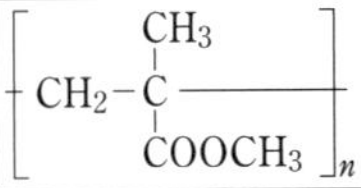 CH_3 | $\{CH_2-C-COOCH_3\}_n$
特徴	電気絶縁性にすぐれる.	耐熱性. 軽い.	透明で加工しやすいが, もろい.	耐薬品性. 柔軟性. 難燃性.	透明で丈夫.
利用例	電線の被膜や包装材, 容器など.	容器, 日用品, 繊維など.	容器, 断熱材, 梱包材*など.	シート, フィルム, パイプなど.	自販機の窓, ハードコンタクトレンズなど.

熱可塑性樹脂は, 付加重合によってつくられるものが多い.　＊発泡体(一般名称 発泡スチロール)が使われる.

上記以外に ナイロン 66 (図 16.5), ポリエチレンテレフタラート(PET, 図 16.5), ポリ酢酸ビニル, ポリカーボネートなどがある.

(b) 熱硬化性樹脂

樹脂	フェノール樹脂 (ベークライト*)	アミノ樹脂	
		尿素樹脂(ユリア樹脂)	メラミン樹脂
単量体 (モノマー)	 OH フェノール　HCHO ホルムアルデヒド	NH_2 尿素 CO NH_2　HCHO ホルムアルデヒド	メラミン 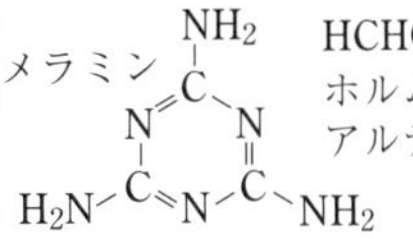 NH_2 … H_2N-C $C-NH_2$　HCHO ホルムアルデヒド
重合体 (ポリマー)	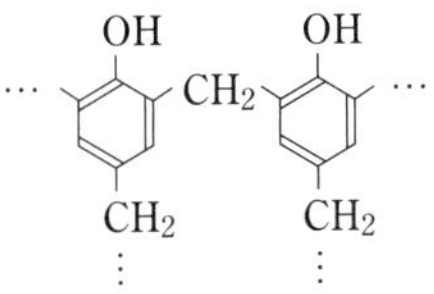 OH CH₂ OH CH₂	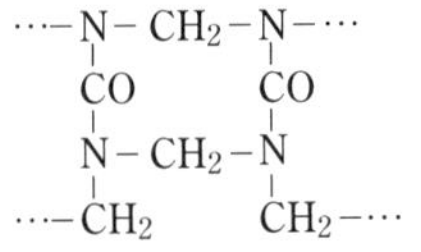 …-N-CH₂-N-… CO CO N-CH₂-N …-CH₂ CH₂-…	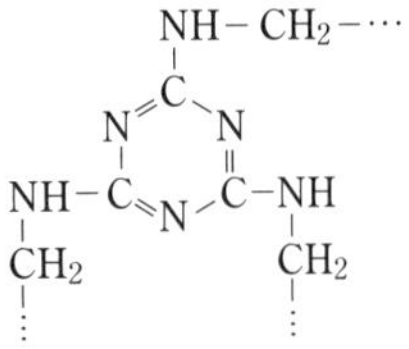 NH-CH₂-… N C C NH NH C-NH CH₂ CH₂
特徴	電気絶縁性. 耐熱性. 耐水性	透明で, 着色や成形が容易. 接着性.	耐熱性. 耐水性. 耐薬品性.
利用例	電気器具, プリント基板, 合板の接着剤, 食器など.	合板の接着剤, 食器, 電気器具など.	家具, 食器など.

＊発明者のベークランド (1863〜1944 年)の名にちなむ.

(c) フッ素樹脂とシリコーン樹脂

樹脂	フッ素樹脂(PTFE) polytetrafluoroethylene (テフロン)	シリコーン樹脂 (ケイ素樹脂)
単量体 (モノマー)	$CF_2=CF_2$ テトラフルオロエチレン	$(CH_3)_n SiCl_{(4-n)}$ $(n=1,2,3)$　H_2O 水
重合体 (ポリマー)	$\{CF_2-CF_2\}_n$	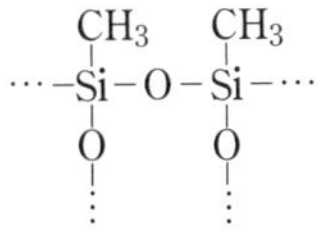 CH_3 CH_3 …-Si-O-Si-… O O
特徴	耐熱性. 耐薬品性. 耐油性.	耐水性. 耐熱性. 電気絶縁性.
利用例	フライパンの表面加工など. 苛烈な条件下で使用される樹脂.	ワックス, 塗料, ゴム加工品.

図 16.6　合成樹脂の種類, 構造, 特徴

問題 16.5　使用された PET（図 16.5 参照）ボトルを回収して熱源として利用する場合，PET ボトルの単位質量あたりの発熱量はポリエチレンなどと比較してはるかに小さい．どうしてか．

解答　燃焼は酸素との結合である．ポリエチレンには酸素原子が含まれないが，PET ボトルには酸素原子が含まれている．

16.4　ゴ　ム

ゴムには**天然ゴム**と**合成ゴム**がある．今日では，天然ゴムよりも合成ゴムの方がはるかに多量に生産されている．

天然ゴムはゴムの木から沁み出てくる樹液ラテックスをかためたもので，イソプレンが重合した分子量が 10～100 万のシス-1,4-ポリイソプレン（Z-ポリイソプレン）からできている．その構造を図 16.7 に示す．

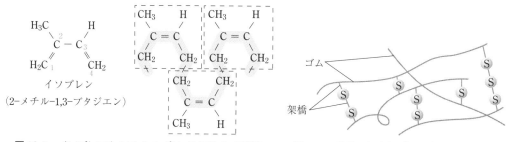

図 16.7　イソプレンとシス-1,4-ポリイソプレンの構造　　**図 16.8**　硫黄 S によりゴムに生じる架橋構造

天然ゴムを生ゴムともいう．生ゴムは弾性に富むが，引き伸ばしたままにしておくと変形してもとに戻らない．また，イソプレンの二重結合は空気中に微量存在するオゾンの影響を受けるため，生ゴムは劣化しやすい．生ゴムに粉末の硫黄を加えて 150 ℃前後で加熱するとイソプレンの二重結合部分が硫黄原子 S によって架橋され，粗い 3 次元網目構造ができる．この操作を**加硫**という．加硫ゴムの架橋構造を模式的に図 16.8 に示す．加硫ゴムは弾性，機械的強度，化学的安定性などが生ゴムより著しく改善されている．

通常の固体でも，力を作用させれば変形し，力を取り除けばもとの形状にもどる．しかしゴムは，通常の固体よりはるかにわずかな力で，もとの長さの数倍も伸びる．このようなゴムの弾性の本質は，力が加えられたとき高分子鎖を形成する炭素－炭素の結合距離や結合角が変わるのではなく，高分子鎖が結合を保ったままで，その形状が大きく変化できる点にある．

イソプレンに類似した構造の単量体を単独で，あるいは他の単量体と，重合することによりいろいろな合成ゴムがつくられている．主な合成ゴムの名称と構造をまとめて図 16.9 に示す．

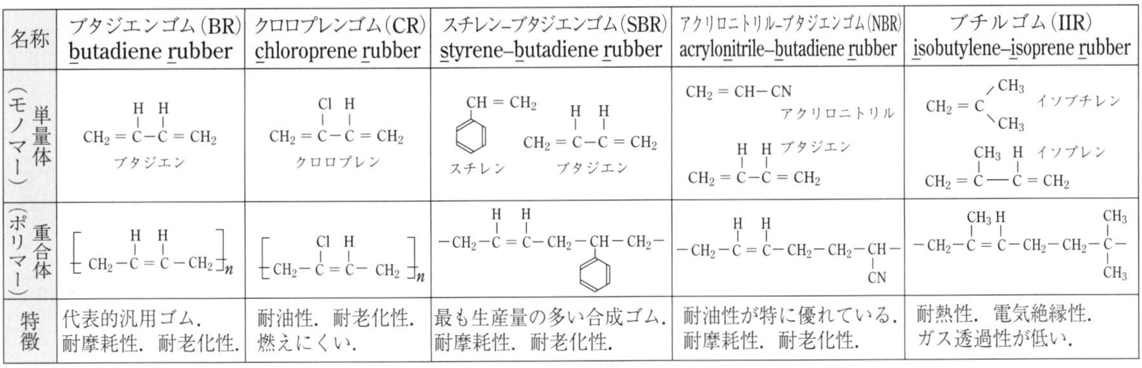

名称	ブタジエンゴム(BR) butadiene rubber	クロロプレンゴム(CR) chloroprene rubber	スチレン–ブタジエンゴム(SBR) styrene–butadiene rubber	アクリロニトリル–ブタジエンゴム(NBR) acrylonitrile–butadiene rubber	ブチルゴム(IIR) isobutylene–isoprene rubber
単量体(モノマー)	$CH_2=C-C=CH_2$ (H H) ブタジエン	$CH_2=C-C=CH_2$ (Cl H) クロロプレン	$CH=CH_2$ スチレン $CH_2=C-C=CH_2$ (H H) ブタジエン	$CH_2=CH-CN$ アクリロニトリル $CH_2=C-C=CH_2$ (H H) ブタジエン	$CH_2=C{<}^{CH_3}_{CH_3}$ イソブチレン $CH_2=C-C=CH_2$ (CH₃ H) イソプレン
重合体(ポリマー)	$-[CH_2-C-C-CH_2]_n-$ (H H)	$-[CH_2-C=C-CH_2]_n-$ (Cl H)	$-CH_2-C=C-CH_2-CH-CH_2-$ (H H), フェニル	$-CH_2-C=C-CH_2-CH_2-CH-$ (H H, CN)	$-CH_2-C-CH_2-C=C-CH_2-CH-$ (CH₃ H, CH₃)
特徴	代表的汎用ゴム. 耐摩耗性. 耐老化性.	耐油性. 耐老化性. 燃えにくい.	最も生産量の多い合成ゴム. 耐摩耗性. 耐老化性.	耐油性が特に優れている. 耐摩耗性. 耐老化性.	耐熱性. 電気絶縁性. ガス透過性が低い.

図 16.9　各種合成ゴムの名称と構造

問題 16.6　天然ゴムを構成するシス-1,4-ポリイソプレンの幾何異性体であるトランス-1,4-ポリイソプレンの構造を描け. トランス-1,4-ポリイソプレンはゴムのような弾性を示すのか.

解答　図 16.7 の構造で二重結合に関してトランス型の構造. トランス構造では, 分子鎖が直線構造をとりやすく, 分子鎖と分子鎖の距離が近くて分子間力が強く作用し, 硬い樹脂状となってゴムの弾性を示さない.

問題 16.7　生ゴムを加硫すると, どうして化学的安定性が増加するのかを説明せよ.

解答　二重結合の数が減り, 架橋構造ができることによる.

合成接着剤

　瞬間接着剤はシアノアクリレートが水分と反応して高分子物質となることにより接着がなされる. それゆえ, 接着剤チューブの口をきちんと閉めておかないと, 空気中の湿気により口の部分が固まってしまう.

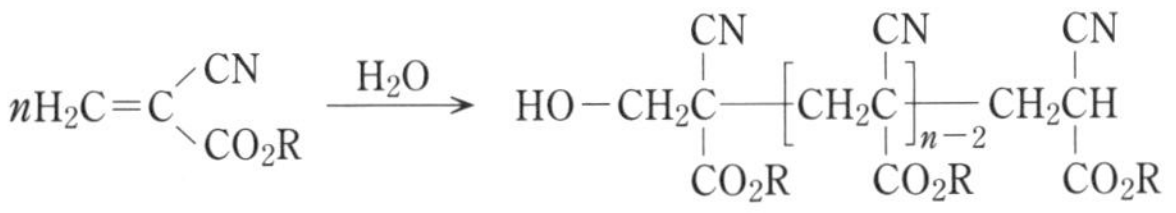

$$n H_2C=C{<}^{CN}_{CO_2R} \xrightarrow{H_2O} HO-CH_2C{<}^{CN}_{CO_2R}[CH_2C]_{n-2}{<}^{CN}_{CO_2R}CH_2CH{<}^{CN}_{CO_2R}$$

シアノアクリレート

　2 液混合型の接着剤は 1 つの液が熱硬化性樹脂で, もう 1 つの液が硬化剤であって, 両者を混合することにより反応が進行して 3 次元の熱硬化性樹脂ができるものである.

16.5　機能性高分子化合物

　合成高分子化合物には, 特殊な機能をもつように考案されたものがある. これらを**機能性高分子化合物**とよぶ.

(1)　イオン交換樹脂

溶液中の陽イオン M^{n+} を水素イオン H^+ に，陰イオン X^{n-} を水酸化物イオン OH^- に交換する能力をそなえた樹脂を**イオン交換樹脂**という．前者を**陽イオン交換樹脂**，後者を**陰イオン交換樹脂**という．イオン交換樹脂は図 16.10 に示す分子構造をしている．

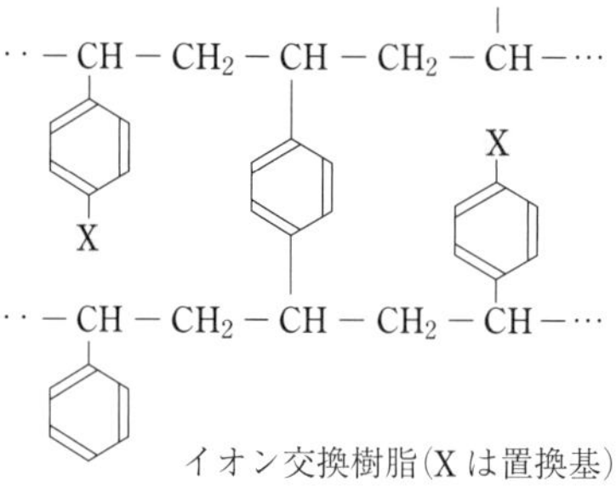

イオン交換樹脂(X は置換基)

陽イオン交換樹脂では

X ＝ スルホ基 $-SO_3H$

カルボキシ基 $-COOH$

フェノール性ヒドロキシ基 $-OH$

陰イオン交換樹脂では

X ＝ $-CH_2N^+(CH_3)_3OH^-$

など

図 16.10　イオン交換樹脂の分子構造

イオン交換樹脂のイオン交換反応例を図 16.11 に示す．陽イオン交換樹脂と陰イオン交換樹脂を組み合わせて用いると，塩分を含んだ水から塩を取り除くことができる．このようにして得られた精製水を脱イオン水という．

陽イオンの交換

陰イオンの交換

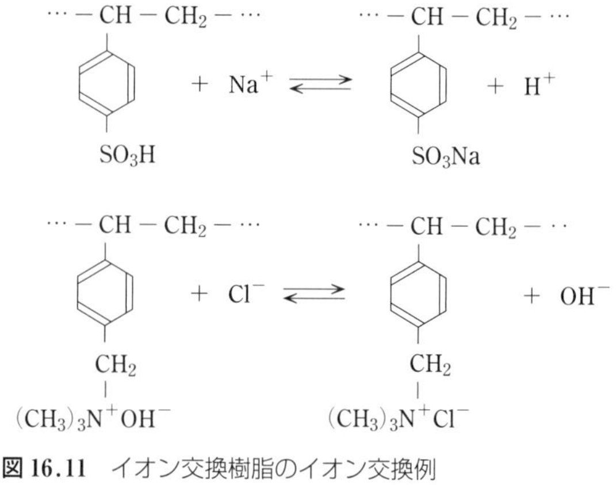

図 16.11　イオン交換樹脂のイオン交換例

問題 16.8　イオン交換能力が乏しくなったイオン交換樹脂を再生するにはどのような操作をすればよいか．

解答　陽イオン交換樹脂であれば多量の HCl を作用させて再生する．Na^+ イオンとの交換がなされた後なら，

$$R-SO_3Na + HCl \longrightarrow R-SO_3H + Na^+ + Cl^-$$

この後に，反応せずに残った HCl を洗浄により取り除く．

（2） 高吸水性高分子

アクリル酸ナトリウム $H_2C=CH-COONa$ の付加重合体である
ポリアクリル酸ナトリウムは自重の数百倍の水を短時間で吸収す
る．このような吸水性に優れた高分子を**高吸水性高分子**という．

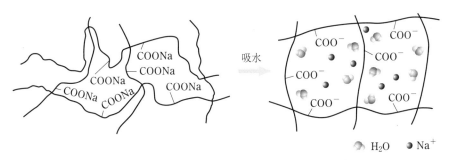

吸水

H₂O の箇所: H_2O　　● Na^+

図16.12　ポリアクリル酸ナトリウムの吸水のメカニズム

　高吸水性高分子の吸水のメカニズムを図 16.12 に示す．ポリアク
リル酸ナトリウムの高分子鎖は，乾燥状態では密な状態になってい
る．高分子鎖の周囲に水があると，その水は鎖の内部に取り込まれ
る．するとカルボン酸ナトリウムの $-COONa$ が電離する．そし
て，高分子鎖にある多数の $-COO^-$ 基が静電的に反発しあうので
高分子の網目はより広がり，そこにさらに水が取り込まれる．取り
込まれた水は外部から力をかけても放出されない．高吸水性高分子
は紙おむつや保水剤として用いられている．高吸水性高分子は一度
水分を吸うと水を放出しないので再利用はできず，使い切りを前提
とする素材である．

　機能性高分子には，イオン交換樹脂と高吸水性ポリマー以外に感
光性樹脂，導電性高分子，生分解性高分子，高強度繊維などがあ
る．

演習問題 16

1. 低分子化合物と比較して高分子化合物の特徴について述べよ．
2. 合成高分子化合物はしばしば略号で表されている．PE，PP，PS，
   PVC，PET の名称と単位構造を示せ．
3. ゴムの弾性挙動の特徴とその原因について説明せよ．
4. イオン交換樹脂の基本構造を書け．
5. 高吸水性高分子の吸水機構について説明せよ．また，高吸水性高分
   子の吸水量を純水と尿や海水とで比較すると，尿や海水ではかなり低
   下する．なぜか？

生体関連物質

17.1 糖　類

(1) 糖類の分類

分子内に多数のヒドロキシ基 −OH をもつ多価アルコールで一般式 $C_n(H_2O)_m$ で表される物質を**糖類**（**糖質**）という．糖類はその一般式 $C_n(H_2O)_m$ から，炭素と水の化合物という意味で**炭水化物**ともよばれる．

糖類はこれ以上は加水分解されないという**単糖類**，単糖類2分子が脱水して縮合した**二糖類**，さらに単糖類が3分子以上で脱水縮合した**多糖類**の3種類に分けられる．単糖類や二糖類には甘味をもつものが多い．糖類は極性基であるヒロドキシ基 −OH やアルデヒド基 −CHO により概して水によく溶けるが，セルロースは水に溶けない．代表的な糖類を表 17.1 に示す．

表17.1　代表的な糖類

分類	名　称	分子式	構成成分糖	所　在
単糖類	グルコース（ブドウ糖） フルクトース（果糖） リボース	$C_6H_{12}O_6$ $C_5H_{10}O_5$		果実，血液 果実，蜂蜜 RNA（本章3節参照）
二糖類	マルトース（麦芽糖） スクロース（ショ糖） ラクトース（乳糖）	$C_{12}H_{22}O_{11}$	グルコース {グルコース フルクトース {ガラクトース グルコース	水飴 砂糖きび，蜂蜜 乳汁
多糖類	デンプン セルロース グリコーゲン	$(C_6H_{10}O_5)_n$	α-グルコース β-グルコース α-グルコース	穀類，薯類 植物の細胞壁 肝臓

(2) 単糖類と二糖類

グルコース $C_6H_{12}O_6$ は果実や蜂蜜の中に存在するだけでなく血糖として動物の体内を循環している．グルコースは二糖類や多糖類を加水分解しても得られる．

$$(C_6H_{10}O_5)_n + nH_2O \longrightarrow nC_6H_{12}O_6$$

結晶状態のグルコースは6員環構造（図17.1参照）をしている．図17.1で ① をつけた炭素についた −OH 基の方向により α-グルコースと β-グルコースの2種の立体異性体がある．

水溶液中のグルコースには，図17.2に示すような平衡が成立している．鎖状のグルコースにはアルデヒド基 −CHO があるのでグルコース水溶液は還元性を示す．

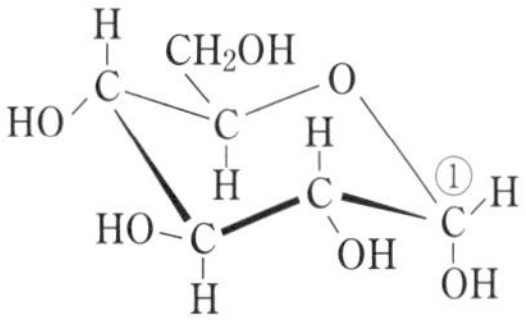

図17.1 結晶状態の α-グルコースの構造

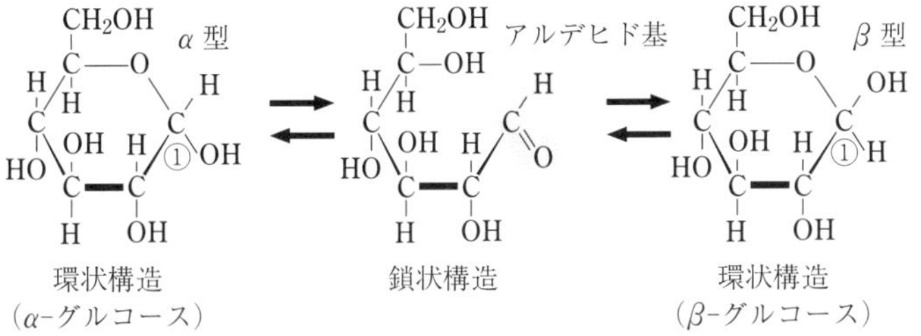

図17.2 グルコースの水溶液中の構造と平衡． は還元性を示す構造．

二糖類の**マルトース**と**スクロース**の構造を図17.3に示す．マルトースは還元性を示すが，スクロースは還元性を示さない．

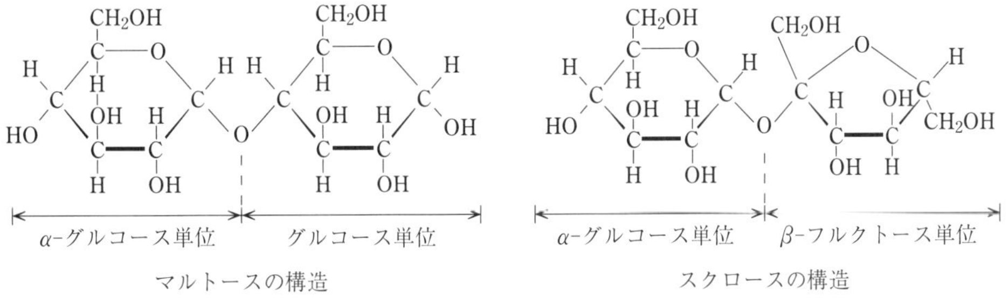

図17.3 マルトースとスクロースの構造．マルトースの1つのグルコース単位には α 型と β 型のいずれもが存在する．

（3）多糖類

多糖類は糖類が縮合重合した天然高分子化合物である．多糖類のうちで最も代表的なものが**デンプン**（starch）と**セルロース**（cellulose）で，植物の光合成によりつくられ，ともに $(C_6H_{10}O_5)_n$ という組成をしている．デンプンは栄養として種や地下茎にデンプン粒として蓄えられ，セルロースは植物の細胞壁の主成分である．

デンプン $(C_6H_{10}O_5)_n$ は α-グルコースが重合した高分子である．デンプンを 70〜80 ℃ の熱水につけておくとにデンプンの一部分が溶け出てきて溶液はのり状となる．溶け出てきた部分は，グルコース鎖に枝分かれが少なくて水溶性の**アミロース**であり，溶け出ないで残った部分は枝分かれが多い**アミロペクチン**である*．アミロースとアミロペクチンの構造を図17.4に示す．

*うるち米はアミロースが 20〜25 ％ で残りはアミロペクチンであり，もち米ではほぼ 100 ％ がアミロペクチンである．

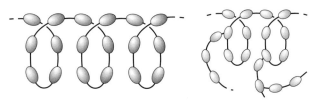

アミロース（直鎖状）　　　　　　アミロペクチン（分枝状）

図17.4　アミロースとアミロペクチンの構造. α-グルコース6個分子でらせんがほぼ1巻きできる.

われわれがデンプンを体内に取り入れたとき，体内の酵素の働きにより次の過程をへてグルコースとなる.

$$
\underset{\text{デンプン}}{(C_6H_{10}O_5)_n} \xrightarrow{\text{アミラーゼ}} \underset{\text{マルトース}}{C_{12}H_{22}O_{11}} \xrightarrow{\text{マルターゼ}} \underset{\text{グルコース}}{C_6H_{12}O_6}
$$

セルロース $(C_6H_{10}O_5)_n$ は β-グルコースが重合した天然高分子物質で，植物の細胞壁の主成分である．木綿やろ紙などはほぼ純粋なセルロースである．セルロースの構造を図17.5に示す.

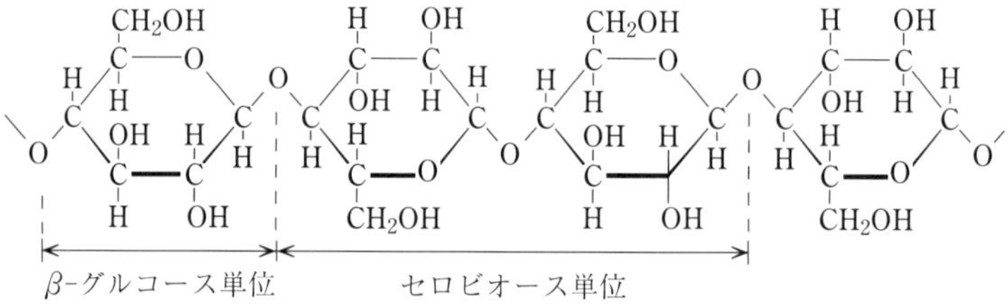

図17.5　セルロースの構造

セルロースは直鎖状に伸びる構造をもち，分子量もたいへん大きい．セルロースは分子間の水素結合により強い繊維となる．水にはよくなじむが，熱水にも溶けない．セルロースは図17.4のらせん構造をもたないのでヨウ素デンプン反応*を示さない.

＊デンプンに I_2 を溶かしたKI溶液を作用させたとき生じる青紫色～赤褐色の呈色反応. 呈色は I_2 がらせん構造に取り込まれることによる.

人間はセルロースを消化できないが，牛や馬，シロアリは消化管内にセルロース消化酵素をもつ微生物が存在するので，セルロースを消化吸収できる．セルロースに酸を加えて長時間熱するとセルロースは加水分解されてグルコースとなる.

グリコーゲン $(C_6H_{10}O_5)_n$ は動物が摂取した糖類が肝臓に蓄えられるときの形である．分子構造はアミロペクチンと似ているが，枝分かれがはるかに多く，α-グルコースが数万個繋がっている.

問題17.1　α-グルコースと β-グルコースとはどのように異なるのか.

解答　図17.1, 17.2参照

問題17.2 デンプンとセルロースは同じ $(C_6H_{10}O_5)_n$ という組成でありながら，構造はどのように異なるのか．

解答 デンプンは α–グルコース，セルロースは β–グルコースの重合体であるが，後者はより分子量が大きくて直線状構造である．

17.2 タンパク質

(1) アミノ酸

アミノ基 $-NH_2$ とカルボキシ基 $-COOH$ を同時にもつ分子を**アミノ酸**という．アミノ基 $-NH_2$ とカルボキシ基 $-COOH$ が同じ炭素に結合しているものを α–アミノ酸という．α–アミノ酸の構造を図17.6に示す．グリシン以外の α–アミノ酸には鏡像異性体があるが，天然の α–アミノ酸はほとんどがL体とよばれるものである．主要アミノ酸を表17.2に示す．

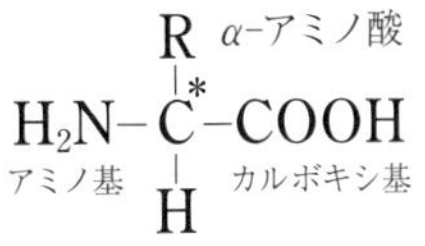

図17.6 α–アミノ酸の構造．置換基RがHのグリシン以外では C^* が不斉炭素となり，鏡像異性体ができる．

表17.2 主要なアミノ酸（★は必須アミノ酸）

名称	3文字略号	構造式
グリシン	Gly	$H-CH-COOH$; NH_2
アラニン	Ala	$CH_3-CH-COOH$; NH_2
フェニルアラニン★	Phe	⬡$-CH_2-CH-COOH$; NH_2
セリン	Ser	$CH_2-CH-COOH$; OH NH_2
システイン	Cys	$CH_2-CH-COOH$; SH NH_2
アスパラギン酸	Asp	$CH_2-CH-COOH$; $HOOC$ NH_2
グルタミン酸	Glu	$CH_2-CH_2-CH-COOH$; $COOH$ NH_2
リシン（リジン）★	Lys	$CH_2-CH_2-CH_2-CH_2-CH-COOH$; NH_2 NH_2

人間が生きていくうえで必要であって，しかも体内で合成できないアミノ酸を**必須アミノ酸***といい，9種が知られている．

アミノ酸は塩基性のアミノ基 $-NH_2$ と酸性のカルボキシ基 $-COOH$ とをもっているので，酸としても塩基としても振る舞う．水溶液中ではアミノ酸は1分子中に正電荷と負電荷のいずれか，あるいは両者を同時にもつ形（図17.7参照）をしている．あるpHでは正と負の電荷の量が等しくなる．このpHを**等電点**という．

このようにアミノ酸は結晶状態でも正電荷と負電荷を同時にもつ双性イオンの状態で存在する．アミノ酸の結晶もイオン性結晶に近

*人の必須アミノ酸：
イソロイシン
トリプトファン
トレオニン
バリン
フェニルアラニン
メチオニン
リシン
ロイシン
ヒスチジン（幼児のみ）

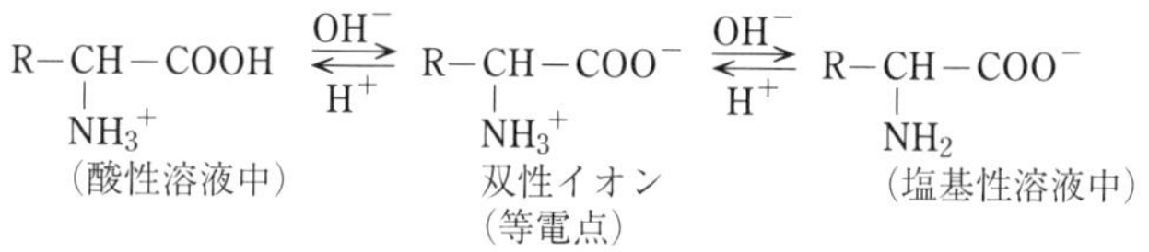

$$\underset{\substack{\text{(酸性溶液中)}}}{\underset{\underset{NH_3^+}{|}}{R-CH-COOH}} \underset{\substack{H^+}}{\overset{OH^-}{\rightleftharpoons}} \underset{\substack{\text{双性イオン} \\ \text{(等電点)}}}{\underset{\underset{NH_3^+}{|}}{R-CH-COO^-}} \underset{\substack{H^+}}{\overset{OH^-}{\rightleftharpoons}} \underset{\substack{\text{(塩基性溶液中)}}}{\underset{\underset{NH_2}{|}}{R-CH-COO^-}}$$

図 17.7　溶液中のアミノ酸の状態

い性質をもち，同じ分子量の有機化合物と比較して，一般に融点は高く，また水に溶けやすい．

(2)　ペプチド結合とタンパク質

　図 17.8 に示すように，アミノ酸のカルボキシ基 −COOH と他のアミノ酸のアミノ基 −NH₂ とから H₂O が離脱して縮合してできるアミド結合を**ペプチド結合**という．

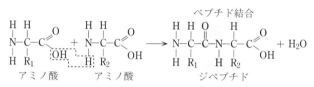

図 17.8　アミノ酸よりペプチド結合の形成

　アミノ酸の 2 分子が縮合してできたものをジペプチド，多数のアミノ酸が縮合してできたものを**ポリペプチド**という．**タンパク質**（protein）は 300 程度のアミノ酸が縮合重合したポリペプチド鎖からなる．ポリペプチドを構成するアミノ酸の種類とその配列順序によって膨大な数のタンパク質ができる．タンパク質のうち，α-アミノ酸のみからできているものを単純タンパク質，α-アミノ酸以外に糖や金属を含むものを複合タンパク質という．生物の細胞中で最も高い割合を占める物質は水で，その次がタンパク質である．動物の筋肉や器官の大部分はタンパク質を主成分としている[*]．

*タンパク質をかつては「蛋白質」と書いたが，これは卵白を意味する．

　多くのポリペプチド鎖は図 17.9 に示す**α-ヘリックス**（時計回りのらせん階段状）となっている．α-ヘリックス構造をもつペプチド鎖が折れ曲がってタンパク質の立体構造ができる．さらにこれらの 3 次構造をもつ部分が集まって複合体を形成する場合もある．その例が赤血球で酸素運搬を担っている**ヘモグロビン**（分子量約 64,500）である．ヘモグロビンでは α（アミノ酸 141 個）と β（アミノ酸 146 個）の 2 種類のポリペプチドがそれぞれ 2 本集まって巨大分子をつくっている．ヘモグロビンを構成する各ユニットの中には，酸素が結合する**ヘム**という鉄を含む部位がある．タンパク質の

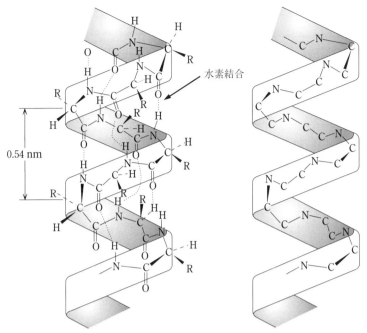

図 17.9 α-ヘリックス構造の例. 右図は主鎖のみを表している.

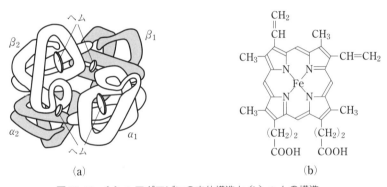

図 17.10 （a）ヘモグロビンの立体構造と（b）ヘムの構造

立体構造はタンパク質の機能の発現に本質的な役割を演じている.

タンパク質の α-ヘリックス構造や高次構造は，ジスルフィド結合（S−S 結合）や通常の化学結合よりは弱い水素結合などの分子間力により保たれていて，熱や薬品により壊れやすい. タンパク質の立体構造が破壊され，その性質が変わることが**変性**である. 一度変性したタンパク質は多くの場合，もとの状態にはもどらない.

問題 17.3 毛髪のタンパク質にはシステインが 10 数％含まれている. 毛髪が燃えるときの独特の匂いの原因をシステインの組成から考えよ.

解答 システイン（表 17.2 参照）の硫黄 S と窒素 N による.

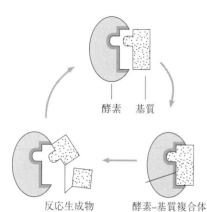

酵素　基質

反応生成物　　酵素-基質複合体

図 17.11 酵素と基質の「鍵と鍵穴の関係」

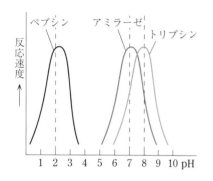

ペプシン　アミラーゼ　トリプシン

反応速度 →

1　2　3　4　5　6　7　8　9　10 pH

アミラーゼ：唾液中
　　デンプンをマルトースに分解
ペプシン：胃液中（pH は約 2）
　　タンパク質を分解
トリプシン：膵液中
　　タンパク質を分解

図 17.12 消化酵素の作用の pH 依存性

17.3 酵素と核酸

（1）酵　素

　生体中の化学反応は**酵素**（enzyme）とよばれる生体触媒により促進される．酵素はタンパク質の一種で，特有の立体構造をもっていて，特定の基質（酵素が作用する物質）を選び出して酵素-基質複合体をつくり，この複合体の中で反応が進行する．酵素と基質の関係は図 17.11 に示す「鍵と鍵穴の関係」にたとえられる．

　通常の化学反応は，温度が上昇すれば反応速度は上がる．しかし酵素の関与する反応では，作用温度や pH には最適な条件がある．消化酵素の作用の pH 依存性を図 17.12 に示す．

　問題 17.4　多くの酵素は 60 ℃以上となると酵素活性を失う．その理由はなぜか．

　解答　酵素のタンパク質が熱により変性し，酵素の立体構造が保持されなくなるから．

（2）核　酸

　核酸はすべての生物に存在し，その生物の遺伝情報の保存と発現を担う．核酸を加水分解するとリン酸と塩基と 1 分子中に 5 個の炭素を含む糖（五炭糖）が得られる．核酸の基本構造を図 17.13 に示す．図 17.13 で塩基と糖を合わせた部分をヌクレオシド，リン酸までを含む核酸の構成単位を**ヌクレオチド**という．

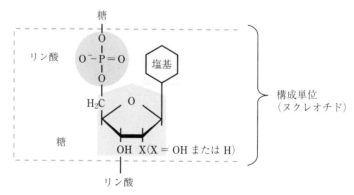

糖

リン酸　　$O^- - P = O$　　塩基

H_2C　　O

糖　　　OH　X(X = OH または H)

リン酸

構成単位
（ヌクレオチド）

図 17.13 核酸の基本構造

　核酸中の糖には D-リボースと 2-デオキシ-D-リボースの 2 種類（図 17.14 参照）がある．前者を含む核酸を**リボ核酸（RNA）**，後者を含む核酸を**デオキシリボ核酸（DNA）**という．

　塩基はそれぞれ図 17.15 に示す窒素を含む複素環状化合物の 4 種類である．DNA と RNA では，DNA の場合のチミンが RNA の場合はウラシルとなっている点が異なる．これらの塩基は略号で表さ

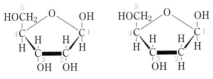

D-リボース　　　2-デオキシ-D-リボース

図 17.14 D-リボースと 2-デオキシ-D-リボー
ス（2 の位置の炭素に結合する −OH 基
が H 原子に変わっている）の構造

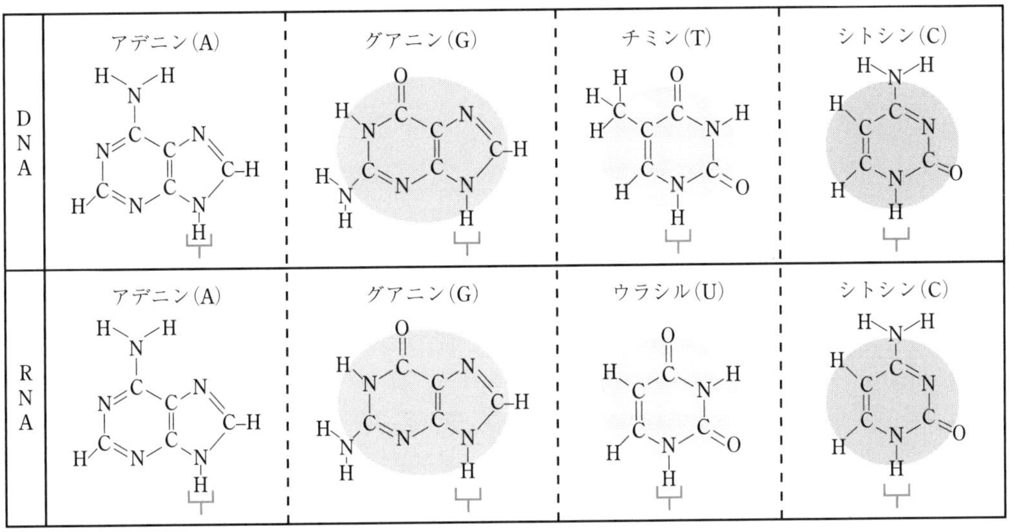

	アデニン(A)	グアニン(G)	チミン(T)	シトシン(C)
D N A				
	アデニン(A)	グアニン(G)	ウラシル(U)	シトシン(C)
R N A				

図 17.15 核酸を構成する塩基とその略号．H 部分の└┤はこの H と糖の末端にある OH とが離脱して糖と結
合することを示す．

れることが多い．塩基は N 原子のところから五炭糖の 1 の位置の
炭素に繋がっている．

　DNA の立体構造は図 17.16 に示すように，2 本の DNA 鎖から
できている二重らせん構造となっている．この構造では，特定の塩
基対 A−T，C−G の間に水素結合が形成されてらせん構造を支え
ている．生体内で作られるタンパク質中のアミノ酸の配列順序や遺
伝情報は塩基配列により決定される．遺伝情報が伝達される際に
は，二重らせん構造が解けて，それぞれの塩基配列を鋳型として
DNA の鎖が複製される．

　RNA は 1 本のポリヌクレオチドで，部分的に折れ曲がったヘア
ピンループ構造をしている．

問題 17.5　DNA の塩基の間の A−T，C−G という対構造のはた
　している役割について考察せよ．

解答　二重らせんの一方の鎖に破損が生じても，対構造なので，破損前
の鎖への修復が容易である．

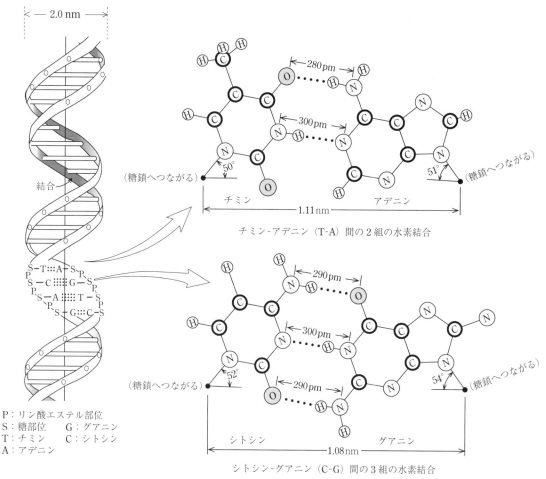

P：リン酸エステル部位
S：糖部位　　G：グアニン
T：チミン　　C：シトシン
A：アデニン

図17.16 DNAの二重らせん構造とその水素結合　DNAの構造にはこの図以外のものもあり，この図の構造は最も多い場合のもので，らせん1回3.4 nm，塩素対は10.4組である.

17.4　ビタミンとホルモン

（1）　ビタミン

　ビタミン（vitamin）は一群の化合物の総称で，それらの多くは体内で酵素の作用を助ける**補酵素**（酵素は補酵素と結合して活性となる）とよばれる役割を担っている．ほとんどのビタミンは体内で合成できないので，体外から摂取することになる．

　ビタミンは油溶性のものと水溶性のものとに大別される．主要ビタミンの名称，所在，欠乏に伴う病症を表17.3に示す．

　ビタミンAは網膜内にある光感受性タンパク質の発色団となっている．ニンジンの色素であるβ-カロチンは体内でビタミンAに変換される．

　ビタミンB_1は糖類を分解する過程で生じるピルビン酸 $CH_3COCOOH$ を分解する酵素の補酵素で，ビタミンB_1が欠乏すると，体内にピルビン酸や乳酸 $CH_3CH(OH)COOH$ がたまって脚

表 17.3　主要ビタミン

	名　称	存在（多く含む食品）	欠乏時に生じる病症
油溶性	ビタミン A	肝臓, ウナギ, 牛乳, チーズ	夜盲症, 角膜乾燥症
	ビタミン D	魚肉, 肝臓, 卵黄, きくらげ	骨の成長不良 骨粗鬆症 歯牙発育障害
	ビタミン E	植物油, ナッツ（種実）	不妊症
	ビタミン K	納豆, わかめ, のり, 緑葉野菜	血液凝固不良 新生児脳内出血
水溶性	ビタミン B_1	酵母, 小麦胚芽, 豚肉	脚気
	ビタミン B_2	酵母, 肝臓, のり, 牛乳, 卵	口角炎, 舌炎
	ビタミン B_6	魚介類, 肉類, 肝臓,	末梢神経炎, 皮膚炎, シュウ酸結石
	葉酸（ビタミン B_9）	肝臓, 牛乳, 卵黄	貧血
	ビタミン B_{12}	動物性食品	悪性貧血
	ビタミン C	果実類, 茶, 芋類	壊血病

これら以外にビタミン B_3, ビタミン B_5（パントテン酸）, ビタミン B_7 がある.

気（心不全と末梢神経障害をきたす疾患）となる.

　ビタミン C はアスコルビン酸（図 17.17 参照）とよばれる酸である. アスコルビン酸は還元性を示し, 食品添加物の酸化防止剤としても広く使用されている.

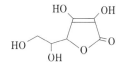

図 17.17　ビタミン C（アスコルビン酸）の構造

（2）　ホルモン

　ホルモン（hormone）は生体内の内分泌器官とよばれる特定の器官で合成される微量物質で, 主として血液により体内の他の器官に運ばれて代謝経路の調節などの生理作用をする. ホルモンはビタミンよりも化学的・機能的に複雑である.

　ホルモンには多くの種類があるが, 化学構造で分類すると, ホルモンは 4 群に分かれる.

● ペプチド・タンパク質系ホルモン
　成長ホルモン, 黄体形成ホルモン, インスリン（インシュリン）など
● ステロイド系ホルモン（ステロイド骨格をもつホルモン）
　テストステロン（男性ホルモン, 図 17.18 参照）, エストロゲン（女性ホルモン, 図 17.18 参照）など

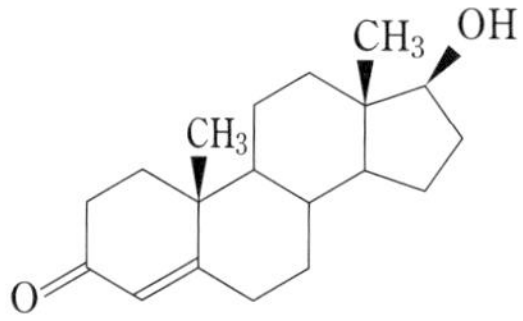

テストステロン

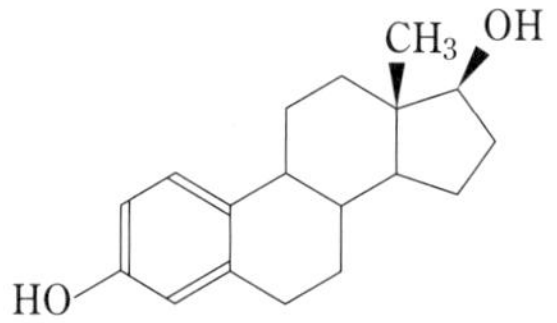

エストラジオール
（エストロゲンの主成分）

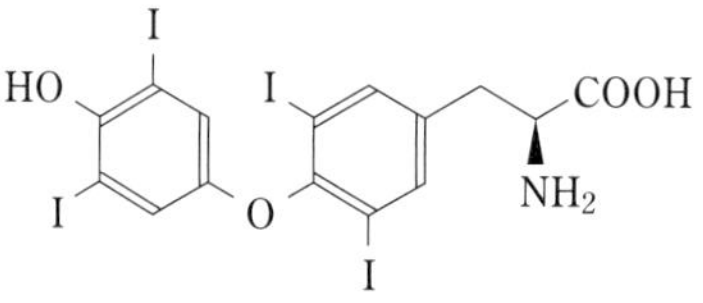

チロキシン

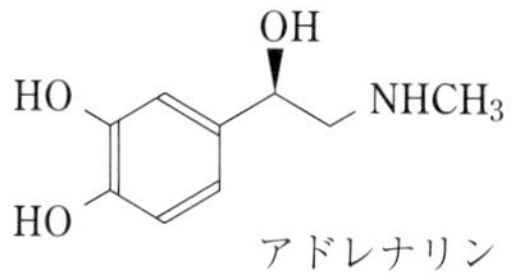

アドレナリン

図 17.18 いくつかのホルモンの構造

● アミノ酸誘導体系ホルモン

チロキシン［サイロキシン（甲状腺ホルモン），図 17.18 参照］，アドレナリン（図 17.18 参照），など

● その他　プロスタグランジンなど

　インスリンは膵臓から分泌される．インスリンの欠乏は糖尿病を引き起こす．インスリンは現在では，大腸菌を用いた遺伝子操作技術により，治療薬として大量生産されている．

　なお，植物に対してもホルモンがある．それらについては 18 章 1 節で触れる．

演 習 問 題 17

1. 糖類をその加水分解生成物を基準に 3 種に分類し，それぞれの分類に属する代表的な物質と性質を述べよ．
2. 次の英文をわかりやすい日本語で表せ．

An amino acid is a molecule containing both amine and carboxy functional groups. Amino acids are the building blocks of proteins. Amino acids combine in a condensation reaction that releases water and the new "amino acid residue" that is held together by a peptide bond. Just as the letters of the alphabet can be combined to form an almost endless variety of words, amino acids can be linked in varying sequences to form a vast variety of proteins.

　注："amino acid residue" アミノ酸残基
3. 通常の化学反応と比較して酵素反応の特徴を述べよ．
4. 核酸の基本単位構造を説明せよ．
5. DNA の二重らせん構造はどのような仕組みによって保持されているのか．
6. ビタミンとホルモンは，炭水化物，タンパク質，脂肪のような栄養素とはどのような点で異なるのか．またビタミンとホルモンを分ける特徴は何か．

肥料と農薬，医薬品，食品添加物，洗剤 | 18

18.1 肥料と農薬

(1) 肥料

植物は CO_2 と H_2O を原料として体内に取り入れて炭酸同化作用（光合成）により炭水化物をつくる．しかし，植物の生育のためには C, H, O 以外にいろいろな元素が必要であり，それらを土壌から吸収している．それゆえ，植物が吸収した量，あるいは元来その土壌では不足している成分を補充，供給しないと作物は育たなくなる．目的とする植物がよく生育するように人為的に加える物質が**肥料**（fertilizer）である．肥料により，土壌は肥沃（fertile）となる．

C, H, O 以外の補給すべき元素を表 18.1 に示す．これらの元素のうちで，窒素，リン，カリウム（肥料の分野では"カリ"と簡略化された表現を用いることが多い）は**肥料の三要素**[*]とよばれ，特に重要である．

[*] この説は 1840 年代にリービッヒ（1803〜1873 年．ドイツの化学者．農芸化学の父といわれる．）により提唱された．彼は化学肥料の有効性を実証した．

表 18.1　C, H, O 以外の植物に必要な主要元素とその役割

	必要元素	役割
肥料の三要素	N　窒素	タンパク質や核酸などの成分
	P　リン	核酸・リン脂質・エネルギー伝達物質の成分
	K　カリウム	細胞の浸透圧や pH の調整，酵素の活性化
	Ca　カルシウム	細胞膜の構造・機能の保持
	Mg　マグネシウム	葉緑素の成分
	Fe　鉄	呼吸・光合成に関与する酵素シトクロムの成分
	S　硫黄	タンパク質の成分

窒素肥料，リン肥料，カリ肥料として用いられる物質の例を表 18.2 に示す．肥料の成分が植物に吸収されるには，根から水とともに吸い上げられる形，すなわち，窒素はアンモニウムイオン NH_4^+ や硝酸イオン NO_3^-，リンはリン酸イオン PO_4^{3-} やリン酸二水素イオン $H_2PO_4^-$ など，カリウムはカリウムイオン K^+ となっていなければならない．

表 18.2 の肥料のいくつかについて補足する．

● チリ硝石（硝酸ナトリウム $NaNO_3$）：南米チリの大鉱床のものが

表18.2 窒素肥料，リン肥料，カリ肥料の例

種　類	肥料の物質名
窒素肥料-堆肥，油粕	
	チリ硝石*（硝酸ナトリウム $NaNO_3$）
	硫安（硫酸アンモニウム $(NH_4)_2SO_4$）
	硝安（硝酸アンモニウム NH_4NO_3）
	塩安（塩化アンモニウム NH_4Cl）
	尿素（NH_2CONH_2）
	石灰窒素（カルシウムシアナミド $CaCN_2$）
リン肥料-魚粉，骨粉	
	過リン酸石灰［リン酸二水素カルシウム $Ca(H_2PO_4)_2$ と硫酸カルシウム $CaSO_4$ の混合物］
カリ肥料-草木灰	
	塩化カリウム KCl
	硫酸カリウム K_2SO_4

硫安（硝安），硝安（硝安），尿素，石灰窒素はアンモニア NH_3 より合成

*単に「硝石」といえば，硝酸カリウム KNO_3 を示し，チリ硝石ではない．

近代になって資源開発がなされ，窒素工業の原料となっていた．この枯渇への恐れが，アンモニアの合成法 $N_2 + 3H_2 \longrightarrow 2NH_3$（**ハーバー-ボッシュ法**，10章7節の例1参照）の開発の原動力であったといわれる．

● 硫安（硫酸アンモニウム $(NH_4)_2SO_4$）：安価で速効性であるが，$SO_4{}^{2-}$ イオンが土壌に残るので，次第に土壌が酸性化する．

● 硝安（硝酸アンモニア NH_4NO_3）：吸湿性であることが難点．水に溶けやすいので雨で流失されやすい．畑向き．

● 尿素（NH_2CONH_2）：土壌微生物により分解されてアンモニウムイオン $NH_4{}^+$ を生じる．土壌を酸性化しない．

● 過リン酸石灰：$Ca(H_2PO_4)_2$ と $CaSO_4 \cdot 2H_2O$ の混合物．粉末状に粉砕したリン鉱石 $Ca_3(PO_4)_2$（これは水に不溶）に硫酸を作用させてリン酸二水素塩とし，可溶性をもたせてある．
$$Ca_3(PO_4)_2 + 2H_2SO_4 + 2H_2O \longrightarrow Ca(H_2PO_4)_2 + 2CaSO_4 \cdot 2H_2O$$

問題18.1 堆肥などの自然肥料は効果を現すのに時間がかかるので遅効性といわれる．これに対して，合成化学肥料は速効性のものが多い．どうしてその差がでるのか．

解答 植物に吸収されるのはイオンの形である．自然肥料ではバクテリアなどにより分解されてイオンが生じるまでの時間を必要とする．

(2) 農　薬

農薬は，病害虫や病原菌を殺したりして作物の収穫量の増大や品質向上をはかるばかりでなく，雑草を抑制するなど，生産にかかる

労力を軽減するためにも使用される.

1939年，ミュラー*は**DDT**（物質としては1874年に合成されている．図18.1参照）の強力な殺虫効果に気付いた．DDTはダニ，シラミ，蚊などの防疫ばかりでなく，農業面でも広く使用された．しかし，目的とする病害虫以外の生物にDDTが及ぼす残留毒性と，食物連鎖による生物濃縮，発がん性などが問題となり，日本では1971年に使用が禁止された．

*ミュラーはこの業績により1948年のノーベル医学・生理学賞を受賞している.

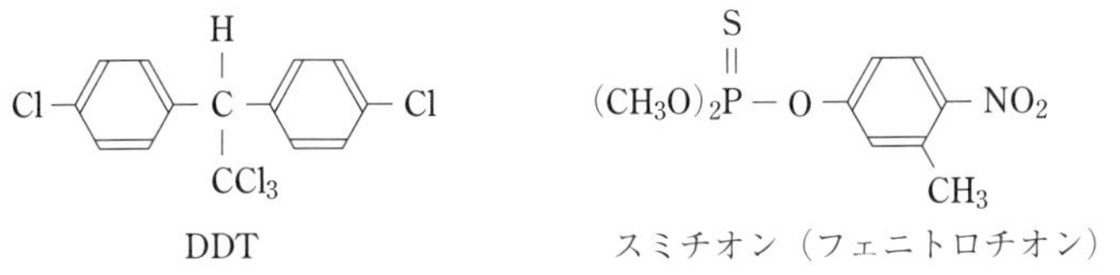

図18.1　殺虫剤DDTとスミチオンの構造

現在使用されている代表的な殺虫剤として有機リン系のスミチオン（フェニトロチオン，図18.1参照）がある．この殺虫剤は微生物により，人や家畜への影響が少ない代謝物に速やかに変わる．

微生物に帰因する植物の病気を防除する殺菌剤として19世紀末に考案されたボルドー液（硫酸銅$CuSO_4$と酸化カルシウムCaOの混合溶液）がある．これは現在でも一部で使用される．近年では，有機硫黄系の化合物が殺菌剤として使われることが多い．

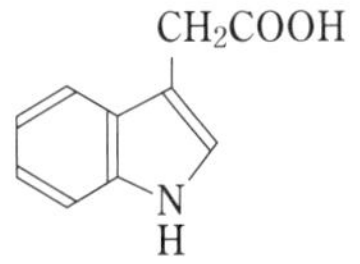

植物体内で微量で作用する物質を**植物ホルモン**という．これらはエチレンC_2H_4やインドール酢酸（図18.2参照）などで，植物の発芽，成長，開花に効果を現す．成長促進作用を示すインドール酢酸は光で分解するので，植物の光に当たる側は成長が遅れ，結果的に植物は太陽の向きに成長する．

図18.2　インドール酢酸の構造

問題18.2　優れた殺虫力をもつDDTが使用されなくなった1つの理由である"食物連鎖による生物濃縮"について説明せよ．

解答　難分解性であるDDTなどの物質が小さな動植物に蓄積し，次にその小動植物を餌とする動物の体内で一段と濃縮され…の過程により，自然状態の数千〜数万倍以上に濃縮されることが起こりえる**.

**農薬の大量消費が環境に与える重大な影響について警鐘を鳴らしたのが米国の海洋生物学者で作家であったレイチェル・カーソン（1907-1964年）の1962年の著書『沈黙の春』である.

18.2　医　薬　品

（1）　薬　の　歴　史

人類は経験を通して天然に産するものから治療に役立つ"薬"を見出して利用してきた．化学の進歩により薬の有効成分が決定され，それが合成されて広く使用されるようになった医薬品は無数ともいえる．この典型的な例が世界で最初の合成医薬品である**アセチルサリチル酸**（商品名はアスピリン）である．サリチル酸という名

称はしだれ柳属のラテン名Salixから派生している．医薬品としてのアセチルサリチル酸の歴史を簡単に以下に示す：

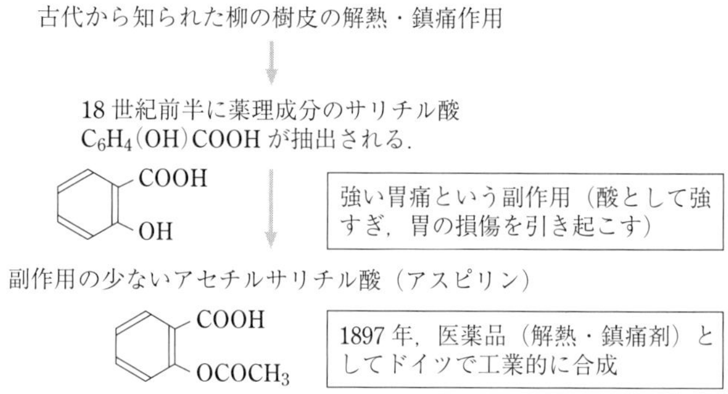

古代から知られた柳の樹皮の解熱・鎮痛作用
18世紀前半に薬理成分のサリチル酸
$C_6H_4(OH)COOH$が抽出される．
COOH
OH
強い胃痛という副作用（酸として強すぎ，胃の損傷を引き起こす）
副作用の少ないアセチルサリチル酸（アスピリン）
COOH
$OCOCH_3$
1897年，医薬品（解熱・鎮痛剤）としてドイツで工業的に合成

＊ドイツの医学者．1905年ノーベル医学・生理学賞受賞．

19世紀末にコッホ＊は細菌による感染症を実証した．このことは，病原細菌に作用する物質を開発すれば，感染症に立ち向かうことができるということを意味する．病原菌に作用するが，人には比較的害の少ない医薬品を**化学療法剤**という．

(2) サルファ剤

1935年赤色の染料プロントジル（図18.3参照）が敗血症に有効であることが見出された．しかし，その後，プロントジルの薬理作用はプロントジルが体内で分解して生じるスルファニルアミドによることが明らかとなった．スルファニルアミド骨格をもつ抗菌物質を**サルファ剤**という．

NH_2
H_2N
N＝N
SO_2NH_2
体内の分解
H_2N
SO_2NH_2
プロントジル（赤色染料）
スルファニルアミド

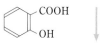

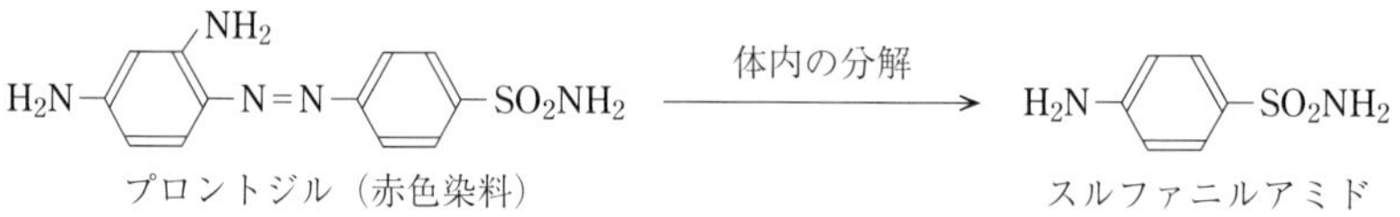

図18.3 プロントジルとスルファニルアミドの構造

サルファ剤は水溶性ビタミンの葉酸［17章4節の(1)参照］を合成する酵素に作用する．人間はこの酵素を持ち合わせていないので，サルファ剤は人間にはほとんど作用しない．種々に化学修飾されたサルファ剤は，次項で述べる抗生物質が普及するまで，ぶどう状球菌などの疾患に広く用いられた．

＊＊イギリスの病理学者．ペニシリンを単離したフローリーとチェインとともに1945年，ノーベル医学・生理学賞受賞．

(3) 抗生物質

1928年，フレミング＊＊はある種のアオカビの周囲には細菌が生育しないことに気付いた．フレミングはこの抗菌作用を示す物質**ペ**

ニシリンを発見し，これをアオカビという微生物が他の菌に対抗するために生産したものとの意味で，**抗生物質**（antibiotics）と名付けた．しかし，フレミングの発見からペニシリンの単離までには12年の歳月を要した．さらにペニシリンの大量生産技術の開発という難題が乗り越えられて，一般に普及したのは1940年代の後半である．ペニシリンは1957年に化学合成がなされた．ペニシリンG（ベンジルペニシリン）の構造を図18.4に示す．

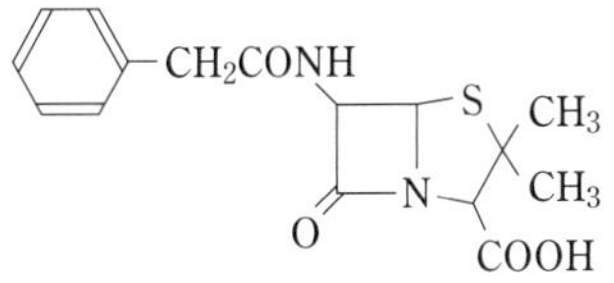

図 18.4　ペニシリン G の構造

塩素 Cl_2 やエチルアルコール C_2H_5OH の殺菌・消毒作用が単なる化学的作用であるのに対して，抗生物質の抗菌作用は細菌が増殖する代謝経路を妨害することで細菌にのみ作用し，人体への毒性が極めて低い点に特徴がある．たとえば，ペニシリンは細菌が細胞壁を生成する酵素の活動を阻害する．人を含む動物には細胞壁がないので，ペニシリンは人にはほとんど害がない．

抗生物質の発見は，医療における革命的なできごとであり，ペニシリン以後，幾多の抗生物質が実用化されてきている．しかし，抗生物質の大量使用に伴い，抗生物質を無毒化する能力を備えた菌である耐性菌が出現し，新たな問題となっている．

問題 18.3　抗生物質の抗菌作用は塩素などの殺菌作用とどのように異なるのか．また，ペニシリンはなぜ人にほとんど無害なのか．

解答　上記の記述参照．

18.3　食品添加物

食品製造の際に添加する物質のことを**食品添加物**という．食品添加物の主な目的としては以下のものがある．

● 製造・加工での製造用剤：乳化剤，pH 調節剤など
● 保存性を改善するため：保存料（防腐剤），酸化防止剤
● 風味を改善するため：甘味料，酸味料，調味料，香料
● 外観を改善するため：着色料，漂白剤，発色剤，増粘安定剤
● 栄養成分を強化するため：栄養強化剤

保存料は腐食細菌の増殖を抑制するために添加される．安息香酸ナトリウム（表 15.3 参照）やソルビン酸（図 18.5 参照）およびソルビン酸カリウムなどが代表的な例である．

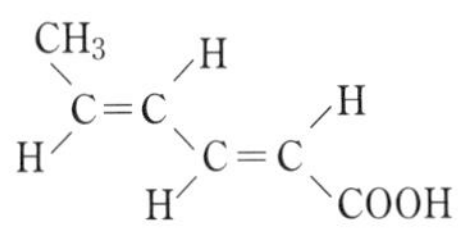

図 18.5　ソルビン酸の構造

うま味調味料として用いられている物質の構造を図 18.6 に示す．これらはいずれも天然物に含まれているものであるが，今日では発酵などの方法により人工的に製造されている．イノシン酸ナトリウムとグアニル酸ナトリウムはヌクレオチド構造（図 17.13 参照）をもつので，**核酸系調味料**ともよばれる．

$$\text{NaOOC}-\text{CH}_2-\text{CH}_2-\overset{*}{\text{C}}\text{H}-\text{COOH}$$
$$\underset{\text{NH}_2}{|}$$

グルタミン酸ナトリウム（コンブのうま味）
C*は不斉炭素

L型　天然に存在，うま味あり
D型　天然に存在しない．
　　　うま味なし

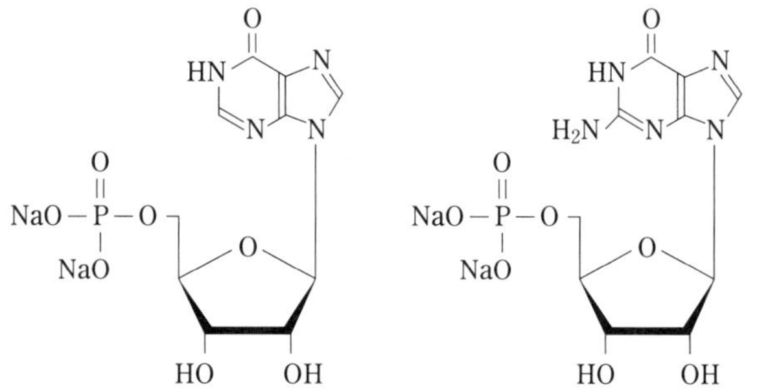

イノシン酸ナトリウム
（かつお節のうま味）

グアニル酸ナトリウム
（しいたけのうま味）

図 18.6　旨味調味料の構造

18.4　洗　　剤

（1）　洗剤の化学構造

洗剤（detergent）には**セッケン**（soap）と**合成洗剤**とがある．セッケンがヤシ油のような油脂からつくられるのに対して，合成洗剤は油脂を原料とせず石油を原料とする．セッケンの合成例を下に示す．この反応はエステルのアルカリによる加水分解である．

$$\begin{array}{l}
\text{C}_{17}\text{H}_{35}\text{COOCH}_2 \\
\qquad | \\
\text{C}_{17}\text{H}_{35}\text{COOCH} \\
\qquad | \\
\text{C}_{17}\text{H}_{35}\text{COOCH}_2
\end{array} + 3\text{NaOH} \longrightarrow \underset{\substack{\text{ステアリン酸ナトリウム}\\(\text{セッケン})}}{3\text{C}_{17}\text{H}_{35}\text{COONa}} + \begin{array}{l}
\text{CH}_2\text{OH} \\
\quad | \\
\text{CHOH} \\
\quad | \\
\text{CH}_2\text{OH}
\end{array}$$

ステアリン酸グリセリド　　　　　　　　　　　　　　　　　　　　グリセリン

セッケンと合成洗剤はいずれも親水性（水となじむ）部分と疎水性（水となじまないで油となじむ）部分からできている．それらの模式表現を図 18.7 に示す．親水性の部分は $-\text{COO}^-$ や $-\text{SO}_3^-$ のようにイオン化している．疎水性の部分は，上に示したステアリン酸でのように長い炭化水素鎖や，ベンゼン環を含む長い炭化水素鎖である．

非イオン性界面活性剤といわれる洗剤では，親水基がポリオキシエチレン基 $-(\text{CH}_2\text{CH}_2\text{O})_n\text{H}$ のような非解離基となっている．

初期の合成洗剤には，水の中に含まれるカルシウムイオン Ca^{2+} とマグネシウムイオン Mg^{2+} を除去して洗浄力を増すために縮合したリン酸のナトリウム塩が配合されていた．ここから生じたリン成分は都市廃水の処理過程では十分に取り除かれず，結果的に湖沼の

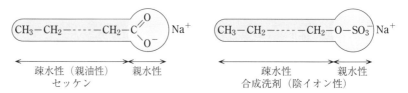

図 18.7　セッケン分子と合成洗剤分子の模式表現

富栄養化（20章3節参照）の要因となっていた．しかし，技術的改良がなされ，今日の家庭用洗剤では無リン化が達成されている．

(2) 界面活性剤の性質

セッケンと合成洗剤は**界面活性剤**とよばれる物質である．界面活性剤は，液体が表面をなるべく少なくしようとする力である表面張力を大幅に下げる．それゆえ，界面活性剤が溶けた液は繊維の内部にまで容易に浸み込む．水に溶けた界面活性剤の分子は親水部を水側に，疎水部を水と空気の界面では空気側に，水と油の界面では油側に，向けて配列する．この様子を模式的に図18.8に示す．水中で生じる界面活性剤分子の集合体を**ミセル**という．油は親油性をもっているミセル内側に溶け込み，水の中に分散していく．

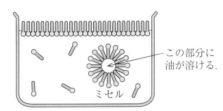

この部分に油が溶ける.

ミセル

図18.8 水に溶けた界面活性剤の様子の模式表現

セッケンはカルボン酸 R−COOH のナトリウム塩なので，水中では加水分解して塩基性となる．それゆえ，塩基に弱い絹や羊毛の洗濯には適さない．また，カルシウムイオン Ca^{2+} やマグネシウムイオン Mg^{2+} を多く含む海水や硬水では水に不溶性の塩をつくる．

$$2R-COO^- + Ca^{2+} \longrightarrow (R-COO)_2Ca\downarrow$$

これに対して非イオン性合成洗剤の水溶液は中性であり，硬水でも洗浄力はそれほど低下しない．

問題 18.4 直鎖分子であるステアリン酸ナトリウム $C_{17}H_{35}COONa$（分子量 306）の1個分子の分子軸に垂直な方向の断面積は約 $20\times10^{-16}\,cm^2$ である．ステアリン酸ナトリウムが表面に単分子膜（1個の厚さの層からできている膜）をつくって吸着したとき，1 g がどれだけの面積を占めるか.

解答　1 g は $3.3\times10^{-3}\,mol = 2.0\times10^{21}$ 個. 約 $400\,m^2$

演習問題 18

1. 肥料の三要素とは何か．また，各要素の役割を説明せよ.
2. 窒素肥料を供給することにおいて，アンモニアの工業的合成の重要性について述べよ.
3. 今日の農薬と医薬品に共通して求められる条件をいくつか挙げよ.
4. 合成洗剤とセッケンの異差と共通した性質を説明せよ.

19 | 大気環境の化学

19.1 大気の構成

(1) 地球大気の形成と変遷

　地球が 46 億年前にできたとき，地球表面の温度は 4000 K 程度で数千気圧の一次原始大気に覆われていた．原始地球を包む一次原始大気が地球の重力圏外に飛ばされていく一方，地球の内部から火山ガスとして噴出された気体（水蒸気 H_2O，二酸化炭素 CO_2，塩素 Cl_2，一酸化炭素 CO，メタン CH_4，窒素 N_2 など）が次第に地表に溜まりだした．地表温度が 1500 K 程度となった二次原始大気では，その主成分は H_2O と CO_2 であった．そして CO_2 は地球の冷却につれて形成された海に溶け込み，炭酸塩 $M(II)CO_3$ として固定化されて，CO_2 濃度は低下していった．

　地球の歴史における大気中の O_2 濃度と CO_2 濃度の変化を図 19.1 に示す．地球上に生命が誕生したのは 35〜38 億年前と推定される．そのころの地球の情況では，酸素は他の物質と反応しやすい状態で，気体として安定な形で存在することができなかったこともあり，大気には酸素はごくわずかしか含まれていなかった．したがって，地球の初期生命体は酸素の存在しない状態で生きていける今

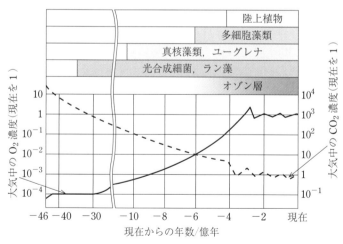

図 19.1 大気中の O_2 濃度と CO_2 濃度の変化
［及川武久「化学と教育」40, 501 (1992)］

日嫌気性バクテリアとよばれるものであった.

約28億年前に始まった原始光合成生物であるラン藻による光合成は,海水中のH_2OをO_2へと変換していき,今日の大気組成が次第につくられた.また,大気中O_2濃度の増加は新たなタイプの生命体の発生とその進化を促した.さらに,サンゴなど一部の生物は,それ自体がCO_2を$CaCO_3$として体の一部に取り入れて固定化したため,大気中CO_2濃度は一段と低下した.

(2) 大気の組成と構造

現実の大気は,例題8.2で触れたように,通常体積で2~3%の水分を含む.しかし,水分の割合は場所や気象状態によって大きく変動するので,大気の組成を論ずるときは乾燥大気を考えるのが通例である.

今日の大気の組成を図19.2に示す.窒素が約78%,酸素が約21%を占める.大気の第3成分はアルゴンArである.アルゴンAr,ネオンNe,ヘリウムHeはいずれも周期表で右端の第18族で貴(希)ガスとよばれる単原子分子である.大気の組成から見ればアルゴンは"希"ではない.

地球大気圏の構造を図19.3に示す.大気圏は地上約500kmまで広がっているが地球の大気の約90%は対流圏に,約10%が成層圏に存在している.雲の発生などの気象現象はすべて対流圏で起こる.対流圏では上昇流と下降流とが大気をかき混ぜている.成層圏における温度上昇は,オゾン層が太陽光中の紫外線を吸収して熱エネルギーに変換している結果である.成層圏の「成層」という名称は,高度が増加するほど温度が高くなっているので,上下方向の

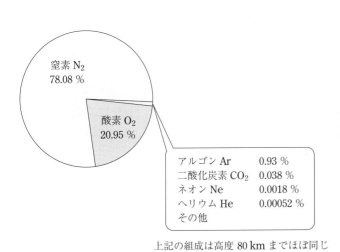

上記の組成は高度80kmまでほぼ同じ

図19.2 体積%で表した乾燥大気の組成

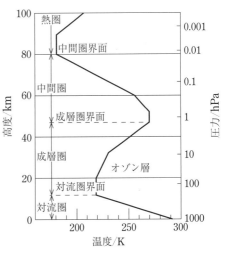

図19.3 大気圏の構造とその温度・圧力

混合が起こりにくいと考えられたことによる．しかし，その後，成層圏でも上下方向の混合が起こっていることがわかった．

問題 19.1 図 19.2 において，乾燥大気の採取場所が明示されていない．大気の成分は場所により異ならないのか．もし異ならないとしたら，それはどうしてか．

解答 大気中の水分の割合すなわち湿度は地域・季節・時間により異なるが，地域的な大気汚染などの影響を受けない箇所の乾燥大気の組成はほとんど場所に依存しない．このことと，高度 80 km まで大気の組成が地表の大気の組成と違わないことは，大気が地球規模で十分に撹拌されていることを示している．

19.2　オゾン層とフロンによるオゾン層の破壊

図 19.3 に示されたように，成層圏の下部から**オゾン層**が広がっている．オゾン層を地表に集めて 0℃，1013 hPa にしてみると，その厚さは 3 mm にすぎない．しかし，オゾン O_3 は太陽光線の中で，生体の DNA の正常な複製を妨害する紫外線（ultraviolet ray, UV）を効率よく吸収して地球上の生命を保護している．**オゾンホール**とはこのオゾン層が破壊されて穴が開いたという現象である．

オゾンは波長 240 nm 以下の紫外線によって酸素から生成され，また別の波長の紫外線により消滅する．その機構は以下のようである．

オゾンの生成 $\begin{cases} O_2 \xrightarrow{\text{UV} < 240\,\text{nm}} 2O & (1) \\ O_2 + O \longrightarrow O_3 & (2) \end{cases}$

オゾンの消滅 $\begin{cases} O_3 \xrightarrow{\text{UV} < 320\,\text{nm}} O_2 + O & (3) \\ O_3 + O \longrightarrow 2O_2 & (4) \end{cases}$

オゾンの生成と消滅の過程はきわめて微妙なバランスの上に成り立っている．1970 年代に入って成層圏中に，天然には存在しない化合物**フロン**（メタン CH_4 やエタン C_2H_6 などの炭化水素の H 原子を Cl 原子と F 原子で置換した一連の化合物で，開発当初は，人間には無害の優れた化学製品*であると信じられていた）の存在が認められた．フロンはきわめて安定であるので，地表で排出されたフロンは対流圏で分解することなく成層圏まで上昇した後，紫外線により分解されて塩素原子を放出する．

$$CF_2Cl_2 \xrightarrow{\text{UV}} CF_2Cl + Cl \quad （CF_2Cl_2 は代表的フロン） \quad (5)$$

この塩素原子を触媒としてオゾンが分解される**.

*フロンはクロロフルオロカーボン chlorofluorocarbon の頭文字より **CFC** とも記される．フロンは最初は冷蔵庫の冷媒やエアロゾルの噴射剤として，その後ウレタンフォームの発泡剤，エレクトロニクス産業での洗浄剤として幅広く使用された．

**1 個の Cl 原子により，1万～十万個の O_3 分子が破壊される．

$$Cl + O_3 \longrightarrow ClO + O_2$$
$$\underline{ClO + O \longrightarrow Cl + O_2 \quad (+}$$
$$O_3 + O \longrightarrow O_2 + O_2$$

（窒素酸化物についても，Cl と同様の触媒作用が成立する）

1974 年，モリーナとローランド* は，フロンの大気中への放出を続けるとオゾン層が破壊されると警告した．この警告に懐疑的な科学者も少なくなかったが，1982 年に日本に南極観測基地上空のオゾン層の濃度が 9 月から 10 月にかけて異常に減少することが観測され，これ以後オゾンホールの拡大が確認されている．また，なぜ南極の春にオゾンホールが出現するのかについても，フロンの分解により生じた塩素原子は冬の間は氷滴の表面に吸着されているのに，春の光により氷滴が溶解して塩素原子が大気中にはなたれることと，凍結した雲の粒子表面が触媒として働くことの重ね合わせであることが化学者により証明された．そして 1987 年には「オゾン層を破壊する物質に関するモントリオール議定書」が採択（90，92，95，97 年には規制強化の改訂）され，フロンの生産と使用は国際的に規制されることになった**．

オゾンホールのような問題を論じるときには，信頼に足る長期観測データが必須である．図 19.4 に南極に毎年出現するオゾンホールの最大面積の経年変化，図 19.5 に日本国内でのフロン濃度の観測例を示す．図 19.5 から，フロンの規制の効果が次第に現れていることがわかる．

*1995 年のノーベル化学賞は大気の化学，特にオゾン層の生成と分解に関する研究への貢献により，彼ら 2 人とクルッツェン（1970 年に窒素酸化物によるオゾン層破壊の仮説を提唱）に与えられている．

**今日，フロンの代わりの冷媒としては水素とフッ素からなる炭化水素 hydrofluorocarbon HFC が使用されている．

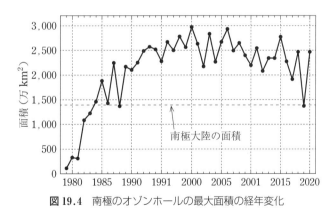

図 19.4　南極のオゾンホールの最大面積の経年変化

問題 19.2　フロンの使用が規制されても，南極のオゾンホールが消滅するのは 2050 年以降と推定されている．どうして，それだけの長い時間が必要なのか．

解答　主として北半球で使用したフロンが南極上空にまで南北方向に拡散するための時間がフロンを削減した場合にも必要である．

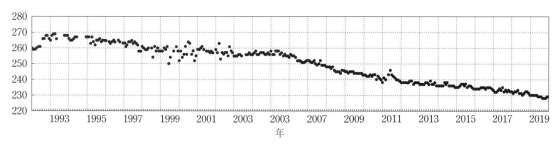

図 19.5 大気環境観測所（岩手県大船渡市三陸町綾里）における大気中のフロン 11（CCl₃F）濃度の経年変化

19.3 温室効果ガスと地球温暖化

(1) 温 室 効 果

温度 T の物体が放つ光のスペクトルは，第 2 章で述べた放射の量子論により与えられる．この理論により太陽（表面温度 6000 K）が放射して地球まで到達するエネルギーを求めてみると，地球全体として 342 W/m² である．このエネルギーの約 70 % である 235 W/m² のエネルギーが地球の大気と地表に吸収される．

大気と地表が受け取った熱エネルギーは熱放射，水の蒸発，空気の対流の形で消費され，地球全体としては太陽放射と地球放射の間で熱収支がとれた状態になっている（図 19.6 参照）．地表と大気との間に温度差がないとして，その温度を太陽の放射エネルギーから求めると −19 ℃ となる．しかし実際の地球の陸地と海洋とを平均した温度は 15 ℃ である．−19 ℃ と 15 ℃ との温度差が大気が地表を暖めている**温室効果**である．

温室効果はなぜ起こるのであろうか？　地球表面に届く太陽光線は 290〜2500 nm の波長の紫外・可視・赤外線である．しかし，暖められて平均 15 ℃ の温度にある地球が放出する光の強度が最大となる波長は 10⁴ nm である．10⁴ nm という波長の光は赤外線に相当している．すなわち，地表は紫外・可視・赤外線を受け取り，赤外線にして放射している．大気中に存在する水蒸気や二酸化炭素は赤外線をよく吸収するので，地球放射の一部である赤外線を吸収して地表を再び暖めている．これが大気の温室効果の機構である．

上記に述べた地球の熱収支をもう少し定量的な値を用いてまとめると図 19.6 のようになる．

(2) 温室効果ガス

どのような物質が地球への温室効果をもたらすかを考える上ではその物質の吸収する赤外線のエネルギー量ばかりでなく，長期的にみてその物質がどのくらい安定であるかも考慮しなければならない．

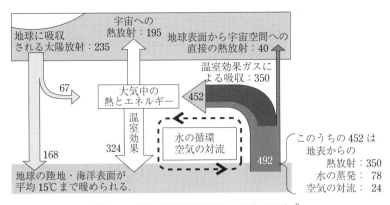

図 19.6 現在の地球の熱収支. 単位は W/m^2
[http://ja.wikipedia.org/wiki/%E7%94%BB%E5%83%8F:Greenhouse_Effect_ja.png を修正]

水以外の温室効果を引き起こすガス (**温室効果ガス**) の温暖化への寄与率を図 19.7 に示す. 二酸化炭素 CO_2 は大気中に含まれている割合が高いことと寿命が長いことから最も大きな割合を占めている. しかし, メタン CH_4, 一酸化二窒素 N_2O や代替フロンの寄与も忘れてはならない.

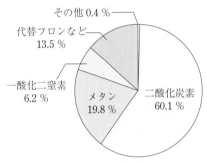

図 19.7 水以外の温室効果ガスの寄与率

(3) 大気中の二酸化炭素 CO_2 濃度の経年変化

水を除いて温室効果に最も大きな寄与をしている二酸化炭素 CO_2 の, 大気中濃度の 20 世紀前半から 21 世紀までの経年変化の測定例を図 19.8 (図 1.1 も参照) に示す.

地球の大気全体としての変動を考察するには, 観測地点付近の工業化や都市化のような人為的影響を受けない環境にあることが必須である. このような要因と測定精度への信頼性から, 図 1.1, 図 19.8 に示すハワイ島のマウナロアの測定値は地球全体としての大気の変動を示すものとしてよく引用される. 図中の波型の周期変動において, ピークは毎年 4 月から 5 月にかけて出現し, それ以後の月での減少は北半球の夏には植物の光合成が盛んになるため, 大気中の CO_2 濃度が低下することを示している.

二酸化炭素 CO_2 濃度は産業革命時には 280 ppm 前後であったと推定されるが, それ以後次第に増加してきた. 特に 20 世紀後半に大気中の二酸化炭素 CO_2 濃度が急増したことは科学的事実である. CO_2 濃度の増加が地球の温暖化をもたらすかどうかについては諸説あったが, 2008 年時点で, 以下の結論が得られていた.

● 図 19.8 に示す CO_2 濃度の増加は人為的な要素が大部分である.
● CO_2 濃度の増加は地球全体の温度をおそらく上昇させる (温度上昇の程度については, 推定条件により 1〜5℃ ほどの幅がある).

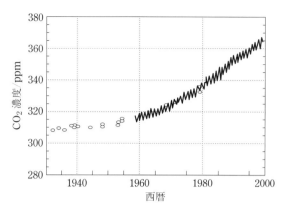

図 19.8 大気中の二酸化炭素 CO_2 の濃度測定の経年変化. 1956 年以後のデータはハワイのマウナロアでの測定結果（p. 3 の図 1.1 参照）.

問題 19.3　産業革命当時の大気中における約 280 ppm とされる CO_2 濃度はどのようなことから推定できるのか.

解答　グリーンランドや南極の氷床（雪が積み重なってできた氷）に含まれている空気の泡の CO_2 濃度を調べるなど.

19.4　大気汚染

　これまで述べた，フロンによるオゾン層の破壊や温室効果ガスによる地球温暖化のような地球環境問題も，大気汚染といえなくもない. しかし，通常**大気汚染**とは，自然起源あるいは人為起源（産業活動，交通輸送など）によって本来のあるべき清浄な大気が汚染されて，健康に悪影響を及ぼす状態を意味する. 大気汚染の主要な原因は浮遊粉塵，硫黄酸化物 SO_x，窒素酸化物 NO_x などである.

(1)　浮遊粉塵

　浮遊粉塵とは大気中に浮遊する液体あるいは固体の微粒子であって，この微粒子を**エアロゾル**（エーロゾル aerosol）**粒子**という. これには自然起源のものと人為起源のものとがある.

　自然起源のものとしては土壌（春先にみられる黄砂が好例），火山灰，スギ花粉などがある. 人為起源のものとしては木材や化石燃料が不完全燃焼する際に発生する煤塵，工場より排出される粉塵などがある. 化石燃料の燃焼の際には排出された高温のガスが凝縮し，そこに蒸気圧の低い物質が溶け込んで粒子として成長した微細粒子（二次粒子）などが生じることも多い（20 章 2 節参照）[*].

　大気中のエアロゾル粒子の直径を測定してみると，図 19.9 に示すように，$1\,\mu m$ をはさんでの 2 山型となる. $8\,\mu m$ に極大をもつ粒子が一次粒子，$0.3\,\mu m$ に極大をもつ粒子が二次粒子である.

[*] 近年は冬から春にかけて濃度の増加が認められる **PM2.5**（PM は particulate matter の略）とよばれる直径が $2.5\,\mu m$ 以下の微小粒子状物による健康被害が問題となっている.

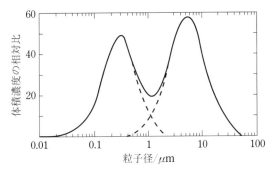

図 19.9 エアロゾル粒子の直径の分布

(2) 硫黄酸化物 SO_x ソックス

硫黄酸化物には二酸化硫黄 SO_2 と三酸化硫黄 SO_3 とがあり，まとめて**ソックス** SO_x と表される．生物起源の硫化水素 H_2S が酸化されて SO_2 となる場合もあるが，SO_x のほとんどは石炭や石油などの化石燃料中に含まれる硫黄が原因であり，燃焼に伴って生じる．

$$S + O_2 \longrightarrow SO_2$$
$$2SO_2 + O_2 \longrightarrow 2SO_3$$

硫黄酸化物はそれ自体が有害であるばかりでなく，それらが雨滴に溶け込むことにより酸性雨（20 章 2 節参照）を生じる．

$$SO_2 + H_2O \longrightarrow H_2SO_3 \quad 亜硫酸$$
$$SO_3 + H_2O \longrightarrow H_2SO_4 \quad 硫酸$$

燃焼排ガスから硫黄酸化物を取り除くためには硫黄を取り除けばよい．硫黄を取り除くことを**脱硫**という．脱硫には，燃料（石油）を燃焼させる前に（燃料から直接に）行う脱硫（15 章 4 節参照）と燃焼後の排煙より行う脱硫との 2 つの方法がある．

日本における大気中の二酸化硫黄濃度の経年変化を図 19.10 に示す．日本では，硫黄成分の少ない良質な化石燃料を使用することと脱硫技術の進歩により，1960〜1970 年代には深刻な問題であった硫黄酸化物 SO_x による大気汚染問題は，今日ではおおむね克服された．日本で発達した脱硫技術の成果の具体例として，自動車用軽油中の硫黄含有量の経年変化を表 19.1 に示す．

表 19.1 自動車用軽油中の硫黄含有量の経年変化

単位 ppm	1976-1992	1992-1997	1997-2003	2004-2006	2007-
硫黄含有量	5,000 以下	2,000 以下	500 以下	50 以下	10 以下

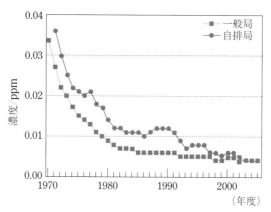

図 19.10 二酸化硫黄濃度の年平均値の推移
一般局：一般環境大気測定局
自排局：自動車排出ガス測定局
［環境省『平成 17 年度大気汚染状況報告書』］

（3） 窒素酸化物 NO$_x$ ノックス

　燃料が空気中で燃焼するときは高温となる．すると，空気中の窒素が酸素と反応して一酸化窒素 NO や二酸化窒素 NO$_2$ などの**窒素酸化物*** が生じる．これらの窒素酸化物をまとめて NO$_x$ **ノックス**という．NO$_x$ は燃料中に含まれる窒素分からも生じるが，高温燃焼時に発生するものの方がはるかに多い．窒素酸化物は硫黄酸化物と同様，それらが雨滴に溶け込むことにより酸性雨を生じる．さらに NO$_x$ は大気中で光化学反応により，次項で述べるオゾンや各種の刺激物質を作り出す．

　日本における二酸化窒素濃度の経年変化を図 19.11 に示す．硫黄酸化物の発生源が工場などの固定発生源であるのに対して，窒素酸化物の発生源は固定発生源ばかりでなく，自動車のような移動発生源がかなり寄与している．したがって，自動車の普及につれて NO$_x$ の総排出量は急増し，都市の大気環境の悪化を引き起こした．移動発生源における排出濃度規制という技術的な困難さと自動車台数の増加のため，図 19.11 からもわかるように，かつてよりは改善されたものの，一段の改善に向かうには至っていない．

（4） 光化学オキシダント

　光化学オキシダントとは，窒素酸化物 NO$_x$ や炭化水素類などの一次汚染物質が，太陽光線の照射を受けて光化学反応を起こし，二次的に生じたオゾンなどの酸化物の総称である．日本では太陽光線の強い夏期に発生する．光化学オキシダントは眼やのどへの刺激や呼吸器へ影響をもたらす．

＊窒素酸化物には N$_2$O, NO, NO$_2$, NO$_3$, N$_2$O$_3$, N$_2$O$_4$ などがある．N$_2$O（笑気ガス）は医療用麻酔剤に使用される．

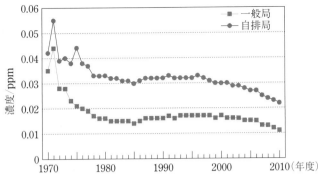

図 19.11　二酸化窒素濃度の年平均値の経年変化
一般局：一般環境大気測定局，
自排局：自動車排出ガス測定局
[環境省『平成24年2月24日報道発表』より作成]

問題 19.4　大気中の硫黄酸化物 SO_x の濃度を低減させることと比較して，窒素酸化物 NO_x の濃度を低減させるのはどうして難しいのか．

解答　NO_x は高温燃焼時に発生する．しかし，熱効率や不完全燃焼に伴う一酸化炭素や未燃焼燃料気体の発生を防ぐためには高温燃焼が望ましい．この相反する課題を克服する技術的困難さ，固定発生源でなく，自動車のような移動発生源であるので技術的制約が多いことなど．

演 習 問 題 19

1. 地球の歴史において，大気中の O_2 と CO_2 の濃度はどのように変化してきたのか．
2. オゾンホール（オゾン層破壊）とはどのような現象であるのか．それはどうして環境にとって有害なのか．オゾン層破壊はフロンにより引き起こされたが，フロンの使用において見落とされていた問題点は何か．
3. 地球大気の温室効果とは何か．温室効果ガスは二酸化炭素だけなのか．
4. 日本での大気汚染対策においてなされた SO_x と NO_x の低減策の結果における両者間の差異とその原因について述べよ．

水環境と土壌環境の化学

20.1 水の循環

　地球表面の 2/3 は海水である．そして水という特殊な物質（8 章3 節参照）が地球上での生命を支えている．

　地球上の水の分布を表 20.1 に示す．地球上の水は絶えず循環しているが，どのくらいその位置にとどまるかという滞留時間は存在位置により大きく異なる．

　図 20.1 は地球上の水循環の模式図を表す．海洋からは降水量を上回る量の水が蒸発し，その過剰分が陸で降る雨となる．水循環のもととなる水の蒸発エネルギーは太陽により供給されている．また，水の循環は海洋から陸に向かってばかりでなく，低緯度地方から高緯度地方へも起こる．低緯度の暖かい水蒸気が高緯度で凝縮す

表 20.1　水の分布

位置	比率 %	平均滞留時間
海洋	97.2	4000 年
大気	0.001	10 日
万年氷，氷河	2.15	15,000 年
地下水	0.62	数時間〜10 万年
土壌湿気	0.005	2〜50 週
河川水	0.0001	2 週間
塩水湖，内陸海	0.008	—
淡水湖	0.009	10 年

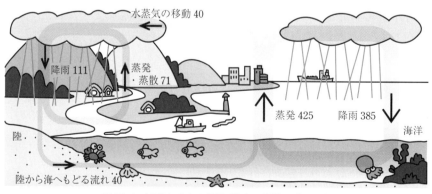

図 20.1　地球上の水の循環（数字の単位は兆トン）

[http://www.kaijipr.or.jp/mamejiten/shizen/shizen_5.html　財団法人　日本海事広報協会]

ることにより凝縮熱を放出することは地球全体としての温度の均一化に作用している。

海洋から蒸発する水の量は，1年間で約 1 m 海面を低下させる量であるが，その蒸発量を補う海洋での降水と河川水の流入がある。海洋の平均深度は 3800 m であるから，もし海洋に新たな水が補給されないとすれば 4000 年を待たずに海は干上がることになる。しかし，地球が冷えて海洋ができ上がって以来，海水の総量はそれほど変化していないと考えられている。

地球における水の循環は H_2O の循環というだけではない。水の循環につれて陸地の岩石から溶け込んだ物質（Ca^{2+}, Mg^{2+}, Na^+: HCO_3^-, SO_4^{2-}, Cl^- など）は海洋へと運ばれている。運ばれた物質は海洋で再び鉱物をつくる。

問題 20.1　表 20.1 によると大気中の水の平均滞留時間は 10 日である。この値の妥当性を以下のデータから算出して確かめよ。

大気中の全水蒸気量　13×10^{15} kg

地球上の平均年間降水量　約 1,000 mm

地球の表面積　5.1×10^8 km^2

解答　全水蒸気量が平均何日分の降水量に相当するかを計算する。平均年間降水量の値の不確かさを考慮して日数を推定する。

20.2　酸　性　雨

雨水は地球表面で蒸発（気化）した H_2O が上空で冷却されて再び液体の H_2O として地上に降下したものである。しかし，降下の際に大気中に存在している物質を溶解，混合してくるという意味で蒸留水ではない。大気に汚染がなければ，雨水に溶けてその pH を変化させる物質は二酸化炭素 CO_2 のみである。今日の大気組成において CO_2 が飽和まで溶け込んだ雨水の pH を求めるとその値は約 5.6 である。それゆえ，pH の値が 5.6 より小さい雨水を**酸性雨**（acid rain）とよぶ。

酸性雨の原因は前章 4 節で述べた硫黄酸化物 SO_x，窒素酸化物 NO_x などの大気汚染物質，ならびにこれらから生じた硫酸 H_2SO_4，硝酸 HNO_3 とそれらの塩である。酸性雨発生のメカニズムを図 20.2 に示す。

環境問題としての酸性雨は，雨水の pH だけでなく，雨水中の酸性物質が土壌に付着して生態系に与える問題である。

雨水は酸性であるが，日本における多くの天然水は塩基性である。これは土壌により，雨水の酸性が中和されるからである。ただ，古い地層の地域では，土壌の pH 緩衝作用が働かず，その結果

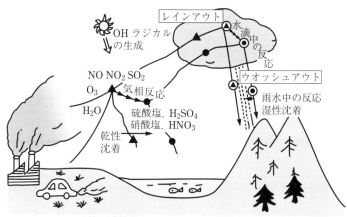

酸性雨発生のメカニズム.
▲ 未反応汚染物質（NO, NO₂, SO₂, O₃, H₂O₂ など）
● 反応後汚染物質（HNO₃, H₂SO₄, 硫酸塩, 硝酸塩など）
○ 水滴

図 20.2 酸性雨発生のメカニズム．レインアウト：雲粒ができるとき大気中物質が取り込まれること．ウオッシュアウト：雨滴が途中で大気中物質を捕捉して落下してくること．

[蟻川芳子「化学と教育」46, 80 (1998)]

酸性雨が湖沼の pH を下げ，酸に弱い生体に重大な影響を与えることが起こりうる．

問題20.2 雨の pH を考えるとき，pH の測定値のみでは不十分で，雨水に溶け込んでいる微量なイオン種の濃度などをも測定することが必要である．どうしてか．

解答 溶液中では，陽イオン全体の濃度と陰イオン全体の濃度が等しくなければならない．これが成立していない測定値は信頼できない．また，アルカリ土壌の地域では空中に浮遊する土壌微粒子により，雨水の酸性が中和されて，雨水の pH としては塩基性を示す場合すらある．

20.3 富栄養化

自然界では，廃棄物として出された汚染水中の有機物は大気中の酸素やバクテリアなどの作用により分解されて水が浄化される．これを**自然浄化**という．有機物の分解には次の2つの経路がある．

① 好気（溶存酸素の多い）条件

$$C \longrightarrow CO_2, \quad S \longrightarrow SO_2, \quad N \longrightarrow NO_3^- （硝酸イオン）$$

② 嫌気（溶存酸素の少ない）条件

$$C \longrightarrow CH_4, \quad S \longrightarrow H_2S, \quad N \longrightarrow NH_3$$

しかし，自然浄化の限度を超える有機物や栄養塩が湖沼や河川に排出されると**富栄養化**が起こる．水の入れ替わりが少ない平野部の

湖沼では富栄養化が起こりやすい．特に，リンと窒素は植物にとって必須栄養素ではあるが，必要以上にありすぎると一部の藻類の異常繁殖を引き起こす．沿岸の海洋でみられる赤潮も富栄養化がもたらした現象である．藻類の異常繁殖は，水中の酸素濃度の低下や，有毒物質の発生などを起こし，魚介類に極めて大きな影響を与える．

富栄養化を引き起こす物質には次のようなものがある．

● 人間の生活廃棄物とし尿
● 家畜育成過程での動物し尿
● 余剰な窒素肥料やリン肥料などの土壌からの流入
● 工業排水

かつては家庭洗剤に含まれるリンが富栄養化の一要因であったが，今日の家庭洗剤はリンを含んでいない（18章4節参照）．

通常の下水処理場では，家庭排水中に含まれる水中浮遊物質や有機廃棄物の多くを取り除くことはできる．しかし，この処理水からさらにリンと窒素を除去するには技術およびコストの点で足踏み状態にある．

問題 20.3 湖沼の富栄養化とはどのようなことで，何が原因なのか．また，どうして外洋では赤潮は生じないのか．

解答 上記の記述参照．海流のある外洋では水が入れ替わるので富栄養化が起こりにくい．

20.4 地殻と土壌の化学

（1） 地殻を形成する元素

化学的成分の違いに基づく地球内部の層構造を図20.3に示す．表面部に位置する**地殻**は大陸地殻で35 kmほど，海洋地殻で7 kmほどの厚みである．

アメリカの地球化学者クラークは，地表部付近から海水面下16 kmまでの元素の質量存在割合を岩石圏（質量パーセントで93.06 %），水圏（同じく6.91 %），気圏（同じく0.03 %）の3つの領域における値を合計して求めた．このようにして求められた値を

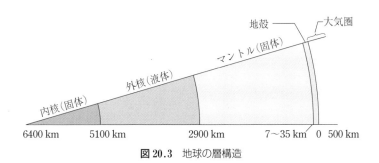

図 20.3 地球の層構造

表 20.2　クラーク数

順	元　素	原子番号	クラーク数	順	元　素	原子番号	クラーク数
1	O	8	49.5	14	C	6	0.08
2	Si	14	25.8	15	S	16	0.06
3	Al	13	7.56	16	N	7	0.03
4	Fe	26	4.70	17	F	9	0.03
5	Ca	20	3.39	18	Rb	37	0.03
6	Na	11	2.63	19	Ba	56	0.023
7	K	19	2.40	20	Zr	40	0.02
8	Mg	12	1.93	21	Cr	24	0.02
9	H	1	0.87	22	Sr	38	0.02
10	Ti	22	0.46	23	V	23	0.015
11	Cl	17	0.19	24	Ni	28	0.01
12	Mn	25	0.09	25	Cu	29	0.01
13	P	15	0.08				計 99.978

クラーク数は「地殻の平均元素組成 ＝ 岩石の平均元素組成」と仮定して算出されている．クラーク数の最初の提示は 1924 年であるが，この数値は分析法の発達に応じて，少しずつ変化している．

クラーク数という．クラーク数[*] を表 20.2 に示す．

*近年では，クラーク数の替わりに「地殻における存在度」などが用いられる．しかし，主要元素の存在比を考慮する場合にはいずれを用いても大差はない．

クラーク数の最上位の 2 元素である酸素とケイ素は，ケイ酸塩［四面体構造のケイ酸イオン SiO_4^{4-}（図 16.2）を基本骨格とする鉱物］として多くの岩石をつくっている．第 3 位のアルミニウムは自然界では単体としては存在せず，ケイ酸塩である粘土として存在している．

生体の主要構成要素である炭素 C はクラーク数で 14 位である．生体は成長に必要な成分を外部から取り入れるが，生体が地殻で疎らな元素を効率よく集積した組織であることがわかる．また，銅，亜鉛，鉛，金，銀など昔から知られていた元素の存在量は非常に少なく，これら金属元素は人間の生活との係わり合いの深さから認識されたのだ，ということも表 20.2 から読み取れる．

（2）　岩石の風化と土壌の形成

地殻を形成する岩石は，長年繰り返される物理的な温度昇降と，水や二酸化炭素などの化学作用が重なった風化を受けて次第にその成分を変えていく．代表的な造岩鉱物である長石が風化により分解してまず粘土となり，次にボーキサイト（金属アルミニウムをつくるための原料鉱物）となる過程を下に示す．

$$Na_2O \cdot Al_2O_3 \cdot 6SiO_2 \ + \ 3H_2O$$
長石

$$\longrightarrow Al_2O_3 \cdot 2SiO_2 \cdot 2H_2O \ + \ Na_2O \cdot 4SiO_2 \cdot H_2O$$
粘土　　　　　　　　含水ケイ酸ナトリウム

$$\text{Al}_2\text{O}_3 \cdot 2\text{SiO}_2 \cdot 2\text{H}_2\text{O} + x\text{H}_2\text{O} \longrightarrow \text{Al}_2\text{O}_3 \cdot m\text{H}_2\text{O} + 2\text{SiO}_2 \cdot n\text{H}_2\text{O}$$
粘土　　　　　　　　　　　ボーキサイト　　ケイ酸

　粘土は粒径が平均的な砂の1/100以下の小さな土壌である．粘土はケイ酸塩イオン $\text{SiO}_4{}^{4-}$ が連結した二次元のシート（図16.2参照）をしている．粘土には K^+ や Na^+ イオンが含まれているが，これらの陽イオンは他のイオンと交換できる．また，粘土は水分ばかりでなく植物の栄養となる $\text{NH}_4{}^+$，$\text{NO}_3{}^-$，$\text{PO}_4{}^{3-}$ などのイオンや有機化合物を層の間に吸着する．粘土は地表の最上部を覆い，そこに植物が生息している土壌の主要構成要素である．

（3）　土 壌 汚 染

　土壌汚染とは，人為的・自然的原因を問わず土壌中に有害物質（重金属，有機溶剤，農薬，油など）が健康へ影響がある程度に蓄積されている状態をいう．

　土壌汚染は次の特徴をもつ：
① 　汚染が直接目に触れないためなかなか認識されにくい．
② 　汚染は長期間にわたり滞留・蓄積した結果である．
③ 　土壌のみの汚染は地域的に限定されやすい．
④ 　土壌の汚染は地下水の汚染と表裏一体である．

　具体的な汚染物質について列記する．
● 硝酸イオン $\text{NO}_3{}^-$，亜硝酸イオン $\text{NO}_2{}^-$
　肥料として過多に使用された硝酸塩や亜硝酸塩が溶け出して地下水に混じってくる．汚染源が広域であるので対策が取りにくい．
● 揮発性有機塩素化合物（VOC）：テトラクロロエチレン
　$\text{Cl}_2\text{C}=\text{CCl}_2$，トリクロロエチレン $\text{Cl}_2\text{C}=\text{CHCl}$ など
　不燃性で，ドライクリーニングのシミ抜き，金属・機械などの脱脂洗浄剤などに使われた（テトラクロロエチレンは現在も使用されている）．神経系への影響や肝・腎障害などを引き起こす．
● 重金属：六価クロム Cr（実質はクロム酸イオン $\text{CrO}_4{}^{2-}$ あるいはその二量体の二クロム酸イオン $\text{Cr}_2\text{O}_7{}^{2-}$），水銀 Hg，カドミウム Cd，鉛 Pb，ヒ素 As など
　ほとんどの重金属は健康に有害である．クロムは亜鉛，アルミニウム，マグネシウム，銀，銅などの金属の防錆処理剤として広く利用されている．カドミウムによる汚染では，人為的なものばかりでなく，土地が本来的に多量のカドミウムを含んでいる場合もある．
　一部の開発途上国では，増加する飲料水を確保するため井戸を

拡大したところ，水脈とヒ素の鉱脈が交差し，結果的にヒ素に汚染された地下水を汲み上げることが起こっている．

● タール，シアン化物（シアン化物イオン CN⁻ を含む化合物）などの毒物

揮発性有機塩素化合物の汚染除去では分解・無害化技術が用いられ，重金属のような非揮発性汚染物質の除去では一般に土壌掘削除去がなされてきたが，近年では重金属を高濃度に吸収して集積する植物を用いた方法も研究されている．

問題20.4　金，銀，銅のクラーク数は極めて小さいのに，どうしてこれらを採掘することができるのか．

解答　元素は地殻で均一に分布していない．いくつかの金属元素はしばしば特定の場所に濃縮していて鉱床をつくっている．鉱床での含有率はクラーク数とはまったく異なる．

問題20.5　植物を利用して土壌汚染を修復する試みもなされている．どのような試みであるのかを考えよ．

解答　省略．読者自身で調査してみよ．

演 習 問 題 20

1. 工場地帯や市街地から離れたある場所で雨水と小川の水質を調べたところ，前者では pH が 5.7，後者では pH が 7.8 であった．採水作業に間違いはなかったとして，この差異の原因について考察せよ．
2. 栄養の乏しい河や海では魚の餌となるプランクトンや藻類も少ない．栄養が増すのは望ましいと思われるのに，富栄養化はどんな点が環境に悪影響を与えているのか．
3. クラーク数とは何かについて説明せよ．
4. 土壌汚染の特徴と汚染の具体的な例について述べよ．

波動と波動方程式

付録

　3章1節では，原子のまわりの電子の配置状況を規定する量子数が「粒子のエネルギー状態を記述した波動方程式の解として得られる」と書かれている．ここでは，波動現象を数式でどのように表現されるかについて説明しよう．

　波動が伝播していく空間で，ある点の釣り合いの点からの変位を u とすれば，変位 u は位置と時間の関数であるのでこれを $u(x, t)$ と表す．関数 $u(x, t)$ がしたがう運動方程式が波動方程式であり，光や音などあらゆる波動現象を記述するときの基本式である．

　単純化のため，周期的挙動が正弦関数により記述できる付図1に示すような x 軸に沿って伝播する1次元の波動の場合を考える．波の速さを v とすれば，波動は時間 t の間に vt だけ移動するから

$$u(x, t) = u_0 \sin k(x \pm vt) \tag{A.1}$$

である．式 (A.1) 右辺の vt の前の付号の $+$ は x 軸の左の方向へ進む波動，$-$ は x 軸の右の方向に進む波動に対応している[*]．

＊ $\sin k(x-vt)$ は $\sin kx$ を x 軸方向に vt 移動したもの.

　隣り合った同じ位相の点（たとえば山と山）の間の距離が波長である．波長が λ であるとき，

$$u(x, t) = u(x \pm \lambda, t) \tag{A.2}$$

である．したがって，周期が 2π である正弦関数では

$$k = \frac{2\pi}{\lambda} \tag{A.3}$$

の関係が成り立つ．すなわち

$$u(x, t) = u_0 \sin \frac{2\pi}{\lambda}(x \pm vt) = u_0 \sin 2\pi \left(\frac{x}{\lambda} \pm \frac{v}{\lambda}t \right)$$

しかるに，$v/\lambda = \nu$（ν は振動数）であるから

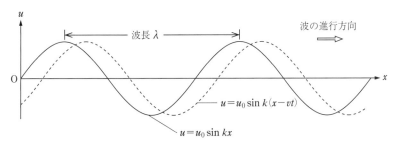

付図1　x 軸の正の方向へ速度 v で伝播していく正弦波

$$u(x,t) = u_0 \sin 2\pi\left(\frac{x}{\lambda} \pm \nu t\right) \tag{A.4}$$

となる. $\omega = 2\pi\nu$ と置き換えれば

$$u(x,t) = u_0 \sin(kx \pm \omega t) \tag{A.5}$$

のようにも書き表される. ここで $u(x,t)$ を t と x でそれぞれ2回偏微分(下の囲み事項参照)すると

$$\frac{\partial^2 u(x,t)}{\partial t^2} = -u_0 \cdot 4\pi^2\nu^2 \sin 2\pi\left(\frac{x}{\lambda} - \nu t\right) \tag{A.6}$$

$$\frac{\partial^2 u(x,t)}{\partial x^2} = -u_0 \cdot 4\pi^2\left(\frac{1}{\lambda^2}\right)\sin 2\pi\left(\frac{x}{\lambda} - \nu t\right) \tag{A.7}$$

が得られる. λ と ν の関係

$$\lambda = \frac{v}{\nu} \tag{A.8}$$

を用いれば,式(A.6)~(A.8)より式(A.9)が得られる.

$$\frac{\partial^2 u(x,t)}{\partial x^2} = \frac{1}{v^2}\frac{\partial^2 u(x,t)}{\partial t^2} \tag{A.9}$$

式(A.9)は1次元の**波動方程式**とよばれる.

式(A.4)で時間項 νt が x によらないとしたならば,偏微分は常微分であるから次式が得られる.

$$\frac{d^2 u(x,t)}{dx^2} + \frac{4\pi^2\nu^2}{v^2}u(x,t) = 0 \tag{A.10}$$

電子波に対しても式(A.8),(A.9)がそのまま成立すると仮定して,$u(x,t)$ の代わりに1次元の波動関数 $\psi(x,t)$ を用いれば

$$\frac{d^2 \psi(x,t)}{dx^2} + \frac{4\pi^2\nu^2}{v^2}\psi(x,t) = 0 \tag{A.11}$$

が得られる.

偏微分

式(A.5)から式(A.6)および(A.7)の誘導に必要な偏微分について,第1章2節の(4)で述べた微分については理解していることを前提として簡単に説明する.

2つの変数 x と t の関数である $u(x,t)$ において,$u(x,t)$ を,変数 t を定数と見なす,すなわち $u(x)$ と見なして x で微分することを "$u(x,t)$ を x で偏微分する" といい,関数 $u(x,t)$ に対するこの偏微分という演算操作を

$$\left(\frac{\partial u(x,t)}{\partial x}\right)_t, \quad \text{あるいは簡略化して} \quad \frac{\partial u(x,t)}{\partial x}$$

のように表す. 同様に,関数 $u(x,t)$ で,変数 x を定数と見なした t での微分が $u(x,t)$ の t での偏微分は $\frac{\partial u(x,t)}{\partial t}$ である. $u(x,t) = \sin(ax+bt)$ であれば次のようになる.

$$\frac{\partial u(x,t)}{\partial x} = a\cos(ax+bt), \qquad \frac{\partial u(x,t)}{\partial t} = b\cos(ax+bt)$$

演習問題の解説・解答

1章

1. 本章1節参照.

2. 本章3節の(1), 特に式(1.12)参照.

3. 本章5節, 特に表1.2と表1.4参照.

4. 物理量である F, m, g はイタリックで, 単位記号の m/s^2, N はローマン活字である (m と m は意味が異なる). また, 人名に由来するニュートンの単位記号は大文字となっている.

2章

1. (1) 窒素 N   (2) 塩素 Cl   (3) リン P   (4) ナトリウム Na   (5) ウラン (ウラニウムは学術用語としては誤り) U   (6) 硫黄 S   (7) ケイ素 Si (シリコンは学術用語としては誤り)   (8) 鉄 Fe   (9) 水銀 Hg   (10) 鉛 Pb

2. $_1^1H$ と $_1^2H$ については図2.4参照. $_2^4He$ については図2.3参照. $_2^4He$ は図2.9のK殻のみの場合に相当する.

3. 光の速度は 3.00×10^8 m/s. 振動数 = 光速/波長より, $\nu = 7.89 \times 10^{14}/s$. $\therefore$ $h\nu = (6.626 \times 10^{-34}$ J·s$) \times (7.89 \times 10^{14}/s) = 5.23 \times 10^{-19}$ J

4. 本章3節の(2)の式(2.5)と図2.6, 式(2.6)およびこれらに関する本文参照.

5. 図2.8のような定常波では

    波が1周して出発点に戻ってきた状態
    = 初期状態

である. このためには

    円周 = 波長の整数倍 $\longrightarrow 2\pi r = n\lambda$

の関係が成立しなければならない.

3章

1. 本章1節の(1)参照. スピン量子数までを考慮すると8個の状態.

2. (1), (2)は本章1節の(1)参照.   (3)は本章1節の(2)参照.

3. (1) 図3.3参照. ① Li リチウム   ② N 窒素   ③ Na ナトリウム   ④ Si ケイ素   ⑤ S 硫黄   ⑥ Cl 塩素   ⑦ Ca カルシウム   ⑧ Cu 銅
    (2) (イ) 遷移   (ロ) ハロゲン   (ハ) 貴(希)ガス   (ニ) アルカリ土類(金属)   (ホ) アルカリ金属

(3) 最外殻の電子配置は s^2p^6. 大気中に微量 (Ar はほぼ0.9%) 含まれる単原子の気体で化学的に不活発.

(4) アンモニア NH_3, 分子量17. 体積は 26.4 dm^3.

(5) ④ Si は固体. ⑤ S は固体で, 分子は8個原子からなるものと鎖状のものがある. ⑥ Cl は Cl_2 という二原子気体.

(6) 0.32 dm^3

4. 分子数の比は物質量の比である.
    $n(CO_2) : n(H_2O) = 22.7 : 27.8 = 0.82 : 1$

4章

1. 本章1節の(2)と図4.3参照.

2. (1) NaOH   (2) $(NH_4)_2CO_3$ (3) $CuSO_4$ (4) $NaHCO_3$ (5) $CaCl_2$ (6) KNO_3 (7) $AgNO_3$ (8) CuS   (9) $MgCl_2$ (10) Fe_2O_3

3. 表S.1(次頁)参照

4. $Mg^{2+} < Ca^{2+} < K^+ < Cl^- < Br^-$
    K^+ と Cl^- は Ar 原子の電子配置をしている. このこととイオンの価数と周期表での元素の位置を基準に判断できる. 図4.8参照.

5. 本章2節参照.

5章

1. (1) D_2O (2) H_2O_2 (3) HBr

    D:Ö: H:Ö:Ö:H   H:Br:
    D

    (4) $CH_2=CHCl$

    H:C::C:Cl:
    H   H

2. 本章2節の(2)参照.

3. sp 混成軌道の形成による. 本章2節の(2)参照.

4. 基本的には $[NH_4]^+$ も $[H_3O]^+$ も4個の電子対があり, 正四面体構造をとると考えることができる. しかし, より一歩進んでみると $[H_3O]^+$ では電子対の1つは結合電子対ではなくて, 非共有電子対なので右上の図の $[H_3O]^+$ の ∠HOH は CH_4

表 S.1

	Cl⁻ 塩化物イオン	OH⁻ 水酸化物イオン	NO₃⁻ 硝酸イオン	S²⁻ 硫化物イオン	SO₄²⁻ 硫酸イオン
H⁺ 水素イオン	HCl 塩化水素	H₂O 水	HNO₃ 硝酸	H₂S 硫化水素	H₂SO₄ 硫酸
Na⁺ ナトリウムイオン	NaCl 塩化ナトリウム	NaOH 水酸化ナトリウム	NaNO₃ 硝酸ナトリウム	Na₂S 硫化ナトリウム	Na₂SO₄ 硫酸ナトリウム
Ca²⁺ カルシウムイオン	CaCl₂ 塩化カルシウム	Ca(OH)₂ 水酸化カルシウム	Ca(NO₃)₂ 硝酸カルシウム	CaS 硫化カルシウム	CaSO₄ 硫酸カルシウム
NH₄⁺ アンモニウムイオン	NH₄Cl 塩化アンモニウム	————＊	NH₄NO₃ 硝酸アンモニウム	(NH₄)₂S 硫化アンモニウム	(NH₄)₂SO₄ 硫酸アンモニウム
K⁺ カリウムイオン	KCl 塩化カリウム	KOH 水酸化カリウム	KNO₃ 硝酸カリウム	K₂S 硫化カリウム	K₂SO₄ 硫酸カリウム

＊NH_4OH という物質は存在しない．アンモニア水中ではアンモニウムイオン NH_4^+ と水酸化物イオン OH^- とが共存している．

の ∠HCH $= 109.5°$ とは若干異なる．

5. 本章 4 節参照．

6 章

1. 本章 1 節の (2) 特に図 6.2 参照．

2. 水素は，水素より電気陰性度の小さな Li, Na, Ca などとは水素化物イオン $[H:]^-$ とのイオン結晶である水素化リチウム LiH，水素化ナトリウム NaH，水素化カルシウム CaH_2 をつくる．これらの化合物は水素気流中で金属を熱することにより得られる．

3. 図 6.6 で，水素結合していない H_2Te, H_2Se, H_2S の沸点から H_2O の沸点を外挿により推定すると $-90℃$ 程度となる．

4. たとえば，ベンゼン中の安息香酸 C_6H_5COOH の分子量を凝固点降下の実験で求めると，分子式 C_6H_5COOH のほぼ 2 倍に近い分子量の値となる．

7 章

1. 「トリチェリーの真空」の部分には液体の水銀と平衡にある水銀蒸気が存在している．

2. 理想気体の法則 $pV = nRT$ で左辺の物理量は　圧力×体積 ＝ エネルギー　である．すなわち，理想気体の法則とは "理想気体のエネルギーは存在する物質量と絶対温度の積に比例する" ということである．

3. 式 (7.17) を変形すると $V_m^3 - \left(b + \dfrac{RT}{p}\right)V_m^2$

$+ \dfrac{a}{p}V_m - \dfrac{ab}{p} = 0$ である．これは V_m の 3 次式であるから，ある p に対して 3 つの V_m がありうる．この 3 次式の V_m-p 関係を $T > T_c$, $T = T_c$, $T < T_c$ の 3 温度について下の図に示す．K が臨界点である (次の問題 4 参照)．

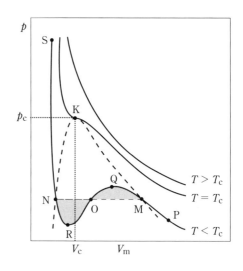

4. (1) 上記問題 3 の図と図 7.7 とを比較すると，問題 3 の図の MQORN のカゲの部分 (液化が生じる部分) が合わない．特に RQ の部分は，体積増につれて圧力も増加している (押して膨らむ) が，これは決して起こりえない．線 MN が図 7.7 の線 AB に対応する．

(2) 臨界点は V_m の 3 次式が 3 重根をもつときであるから $(V_m - V_c)^3 = 0$ である．これと上記 3 での V_m の 3 次式の係数を比較する．

5. 混合後は $n = 6\,mol$，$V = 60\,dm^3$，温度 298.15 K であるから $p = 2480\,hPa$．混合後の気体中に占める酸素の物質量の割合は $\frac{1}{3}$ だから，酸素の分圧は 827 hPa．

8章

1. 沸点や融点は圧力によって変わる．これに対して，三重点は温度と圧力という 2 つの変数を自動的に規定している（図 8.3 参照）．実際には，下図に示すような密閉した容器の中で水・氷・水蒸気の共存する安定な状態をつくる．

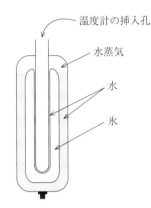

2. （1）下図に示す．

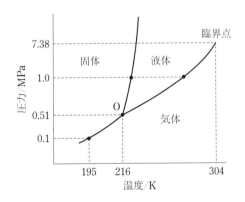

（2）ドライアイスを密閉容器に入れて，上記の状態図での液体領域に達する圧力まで加圧する．

3. 本章 3 節参照．

4. 問題 8.3 と同じ手順で計算する．12.9 mol/dm^3．17.6 mol/kg．

5. 本章 5 節の（2）および（3），特に式（8.11）と式（8.13）を参照．

9章

1. 図 9.3 参照．

2. 本章 1 節の（3）参照．

3. ケイ素やゲルマニウムでは，測定試料中に含まれる微量不純物が何であるのかとその割合によって抵抗率は大きく変化する．

4. 本章 2 節参照．

5. 本章 3 節の（2）参照．「液晶」は物質の状態である．そのような状態になりうる性質を備えた物質群というものは存在する．

10章

1. （1）$2KI + Cl_2 \longrightarrow 2KCl + I_2$

（2）$NH_4NO_2 \xrightarrow{加熱} N_2 + 2H_2O$

（3）$FeS + H_2SO_4 \longrightarrow H_2S + FeSO_4$

（4）$2KClO_3 \xrightarrow[加熱]{MnO_2} 2KCl + 3O_2$

（5）$C_2H_5OH + 3O_2 \longrightarrow 2CO_2 + 3H_2O$

（6）$2C_4H_{10} + 13O_2 \longrightarrow 8CO_2 + 10H_2O$

（7）$2NH_4Cl + Ca(OH)_2$
$\xrightarrow{加熱} CaCl_2 + 2NH_3 + 2H_2O$

（8）$4NH_3 + 5O_2 \xrightarrow{Pt} 4NO + 6H_2O$

（9）$MnO_2 + 4HCl$
$\longrightarrow MnCl_2 + Cl_2 + 2H_2O$

（10）$Cu + 2H_2SO_4$
$\longrightarrow CuSO_4 + SO_2 + 2H_2O$

2. 本章 2 節の（1）参照．

3. 図 10.4 では触媒により活性化エネルギーが低下することにより，より多数の分子が生成系へ向かう．問題のエネルギー分布図で，「触媒なし」の曲線が低温での，「触媒あり」が高温での分布である．触媒の作用は温度が上昇して，あるエネルギー E_a 以上のエネルギーをもつ分子の割合を増加させて反応を促進させたことに対応する．

4. 本章 5 節，特に図 10.5，式（10.23）参照．

5. 本章 6 節参照．

11章

1. 本章 1 節の（2）参照．

2. 本章 1 節の（2），問題 11.1 参照．

3. 十分に希薄な濃度での中和反応で発生する熱

は $H^+ + OH^- \longrightarrow H_2O$ にのみよるものであるので，HCl と CH_3COOH との間の違いはなくなる．

4. CH_3COOH に対しては式 (11.10) を，NH_3 に対しては式 (11.10) の K_a を K_b に置き換えた式を用いる．CH_3COOH では $\alpha = 0.052$，pH $= 3.3$，NH_3 では $\alpha = 0.019$，pH $= 11.0$

5. 本章 4 節の (3) 参照．

12章

1. (1) $+2$　(2) -2　(3) $+2$
   (4) $+4$　(5) $+5$　(6) $+6$
   (7) $+5$　(8) $+5$

2. 本章 1 節の (4) 参照．

3. 本章 2 節の (2)，特に p. 116 の囲み事項および本章 6 節の図 12.8 参照．

4. 本章 3 節参照．

5. 本章 5 節の (1) の囲み事項参照．

6. 本章 6 節，特に図 12.9 参照．

7. 本章 6 節参照．

13章

1. 本章 1 節参照．

2. (1) 「熱量」は状態量ではないので削除．
   (2) 断熱圧縮すると温度が「上昇する」．あるいは断熱「膨張する」と温度が下がる．
   (3) $U+pV$ で与えられる量は「エントロピー」ではなくて「エンタルピー」
   (4) 正しい．
   (5) 熱移動や変化の方向を規定しているのは「熱力学第二法則」である．
   (6) 孤立系での自然変化ではエントロピーが「増加する」．
   (7) 「決して移動しない」ではなく，「自然には移動しない」．（冷凍装置のように，外部からエネルギーを供給すれば低温物体から高温物体に熱を移動することはできる．）

3. 反応は C_2H_6（気）$+\dfrac{7}{2} O_2$（気）$\longrightarrow 2CO_2$（気）$+3H_2O$（液）である．これに式 (13.16) を適用する．1559 kJ/mol．

4. 131 kJ の吸熱反応．

5. 本章 4 節の (3) 参照．

14章

1. X 線は主として電子により散乱される．それゆえ原子番号の大きな物質ほど透過しにくい．

皮膚は C，H，O，N など原子番号の小さな元素からできているが，骨は原子番号 20 の Ca を多く含む．Ca に対する X 線透過率が C，H，O，N より低いのでその部分（骨）の裏側にある感光剤が X 線に反応せずに白く残る．

2. $x = 7$, $y = 4$

3. ヘリウム ${}_2^4\mathrm{He}$ は地中にあるウランやトリウムなどが崩壊する際にから放出される α 線によって生成される．

4. $\lambda = \dfrac{\ln 2}{t_{1/2}}$ より $\lambda = 3.84 \times 10^{-12}$/s．${}^{14}C$ の 1 g は $\dfrac{1}{14}$ mol $= 4.30 \times 10^{22}$ 個原子だから 1.65×10^{11} 個 /s．

5. 本章 2 節参照．

15章

1. (1) C_2H_6　(2) C_8H_{18}　(3) C_6H_{12}
   (4) CH_3CHO　(5) CH_3COCH_3
   (6) $CH_3COOC_2H_5$　(7) C_6H_5OH
   (8) $m\text{-}C_6H_4(CH_3)_2$　(9) C_6H_5COOH
   (10) $C_6H_5CH_3$　(11) $o\text{-}C_6H_4(COOH)_2$

2.

ペンタン $\begin{bmatrix} 融点：-130\,℃ \\ 沸点：\quad 36\,℃ \end{bmatrix}$

2-メチルブタン $\begin{bmatrix} 融点：-160\,℃ \\ 沸点：\quad 27.9\,℃ \end{bmatrix}$

2,2-ジメチルプロパン $\begin{bmatrix} 融点：-16.6\,℃ \\ 沸点：\quad 9.5\,℃ \end{bmatrix}$

3. 炭化カルシウム CaC_2 の合成は以下のようにしてなされる．
   $CaCO_3 \longrightarrow CaO + CO_2$：約 1000 ℃ に加熱

$CaO + 3C \longrightarrow CaC_2 + CO$：電気炉で約2000℃で加熱

　上記2段階のいずれの反応自体も多量の熱エネルギーを必要とする．また，$CaCO_3$，CaO，CaC_2 のいずれもが固体であることも液体である石油からエチレンへ至る経路に対して，操作上不利である．アセチレンはその自体の用途よりも，他の物質への出発物質としての役割が大きかった．1960年代の石炭から石油へのエネルギー資源の転換と石油化学技術の進歩により，CaC_2 からのエチレン製造は衰退した．

4. 本章1節の (4) 参照．
5. 本章2節の (1) 参照．
6. 本章4節，特に図15.8参照．

16章

1. 本章1節の (2), (3) 参照．
2. 本章2節，3節，特に図16.6参照．
3. 本章4節参照．
4. 本章5節の (1)，特に図16.10参照．
5. 本章5節の (2) 参照．外部にイオンがあると高分子鎖中の $-COONa$ が電離しにくくなり，拡がった網目構造ができない．

17章

1. 本章1節，特に表17.1参照．
2. アミノ酸はアミノ基とカルボキシ基を官能基としてもつ分子であり，アミノ酸が組み合わされてタンパク質ができる．アミノ酸は水を放出する縮合反応によって結びつき，ペプチド結合で結ばれた新しい"アミノ酸残基"を生じる．アルファベットの文字が結びつくことによって無数ともいえる言葉が創り出されるように，アミノ酸はいろいろな配列で結びついて極めて多くの種類のタンパク質を形成できる．
3. 本章3節の (1) 参照．
4. 本章3節の (2)，特に図17.13参照．
5. 本章3節の (2) 参照．
6. 本章4節参照．

18章

1. 本章1節の (1)，特に表18.1参照．
2. 表18.2にリストされた窒素肥料の大部分がアンモニア NH_3 より製造される．肥料の分野にとってアンモニア合成は最も重要な技術である．
3. 殺虫，殺菌，抗菌作用などの目的が達成されなければならないことは第1条件であるが，以下の条件なども満たされなければならない．
● 多くの人が購入できる価格であること．
● 短期的のみでなく，長期的にも副作用や環境への影響ができるだけ少ないこと．
● 使用方法が容易であると同時に，悪用される恐れがないこと．
4. 本章4節参照．

19章

1. 本章1節の (1)，特に図19.1参照．
2. 本章2節参照．フロンが人体に及ぼす毒性に関しては十分な調査がなされ，フロンは人間にとって理想的な物質とみなされた．しかし，フロンが間接的に地球全体に長期的な影響を与える可能性ということには考えが及ばなかった．
3. 本章3節参照．
4. 本章4節の (2) と (3) 参照．

20章

1. 本章1節参照．雨水の pH の値が5.7ということは，CO_2 で飽和された水の pH が5.6であることからすれば，いわば正常値である．小川の水の pH が7.8という少し塩基側に傾いていることは，その小川のもととなっている水が土壌中の塩基性物質 [$CaCO_3$，$MgCO_3$，肥料の NH_4NO_3，土壌中和剤の $Ca(OH)_2$ など] と接触したであろうことを思わせる．
2. 本章3節参照．富栄養化の水域では，日光の当たる水面付近では光合成に伴う一次生産，特に特定の植物プランクトンとそれを捕食する動物性プランクトンが異常に増える．これらのプランクトンの異常増殖が赤潮などの形成につながる．異常増殖したプランクトンの群集が死滅し，これが沈降した水底では有機物の酸化的分解によって酸素が欠乏した水域が形成され，その水域の動植物に悪影響を与える．また底に溜まったヘドロから悪臭なども発生する．
3. 本章4節の (1)，特に表20.2参照．
4. 本章4節の (2) 参照．

索　引

化学の視点　第2版

2009 年 11 月 20 日	第 1 版	第 1 刷	発行
2021 年 2 月 20 日	第 1 版	第 4 刷	発行
2021 年 10 月 20 日	**第 2 版**	**第 1 刷**	**印刷**
2021 年 10 月 31 日	**第 2 版**	**第 1 刷**	**発行**

著　者　　川泉文男

発 行 者　　発田和子

発 行 所　　株式会社　学術図書出版社

〒113-0033　東京都文京区本郷 5 - 4 - 6
TEL 03-3811-0889　振替 00110-4-28454
印刷　中央印刷（株）

定価はカバーに表示してあります.

本書の一部または全部を無断で複写（コピー）・複製・転載することは，著作権法で認められた場合を除き，著作者および出版社の権利の侵害となります．あらかじめ，小社に許諾を求めてください.

© 2009, 2021　H. KAWAIZUMI　Printed in Japan
ISBN978-4-7806-0942-4　C3043

SI（国際単位系）について

1． SI 基本単位と物理量

物理量は数値と単位との積である． 物理量＝数値×単位

下記の7個の基本物理量の積または商の形で表した次元系を用いると，いろいろな物理量を組立てることができる．国際単位系（SI）は，これらの基本物理量とそれぞれ等しい次元をもつ7個の基本単位を基礎として構成されている．SI 基本単位の名称と記号は次のとおりである．

物 理 量	量の記号	SI 単 位 の 名 称		SI 単位の記号
長　　　さ	l	メ ー ト ル	metre	m
質　　　量	m	キ ロ グ ラ ム	kilogram	kg
時　　　間	t	秒	second	s*
電　　　流	I	ア ン ペ ア	ampere	A
熱力学温度	T	ケ ル ビ ン	kelvin	K*
物　質　量	n	モ ー ル	mole	mol*
光　　　度	I_v	カ ン デ ラ	candela	cd

＊ s, K, mol を sec, ˚K, mole のように書いてはならない．

物理量の記号は，ラテン文字またはギリシア文字の1文字を用い，イタリック体（斜体）で印刷する．その内容をさらに明確にしたいときには，上つき添字または下つき添字（あるいは両方）に特殊な意味をもたせて用い，さらに場合に応じて，記号の直後に説明を括弧に入れて加える．単位の記号はローマン体（立体）で印刷する．物理量の記号にも単位の記号にも，終わりにはピリオドを打たない．

2． SI 接頭語

SI 単位の 10 の整数乗倍を表すために，SI 接頭語が使われる．それらの名称と記号は次のとおりである．

倍　数	接　頭　語		記　号	倍　数	接　頭　語		記　号
10	デ カ	deca	da	10^{-1}	デ シ	deci	d
10^2	ヘ ク ト	hecto	h	10^{-2}	セ ン チ	centi	c
10^3	キ ロ	kilo	k	10^{-3}	ミ リ	milli	m
10^6	メ ガ	mega	M	10^{-6}	マイクロ	micro	μ
10^9	ギ ガ	giga	G	10^{-9}	ナ ノ	nano	n
10^{12}	テ ラ	tera	T	10^{-12}	ピ コ	pico	p
10^{15}	ペ タ	peta	P	10^{-15}	フェムト	femto	f
10^{18}	エ ク サ	exa	E	10^{-18}	ア ト	atto	a

3． 特別の名称と記号を持つ SI 組立単位（誘導単位）の例

物　　理　　量		SI 単 位 の 名 称		SI単位の記号	SI 基本単位による表現
周　波　数	frequency	ヘ ル ツ	hertz	Hz	s^{-1}
力	force	ニュートン	newton	N	$m\,kg\,s^{-2}$
圧 力, 応 力	pressure, stress	パ ス カ ル	pascal	Pa	$m^{-1}\,kg\,s^{-2}\,(= N\,m^{-2})$
エネルギー, 仕事, 熱量	energy, work, heat	ジ ュ ー ル	joule	J	$m^2\,kg\,s^{-2}\,(= N\,m = Pa\,m^3)$
工 率, 仕 事 率	power	ワ ッ ト	watt	W	$m^2\,kg\,s^{-3}\,(= J\,s^{-1})$
電　　　荷	electric charge	ク ー ロ ン	coulomb	C	$s\,A$
電　　　位	electric potential	ボ ル ト	volt	V	$m^2\,kg\,s^{-3}\,A^{-1}\,(= J\,C^{-1})$
静　電　容　量	electric capacitance	フ ァ ラ ド	farad	F	$m^{-2}\,kg^{-1}\,s^4\,A^2\,(= C\,V^{-1})$
電　気　抵　抗	electric resistance	オ ー ム	ohm	Ω	$m^2\,kg\,s^{-3}\,A^{-2}\,(= V\,A^{-1})$
コンダクタンス	electric conductance	ジ ー メ ン ス	siemens	S	$m^{-2}\,kg^{-1}\,s^3\,A^2\,(= \Omega^{-1})$
磁　　　束	magnetic flux	ウ ェ ー バ	weber	Wb	$m^2\,kg\,s^{-2}\,A^{-1}\,(= V\,s)$
磁　束　密　度	magnetic flux densty	テ ス ラ	tesla	T	$kg\,s^{-2}\,A^{-1}\,(= V\,s\,m^{-2})$
インダクタンス	inductance	ヘ ン リ ー	henry	H	$m^2\,kg\,s^{-2}\,A^{-2}\,(= V\,A^{-1}s)$
セルシウス温度[1]	Celsius temperature	セルシウス度	degree Celsius	˚C	K
平　面　角[2]	plane angle	ラ ジ ア ン	radian	rad	1
立　体　角[2]	solid angle	ステラジアン	steradian	sr	1

1) セルシウス温度は $\theta/\mathrm{˚C} = T/\mathrm{K} - 273.15$ と定義される．
2) rad と sr は組立単位の表に含めることもあり，含めないこともある．いずれも無次元の量である．

4. SI 以外の単位
4.1 SI と併用される単位

物 理 量		単 位 の 名 称		記 号	SI 単位による値	
時 間	time	分	minute	min	60	s
時 間	time	時	hour	h	3600	s
時 間	time	日	day	d	86 400	s
平 面 角	plane angle	度	degree	°	$(\pi/180)$	rad
体 積	volume	リットル	litre	l, L*)	10^{-3}	m^3
質 量	mass	トン	tonne	t	10^3	kg
長 さ	length	オングストローム	ångström	Å	10^{-10}	m
圧 力	pressure	バール	bar	bar	10^5	Pa
エネルギー	energy	電子ボルト	electronvolt	eV	1.602 18	$\times 10^{-19}$ J
質 量	mass	統一原子質量単位	unified atomic mass unit	u	1.660 54	$\times 10^{-27}$ kg

*) 数字の 1 との判別を容易にするため l, ℓ が用いられていたが，単位記号は立体なので正しくは l, L である．数字の 1 との混乱を避けるため，大文字の L を使用することを推奨する．人名に由来しないのに大文字 L とするのは SI の例外である．

4.2 そのほかの単位
下記の単位は，従来の文献でもよく使われたものである．この表は，それらの単位の SI 単位への換算を示す．

物 理 量		単 位 の 名 称		記 号	SI 単位による値	
力	force	ダイン	dyne	dyn	10^{-5}	N
圧 力	pressure	標準大気圧	standard atmosphere	atm	101325	Pa
圧 力	pressure	トル（mmHg）	torr (mmHg)	Torr	133.322	Pa
エネルギー	energy	エルグ	erg	erg	10^{-7}	J
エネルギー	energy	熱化学カロリー	thermochemical calorie	cal_{th}	4.184	J
磁束密度	magnetic flux density	ガウス	gauss	G	10^{-4}	T
電子双極子モーメント	electric dipole moment	デバイ	debye	D	3.335 64	$\times 10^{-30}$ C m
粘性率	viscosity	ポアズ	poise	P	10^{-1}	N s m^{-2}
動粘性率	kinematic viscosity	ストークス	stokes	St	10^{-4}	$m^2 s^{-1}$

基本物理定数の値

物 理 量		記 号	数 値	単 位
真空の透磁率	permeability of vacuum	μ_0	$1.256\,637\,062\,12(19)\times 10^{-6}$	N A^{-2}
真空中の光速度*	speed of light in vacuum*	c_0	$2.997\,924\,58\times 10^8$	m s^{-1}
真空の誘電率	permittivity of vacuum	ε_0	$8.854\,187\,8128(13)\times 10^{-12}$	F m^{-1}
電気素量*	elementary charge*	e	$1.602\,176\,634\times 10^{-19}$	C
プランク定数*	Planck constant*	h	$6.626\,070\,15\times 10^{-34}$	J s
アボガドロ定数*	Avogadro constant*	$L,\ N_A$	$6.022\,140\,76\times 10^{23}$	mol^{-1}
電子の静止質量	rest mass of electron	m_e	$9.109\,383\,56(11)\times 10^{-31}$	kg
陽子の静止質量	rest mass of proton	m_p	$1.672\,621\,898(21)\times 10^{-27}$	kg
ファラデー定数	Faraday constant	F	$9.648\,533\,289(57)\times 10^4$	C mol^{-1}
ボーア半径	Bohr radius	a_0	$5.291\,772\,106\,7(12)\times 10^{-11}$	m
ボーア磁子	Bohr magneton	μ_B	$9.274\,009\,994(57)\times 10^{-24}$	J T^{-1}
核磁子	nuclear magneton	μ_N	$5.050\,783\,699(31)\times 10^{-27}$	J T^{-1}
リュードベリ定数	Rydberg constant	R_∞	$1.097\,373\,156\,850\,8(65)\times 10^7$	m^{-1}
気体定数*	gas constant*	R	$8.314\,462\,618$	J K^{-1} mol^{-1}
ボルツマン定数*	Boltzmann constant*	$k,\ k_B$	$1.380\,649\times 10^{-23}$	J K^{-1}
重力定数	gravitational constant	G	$6.674\,08(31)\times 10^{-11}$	m^3 kg^{-1} s^{-2}
自由落下の標準加速度*	standard acceleration due to gravity*	g_n	$9.806\,65$	m s^{-2}
水の三重点	triple point of water	$T_{tp}(H_2O)$	273.16	K
セルシウス温度目盛のゼロ点	zero of Celsius scale	$T(0\,°C)$	273.15	K
理想気体（10^5 Pa，273.15 K）のモル体積*	molar volume of ideal gas (at 10^5 Pa and 273.15 K)*	V_0	$22.710\,954\,64\times 10^{-3}$	L mol^{-1}

* 定義された正確な値である．

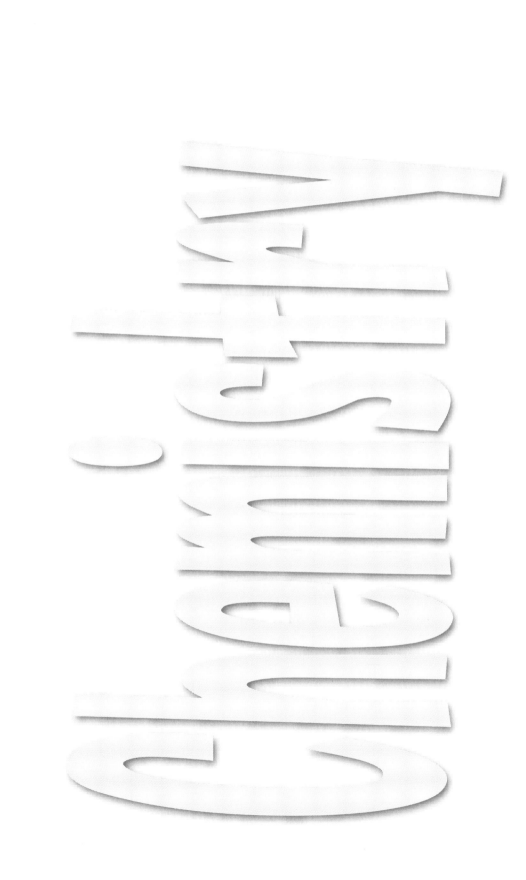